喬伊．亞當森是動物保育界的先驅，她的丈夫喬治在肯亞北部邊境省一個遼闊的區域擔任野生動物保護區資深管理員，夫婦倆共同成立了全球第一所野生動物保育機構。如今「艾莎保育機構」在亞當森位於奈瓦沙湖湖岸的舊家「艾莎米爾」經營教育、訓練和野生動物收容中心。

獅子與我
Born free

喬伊・亞當森◎著
龐元媛◎譯

貓頭鷹

各界好評

撼動人心、令人難以置信，有些精彩照片可謂前所未見。——《紐約時報》

艾莎和亞當森夫妻是祥和國度裡的理想角色。——《紐約客》

本書配得它所得到的一切稱譽，因為正是這本書以及作者其人，最有資格稱為野生保育意識的先驅。——《每日快報》

讀此書，可以讓我重回起初最單純的感情——憐憫、了解與愛！——孫越（終身義工）

我曾花費數十萬元到東非遊獵，只為一睹傳說中狡猾凶殘的食人獅，但本書卻讓我看到牠們充滿「人性」的一面，影響了我對野生動物的觀點，也點燃了我的非洲追憶。讀過《遠離非洲》、《察沃的食人魔》（電影「暗夜獵殺」原著）的人，一定要再讀《獅子與我》，看待非洲才會平衡有趣！

——邱一新（旅行作家、TVBS周刊發行人）

生命與生命相遇時所併發出的火花是如此的難以言喻，哪怕彼此是多麼不同的物種……

——朱天衣（知名作家）

本書深刻細膩的描繪了母獅艾莎和人真摯可貴的情感，情節扣人心弦！艾莎所展現的智慧、活潑、對於自身獸性的克制及對人類的信任，令人嘆為觀止。閱讀此書彷彿躲身在非洲野生的山林間，畫面歷歷在目，喜歡動物的您絕對不能錯過！

——黃慧璧（國立臺灣大學獸醫專業學院臨床動物醫學研究所教授）

世間有很多謎，關於物種自身、以及物種與物種之間。當生命面對生命，既有相依的渴求，又總有背離的事實。這本書，其中有溫馨，也有困處，作者寫出了個我獨特經驗中的衝激。

——凌拂（散文創作者）

上帝賦與萬物的價值除了生命的本質外，還有被愛與愛人的能力。情感的互動與投射，往往能夠超越物種的界線，這不是有違倫理，而是那麼天經地義，透過本書的故事傳達，我們能更明確相信，尊重生命是文明人類必須學習的功課。——貓夫人（知名作家）

回味精彩的影片與圖畫，忍不住要跟我的孩子一起共讀本書，討論段落裡人與野生動物間的故事或爭議。因此也很希望推薦給中學生閱讀，了解在非洲草原上獅子與人的真實故事，藉此探討自然環境與我們之間的影響與衝突。——揭維邦（新竹實驗中學生物教師）

獅子與我的故事把我帶到另一個時空——非洲進行多場精彩探險。不論你是九歲還是九十九歲，人獸之間的情誼都保證打動你的心。——R. 馬芮（讀者）

充滿歡笑、刺激，苦樂參半、笑淚交織的冒險好書，讓我們看到人與動物互動的奇蹟般突破。經典之作，經得起時間考驗，可以一讀再讀。——愛咪．施密特（讀者）

作者為我的閱讀開啟了一扇門，門內充滿了真實生活的問題、冒險、情感。如果你是個動物狂，一定會喜歡書中的小探險，塞滿你的腦袋。就算你不是動物狂……嗯，在讀這本書之前，我也不覺得自己是呢。——南西（奧勒岡讀者）

愉快的閱讀經驗，圖片很棒，難以釋手，向所有愛動物人推薦。——傑米．馬歇爾（讀者）

六十年代電影初出就看過本片。本書帶回我的快樂回憶。——珊蒂（讀者）

本書是關於一對夫妻將生命與愛投注東非野生動物的故事。許多生態論點都因此書而揭露，並拍成電影，更促成另一部感人的故事——〈相逢，在世界盡頭〉。——P.帕斯達（讀者）

這本書對我的影響力終生不去。作者不但寫出艾莎的故事，也反映她對非洲的人、動物、土地的熱愛。透過這本書，我學到動物和人一樣，也有複雜的個性與情緒，也學到了人生有許多不同的模式——有一份工作，加上一個家庭和市郊的生活，並不是人生唯一選項。——凱倫．鈕康博（讀者）

【推薦序】

從生而自由到方舟上的共同伙伴

牙醫師・作家・環保志工
李偉文

小時候看過「獅子與我」這部影片後，非洲大草原浩瀚的景緻，以及那幾隻既雄偉又溫柔可愛的獅子，這些畫面便會不時出現在腦海裏，對於人與獅之間真摯的情感也很難忘懷，但是直到四十多年後的今天，才有機會看到這本精彩的原著傳記，仔細閱讀之後，除了感動，也有些感慨。

人類自詡為萬物之靈，仗著船尖砲利，使用各種科技與工具，將其他所有生物當作我們可以利用的資源，忘記我們與所有生命都有著密切的關係，都共享著這個唯一的地球。

我們很容易把其他動物視為依本能活著的個體，甚至是沒有生命的物品，但是從「獅子與我」這本書中，我們了解到，獅子也有類似人會害怕、高興、困窘、生氣、沮喪與絕望等等情緒，甚至從獅子與蹄兔派蒂的互動中，我們也知道，不同動物之間會產生親密且長久的關係，甚至獅子在捕獵野牛之後，懂得克制本能反應，比許多歷經世代文明陶冶的人類還有自律，這真是令人震憾的感動。

原著書名是「生而自由」。的確，每個生命應該有權利依牠本性自由自在地成長，這也是作者費盡心思，讓從小照顧的獅子重新回到曠野中所抱持的信念。

有人或許會說，作者不該飼養這幾隻母獅過世的小獅，不應該干預自然。當然，在大自然中人類應該做個謙虛的旁觀者，儘量減少我們對野生物的影響，這個原則沒有錯，可是在這個時代，真的要完全不干擾到自然生命，其實是不可能的事。

即便我們畫下國家公園區域的界線，但是人口的增加，村莊、農田與道路不斷擴張也限縮了野生物的棲息空間，再加上層出不窮的盜獵，也讓這些極少數得以被保護的物種的生存遭受威脅，甚至連國家公園的保育人士，包括作者夫婦也分別在一九八〇年及一九八九年遭到盜獵集團的殺害，人類的貪婪無知已經對地球及所有生命造成迫切的危機。

因此，我們必須更深切體認並且反省到所有動物都是地球這個方舟上的一份子，織起地球生命之網的是所有生物彼此休戚相關的互動，人類只是網上的一股絲線，若是我們因過度的消費欲望而害物種滅絕，讓這張生命之網有了破洞，我們人類也將深受其害。

從「獅子與我」這本書，讓我們了解到每個生物都有其獨特的本性，但是源頭的生命卻是共通的，這也是在這個二十一世紀網路虛擬時代，出版這本幾十年前的故事的重要意義吧！

像艾莎一樣地自由

新聞記者　張桂越

這本書英文名叫《Born Free – A Lioness of Two Worlds》作者喬伊・亞當森一共寫了三本有關小獅子艾莎的書，都和Free這個字有關：除了*Born Free*還有*Living Free*、以及*Forever Free*。一九六〇年出版的書，66年拍成了電影，轟動一時，除了得到金球獎最佳影片，還得到奧斯卡最佳主題曲獎，安迪威廉斯的Born Free專輯更是不分族群地感動了世界各角落的人。歌詞繞著自由：

Born free as free as the wind blows
As free as the grass grows
Born free to follow your heart
……
And life is worth living but only worth living cause you are born free.

小獅子艾莎自由了。飼養她的主人、也是本書的作者喬伊・亞當森，1980年在肯亞野生園區被前離職員工刺死。九年後，她的丈夫喬治・亞當森在搶救觀光客時與盜獵者在混戰中被殺……。這對夫妻一生熱愛野生動物，自由牠們，最後，卻讓不自由的同類殺害。顯然，這個世界需要自由的是人，不是獅子。

與動物的故事開始於真心相待的時刻

知名作家　貓夫人

萬物生來並不平等，因為活在人類既定的制度下生存，自由與生命犧牲了，所有的價值都因市場的需求而定位。

本書中的喬伊和獅子艾莎生活中的互動方式，打破了許多外界對於野生動物的認知：一隻蹄兔派蒂用磨牙方式分享他對主人的愛，艾莎以猛獸之姿獵捕動物時，卻能收起爪子溫柔用手碰觸人類。用愛發出於行，用行動表現出愛的能量，這也是動物本能，只是我們時常忽略。

書中生動地描繪人與動物之間如何取得信任，如何瞭解彼此心意以及相互思念的情景。艾莎與三隻小獅的故事，除了讓我們看到生命的脆弱與生生不息，也讓我們看到：愛，除了付出，也要能捨得。

亞當森夫婦為了防堵偷獵行為，在非洲惡劣的環境與氣候下行走幾百公里而甘之如飴，與大自然共存之下反而更懂得珍惜這片土地。就像當初我因為拍攝貓而發現了侯硐這個小鎮，可愛的貓群讓我深深迷戀，進而想要協助貓咪醫療，並關心社區與土地上的居民，其實很多感人的故事都是在你願意付出的那刻發生。

這幾年在侯硐協助浪貓醫療上得到許多感觸，過去很多人認為，不要讓動物親近人類，因為怕被不肖的人虐待傷害，但是如果為了防範少數虐貓的人而讓街貓不要接近人、遠離人，其實這樣反而會築起一道很高的心牆，讓她們更害怕人類，而人們也無法感受到他們可愛的模樣，如此一來，就難以進一步的協助改善他們的生存環境。動物的感官最直接，若投射給他們關心與愛，其實他們都會感受到的。

現在侯硐的貓群，看到遊客都會主動撒嬌，當他們生病時，我們都可以順利將他們送醫治療，我想這樣的改變，都是因為人們與他們之間友善的互動，因為信任、因為依賴，反而讓牠們得到更多的幫助。

人與動物和平相處的遠景，就像是通往天堂的台階，在本書裡面傳遞著一種信仰，那就是對萬物生命的呼喚，始終來自於真心的相待。

【譯者序】
鐵獅柔情

龐元媛

在日常生活當中，隨處可見有人養貓、養狗、養魚……，但是這些都是所謂的「小動物」，我們很難想像人類和大型肉食動物一起生活，會是怎樣的情景，就連跟獅子朝夕相處的馴獸師，都有可能莫名其妙被表演搭檔一口咬死。沒有受過專業馴獸師訓練的一般人和獅子生活在一個屋簷下，真能全身而退嗎？這樣的安排對獅子究竟是福還是禍？

一次偶然的機緣，小母獅艾莎走進喬伊與喬治的生命。上天給了這對夫婦一道奇妙的課題：一隻獅子和一小群人共組一個家。

這個考驗看似新奇愉快，其實潛藏不少挑戰。小母獅沒有雙親照顧，事事都要倚賴兩個養父母。夫婦倆沒有《養獅完全指南》可以參考，在那個年代也不能上網找資料，一切都得從頭摸索。發生事故也很難指望會有一通電話火速趕到的救難隊，更別說要看個獸醫還得開著車子千辛萬苦走上大老遠。

他們生活在非洲大陸，那是眾多野生動物的國度。喬伊他們要搞定小母獅艾莎，還要與鬣狗、鱷魚、兀鷲等動物搏鬥，免得辛苦張羅給艾莎吃的獵物被搶走，遇見大象、犀牛之類的巨獸也得小心翼翼，還要防備神出鬼沒，拿著長矛弓箭偷獵獅子的土著，以及跟為了一己之私，絲毫不肯花點心思了解獅子，就煽動民眾仇視獅子的政客周旋。

等到艾莎長大，挑戰可就更多了。艾莎習慣了茶來伸手飯來張口，但是畢竟人獅殊途，喬伊再怎麼鞠躬盡瘁，也不可能親自教導艾莎獵食，艾莎自己要如何填飽肚子呢？會不會有天走進營地，看見這麼多人走來走去，於是恍然大悟一拍腦袋：「對啊！這裡遍地是人肉，得來全不費功夫，我何必捨近求遠呢！」？艾莎會不會哪天醒過來，發覺自己竟然跟異類一起生活多年，錯愕之餘仰天長嘆：「荒謬的是我，還是這個世界？」於是毅然決然離去？艾莎長大之後成家生子，要如何平衡「原生家庭」和新家庭之間的關係？艾莎能不能順利回歸野外，過著正常的野獅生活？這段難得的人獅緣會如何發展，又會如何結束？

這些問題的答案，都可以在這本書找到。

細讀這本人類和獅子的生活點滴紀實，我發現主角的一些經歷比電影情節還精采逗趣。這本書的價值不僅在於提供了實用的知識，導正了一般人對於野生動物的一些迷思，更難能可貴的是忠實呈現了獅子「有血有肉」的一面：艾莎落寞地尋找兩位不見蹤影的姊姊，這是獅子的手足之情。艾莎經常埋伏在暗處，再一躍而出把喬伊等人撲倒在地，這是獅子俏皮的一面。艾莎刻意不讓喬伊等人找到牠的新生兒女的藏身處，這是獅子智慧的一面。艾莎知道喬伊他們要暫時離開幾天，雖然心裡難過，卻只是別過頭去，沒有嘶吼吵鬧蓄意阻撓，這是獅子懂事自制的一面。艾莎極力希望兒女也能像自己當年一樣，和喬伊他們相親相愛，這是獅子溫馨的一面。就算是甚少跟人類相處的野獅，不到萬不得已也絕對不會傷害人類，有些野獅吃過人類的虧，卻也不曾有報復之舉，這是一種奇妙又難得的包容。

看完這本書，我才發現原來真正的獅子個性比影劇作品描繪的還要「立體」，還要豐富多元。

恐懼與敵視常常是源自不了解，這本書是喬治夫婦與母獅艾莎朝夕相處的紀錄，也是認識獅子的好教材。艾莎與喬治夫婦的緣分能夠開始，完全是天賜的機緣，真正讓這段緣分得以持續的，是了解、信任、尊重、包容與愛，也許這就是人獅和平共生的秘訣。

原版序言

傳說中亞述人訓練獅子作為狩獵搭檔，就像現代人訓練獵豹、靈提與獵犬一樣。這個傳說是事實還是虛構，我們不得而知，但亞當森夫婦絕對是幾千年來成功訓練「母獵獅」的第一人，而且他們**並非**刻意訓練，只是與成長中的母獅一同生活，**從未**以任何方式監禁母獅、束縛母獅的本性。

他們的母獅「艾莎」從出生到三歲都和人類生活，最後回歸野外，這段故事是動物心理學領域別開生面又深具啟發的篇章。動物心理學這個領域在過去五十年來出現全新的思考角度，一部分原因顯然是反對十九世紀作家賦予動物智慧、多愁善感的情緒和喜怒哀樂的「擬人化」作風。二十世紀興起新學派，發明了「條件反射」、「釋放機制」之類的新術語解釋動物行為，並且主張要深入了解動物心理學，一定要熟悉這些新術語。同樣是獅子，每一隻展現出的個性、智力與能力可能截然不同，對於無法將冷冰冰的術語和獅子豐富多元的特質聯想在一起的人來說，二十世紀的動物行為術語就跟十九世紀的擬人主義一樣，與現實嚴重脫節，不但沒能提升大眾對於動物行為的了解，反而築下一道障礙。

無論讀者閱讀艾莎的故事是從哪個角度思考，都會發現這段引人入勝的歷史是一個懂得自制的動物的成長日記，而多數人絕對很難想像，獅子這樣的掠食動物竟然也懂得自制。這樣的母獅和公水牛纏鬥許久，最後終於勝出，將水牛殺死、壓在身下，還處在血壓飆高、心情極度亢奮的狀態，竟然能眼睜睜看著一名男子走上前來，把水牛的喉嚨割開，完成宗教儀式，還會幫忙把死水牛從河裡拖上岸，這段令人嘆為觀止的過程就是母獅不僅懂得思考、更懂得自制的明證。

如果這樣一頭母獅是十九世紀最天馬行空的動物故事作家杜撰的角色，可想而知讀者一定會譏笑這頭母獅「有違常理」、「荒誕無稽」。但是看了艾莎的故事就會發現，這些都是在真實世界上演的真實事件。

如果說艾莎的成長故事回敬了十九世紀的「動物擬人主義」和二十世紀的「科學」，那艾莎此生並無虛度。

威廉・派西謹識

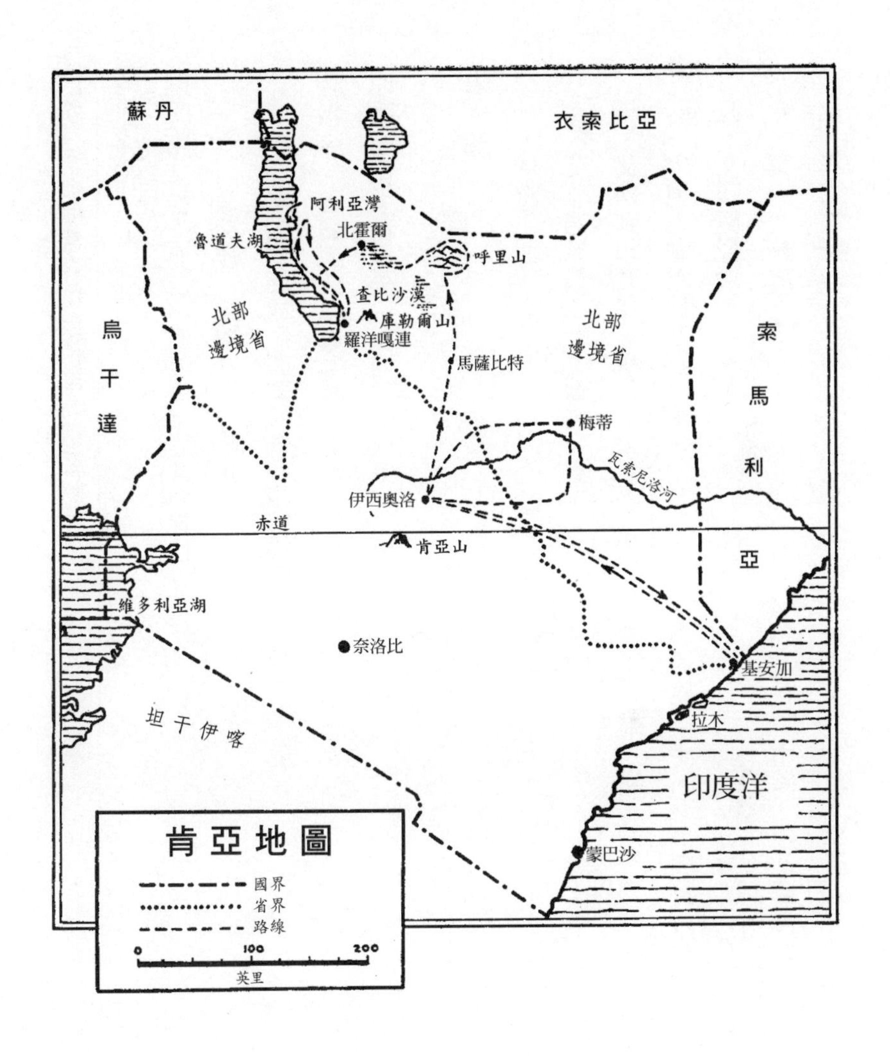
蘇丹
衣索比亞
阿利亞灣
北霍爾
魯道夫湖
呼里山
查比沙漠
庫勒爾山
羅洋嘎連
北部邊境省
烏干達
北部邊境省
索馬利亞
馬薩比特
梅蒂
瓦索尼洛河
伊西奧洛
赤道
肯亞山
維多利亞湖
奈洛比
基安加
拉木
坦干伊喀
印度洋
蒙巴沙
肯亞地圖
國界
省界
路線
0
100
200
英里

目次（附亞當森親自拍攝的精采照片）

第三部

....

第一部

一、幼時生活

多年來我都以肯亞北部邊境省為家。這一帶有浩瀚的半乾旱荊棘叢，從肯亞山一路延伸到阿比西尼亞邊界，總面積約為三十一萬平方公里。

人類文明對非洲這一帶影響甚微，這裡沒有移民，本地的部落還是沿襲老祖宗的生活方式，這裡充滿五花八門的野生動植物。

我先生喬治是這一片浩瀚大地的野生動物保護區資深管理員，我們的家就在此省的南疆，靠近伊西奧洛，這個小鎮住著三十位白人，都是負責管理這一帶的政府官員。

喬治要負責眾多業務，要執行狩獵法、防堵偷獵行為，還要跟侵擾土著的危險動物周旋。他做這份工作，需要長途跋涉，我們稱之為「遊獵」。我只要有空，都會跟喬治一起去，也因此有了獨特的機會去了解這塊原始的野地。在這裡，想要生存就得廝殺，就得遵從大自然的遊戲規則。

本書故事就是在一趟遊獵中展開的。布倫部落一名男子死在吃人的獅子手裡，村民向喬治通報說這頭公獅帶著兩頭母獅棲居在附近的丘地區，他必須負責找到牠們，所以我們才到伊西奧洛以北很遠的地方，和布倫部落一同露營。

一九五六年二月一日清晨，我一個人跟派蒂待在營地裡。派蒂是隻蹄兔，是我們家養了六年半的寵物，外型既像土撥鼠又像天竺鼠，不過動物學家研究蹄兔的腳與牙齒的骨骼結構，認為蹄兔的血緣最接近犀牛與大象。

派蒂柔軟的毛皮依偎著我的脖子，窩在安全的地方看著外面的動靜。我們身旁是一片乾燥的景象，花崗岩露出地面，植被相當稀少，不過還是看得到動物，因為這一帶有很多東非長頸羚羊與其他瞪羚，都適應了乾燥的環境，幾乎不用喝水。

我突然聽見汽車的震動聲，一定是喬治回來了，比預定的時間提早許多。沒多久我們的路虎汽車穿越棘叢，在帳篷附近停下。我聽見喬治大喊：「喬伊，妳在哪裡？快點，我有東西要送給妳……」我跑出去，派蒂窩在我肩上。我看到一張獅皮。我還沒來得及問喬治狩獵的過程，他就指著車後。我看到三隻幼獅，三團斑點小毛球，每隻都努力把臉埋起來，不看外面的世界。牠們出生才幾個禮拜，眼睛還覆蓋著一層帶點藍色的薄膜。牠們還不太能爬，卻仍然想爬走。我把牠們放在大腿上安撫，憂傷無比的喬治告訴我事情經過：天還沒亮，他和另外一位管理員肯恩找到吃人獅子休息的地方。第一道曙光出現，他們被從岩石後面猛衝出來的一頭母獅攻擊。他們不想殺母獅，但是母獅實在距離太近了，往回走的風險太高，喬治只好打手勢要肯恩開槍。母獅中槍受傷，就跑走了。他們往前走，看見一大灘血跡，他們小心謹慎，沿著血跡一步步往上走，翻過丘頂後走到一處平坦的巨岩。喬治爬到上面好看個清楚，而肯恩則在下面繞著巨岩巡查。喬治看到肯恩在岩石下方停頓了一下，舉起步槍開了兩槍。聽見一聲低吼，母獅出現了，直朝著肯恩撲過去。喬治不能開槍，因為會打到肯恩。還好有一位所在位置比較好的野生動物保護區偵查員開了槍，打得母獅踉蹌轉身，接著喬治開槍殺了母獅。母獅體型很大，正值壯年，乳房充滿了乳汁，所以乳頭腫脹。喬治看到母獅的乳頭，才明白母獅為何如此憤怒、如此英勇迎敵。他深深自責，覺得自己早該發現母獅是要保護窩仔，才會表現出這種行為。

喬治下令尋找幼獅。他和肯恩聽見岩石表面的裂縫傳出微弱的聲音。他們把手伸進裂縫，盡可能往裡面伸，沒能撈出幼獅，只聽見幼獅大聲吼叫咆哮。他們拿了一根有鉤子的長棍，搆了老半天，好不容易把幼獅拖出來。這些幼獅頂多只有兩、三周大。喬治他們把幼獅放進車裡，在回營地的路上，最大的兩隻沿路咆哮吐口水。最小的那隻倒是完全沒抵抗，好像滿不在乎。現在三隻小獅子躺在我的大腿上，我當然要好好照顧牠們囉！

派蒂以前碰到爭寵的對象一向很會吃醋，沒想到這次卻馬上跑過來依偎在牠們身邊，顯然是很喜歡新同伴。從那天開始，牠們四個就形影不離。小獅子剛來的這段日子，派蒂是四個裡面塊頭最大的，三隻愣頭愣腦的小絲絨球連走路都走不穩，相較之下六歲的派蒂有氣質多了。

過了兩天，小獅子才第一次肯吃奶。這兩天來我挖空心思哄牠們吃稀釋的艾迪兒無糖煉乳，結果牠們只把鼻子往上仰，發出「哼、哼」的抗議聲。很像我們小時候，還沒學會應對進退，不知道該說「不用了，謝謝」。

後來牠們終於願意吃奶，這一吃可就上了癮，我每隔兩小時就得把牛奶加熱，還要清洗橡膠管，那是我們從無線電機拿下來，給小獅子當奶嘴用的，還沒買到真正的奶瓶前只好先將就著用。我們馬上向最近的非洲市場下了訂單，那裡距離營地大約八十公里遠，除了買奶嘴之外，還要買魚肝油、葡萄糖跟幾箱無糖煉乳，同時也發一封緊急求救信給二百四十公里之外的伊西奧洛首長，跟他說三個新生的皇室成員兩個禮拜之內就會駕到，麻煩他在我們回去之前準備一個舒適的木屋。

過了一兩天，小獅子已經適應環境了，成了大家的寵物。派蒂自告奮勇當牠們的保母，也當得有模有樣，盡心盡力照顧牠們，不時還要被三個快速成長的小魔頭拉扯踩踏，派蒂也不介意。三隻小獅子都是母獅，年紀小小個性就很鮮明。「老大」有霸氣，也很仁慈，對待另外兩隻很好。第二隻活潑逗趣，老是嘻笑，喝奶時會用兩隻前爪拍打奶瓶，眼睛閉著，一副陶醉的模樣。我給牠取名叫做「拉斯蒂卡」，就是「開心果」的意思。

第三隻個頭最小，膽量卻最大，總是打前鋒，其他兩隻發現可疑的事情，總會派牠去看個究竟。我給牠取名叫做艾莎，因為牠讓我想起一個叫做艾莎的人。

在正常情況下，艾莎大概會是獅群中被攆出的那一隻（廣義的「獅群」指的是兩隻以上的獅子共同生活，可能含有一個或一個以上的家庭，包含幾隻成年獅子，或者是一大群成年獅子為了共同獵食而生活在一起，而非兩隻獅子或一隻獨行的獅子）。一群窩仔平均有四隻，通常會有一隻出生沒多久就死了，一隻身體太弱長不大，所以母獅旁邊通常只跟著兩隻幼獅。母獅要照顧幼獅到兩歲，第一年先是餵食幼獅，母獅會先將食物反芻，免得幼獅不習慣食物。到了第二年，幼獅就可以跟母獅一起獵食，但是如果行為失控，就會受到嚴厲處罰。幼獅這時候還無法獨力獵食，所以只能吃獅群中成年獅子吃剩的獵物。獵物通常所剩無幾，所以兩歲大的幼獅通常都營養不良，邋邋遢遢的。有時候餓到受不了，不是衝進狼吞虎嚥的成年獅群中，結果被咬死，不然就是離開獅群，結成小群，因為不懂獵食的技巧，所以經常遇到麻煩。大自然的法則是很嚴酷的，獅子一開始就要吃足苦頭。

這個四獸幫（派蒂和三隻小獅）大部分時間都待在帳篷裡，窩在我的床下，顯然牠們覺得這裡很安全，最像牠們的自然窩巢。牠們天生就不會在住居處便溺，總會在外頭的沙地上廁所。一開始牠們偶爾會不小心在室內便溺，後來就很少這樣了，難得看到家裡有一小灘污漬，還會嫌惡到喵喵叫、扮鬼臉，逗趣極了。牠們非常乾淨整潔，身上只有很像蜂蜜的香味（還是魚肝油的味道？），完全沒有臭味；舌頭已經跟砂紙一樣粗糙了。牠們長大之後，每次舔我們，我們隔著卡其布衣服都能感覺到牠們的舌頭。

兩周之後我們回到伊西奧洛，我們的三位小公主已經有全新的宮殿等著牠們入住。大家都跑來一睹牠們的風采，夾道歡迎三位皇室成員。牠們喜歡歐洲人，尤其喜歡小朋友，卻非常討厭非洲人。唯一的例外是一個叫做努魯的索馬利年輕人。他是我們的園丁，現在晉升為獅子的監護人兼總管。他「升官」了很開心，因為社會地位更高了；而且小獅子在屋裡屋外跑跑跳跳玩累了，想到灌木叢陰涼處睡覺的時候，他也可以長時間坐在牠們身邊，免得蛇和狒狒靠近。

十二個禮拜以來，我們都給牠們吃無糖煉乳配魚肝油、葡萄糖、骨粉還有少許鹽巴。牠們沒多久就改成每三小時吃一次就可以了，每餐的間隔時間逐漸拉長。

現在牠們的眼睛完全睜開了，但是還不能判斷距離，所以常常錯過牠們的目標。我們拿橡皮球和舊輪胎的內胎給牠們當玩具，培養牠們對距離的概念。舊輪胎的內胎最適合拿來拔河。說真的，任何橡膠製品或是柔軟有彈性的東西牠們都喜歡。牠們會把內胎搶來搶去，要搶內胎的小獅子會側著身子滾向持有內胎的小獅子，壓在內胎上面。要是這招不管用，兩頭小獅子就乾脆使盡全力拉扯。等到分出勝負，贏家就會拿著戰利品在另外兩隻面前晃蕩，對牠們下戰帖。要是挑釁失敗，贏家就會把內胎拿到另外兩隻的鼻子前面，假裝不知道內胎會被搶走。

牠們玩遊戲，最重要的就是突襲。牠們一生下來就懂得偷偷跟蹤彼此，也會跟蹤我們，而且天生就知道箇中訣竅。

牠們總是從背後攻擊，躲在隱蔽處，先是蹲伏，再慢慢爬向毫無警覺的獵物，最後以迅雷不及掩耳的速度撲上前去，全身的重量都壓在獵物的背上，把獵物壓倒在地。我們每次被鎖定，都故意裝作不知道，還會乖乖蹲伏下來、別過頭去，等待最後的攻擊展開。小獅子玩得很開心。

派蒂總想跟牠們一起玩，不過小獅子的體型很快就長成派蒂的三倍，所以派蒂看到牠們打架打得兇，就會閃過一邊，也會小心不要被牠們壓扁。其他時候派蒂還是會拿出老大的威嚴，管管這些後生晚輩。小獅子要是鬧得太兇，派蒂只要轉過身來面對牠們，牠們就知道該收斂了。我很佩服派蒂的精神，牠個頭那麼小，要在小獅子面前擺出無畏的架勢，想必要很勇敢吧！何況派蒂要保護自己只能靠牠的尖牙，還有反應快、腦袋好、膽量大的長處。

派蒂一出生就跟我們一起生活，也完全適應了我們的生活方式。派蒂並不像表親樹蹄兔是夜行動物，牠在晚上會像皮草一樣圍著我的脖子睡覺。派蒂吃素，但是很愛喝酒，尤其愛喝最烈的烈酒，一逮到機會就把酒瓶推倒，把軟木塞拔掉，大口暢飲。酗酒對派蒂的健康有害，更不用說會嚴重降低牠的品行，所以我們盡全力防堵牠狂喝威士忌與杜松子酒。

派蒂的排泄習慣非常怪異，蹄兔習慣在同一個地方排泄，通常牠們比較喜歡到岩石邊緣上廁所。派蒂在家裡總會蹲在馬桶座邊緣，那個畫面實在逗趣。在遊獵時，沒有這麼好的設備，派蒂就會完全不知所措，到頭來我們只好裝一個小馬桶給牠用。

我從來沒看過派蒂身上有跳蚤或蝨子，所以看到派蒂老是抓癢，一開始讓我一頭霧水。派蒂的腳肉墊很豐滿，趾甲圓圓的，很像小犀牛的趾甲。牠的前腳有四根趾頭，後腳有三根。牠的後腿內趾有個爪子，那是牠的梳毛爪。牠用梳毛爪把身上的毛梳得柔亮光滑，牠常常抓癢，其實都是在梳毛。

派蒂沒有明顯可見的尾巴，牠的脊椎中間有個腺體，在牠的灰色斑紋毛皮上呈現一塊白，非常醒目。派蒂每次因為開心或警覺而情緒亢奮，腺體周圍的毛就會豎起，腺體會釋出分泌物。小獅子漸漸長大，派蒂看到牠們粗暴地玩耍，難免感到害怕，身上的毛就一天到晚豎起來。說真的，要不是牠夠機靈，每次都及時躲到窗台、梯子之類的高處，一定會常常被小獅子錯當成橡皮球來玩。在小獅子還沒來之前，派蒂一直都是我們家客人最喜歡的寵物，現在多了這群小搗蛋爭寵，派蒂竟然也會疼愛牠們，我看了實在很感動。

小獅子逐漸發覺自己力氣大，碰到任何東西都要測試一下。比方說防潮布不管有多大，小獅子都一定要拖來拖去。而且牠們還會用大貓的獨特方式，把防潮布壓在身下，用兩條前腿夾住拉扯，牠們長大後就會這樣拉扯獵物。牠們最喜歡的另一個遊戲就是「城堡國王」，一隻小獅子跳到馬鈴薯麻袋上面，免得敵獅接近，結果另外一個姊妹突然從背後襲擊，國王就下台了。艾莎是這個遊戲的常勝軍，牠看見另外兩隻忙著打架，就會把握機會。

我們僅有的幾棵香蕉樹也是牠們鍾愛的玩具，茂密的樹葉很快就變得破破爛爛的。牠們也喜歡爬樹。三隻小獅天生就會表演特技，不過牠們常常爬得太高下不來，還得我們援救。

每天天方破曉，努魯放牠們出去，牠們睡了一整晚，精神滿滿衝出門，這一刻的畫面簡直可媲美獵犬賽跑的起跑時分。有一次牠們一衝出門就看到一個帳篷，裡面住著我們的兩位男性訪客，不到五分鐘，帳篷裡已經面目全非，我們被客人的慘叫聲驚醒，他們忙著搶救行李，卻是徒勞無功。興奮到發狂的三隻小獅一頭鑽進帳篷殘骸裡，帶著各種戰利品鑽出來，有拖鞋、睡衣，還有破破爛爛的蚊帳。那次我們得拿出小棍子伺候。

帶牠們睡覺也是個大考驗。想像一下，三個非常頑皮的小女孩，跟正常小孩一樣討厭上床睡覺，偏偏跑起來的速度又是大人的兩倍，而且在黑暗中視力很好。

我們常常需要使出一些詭計騙牠們睡覺。有一招特別有效，就是用一段繩子綁住舊麻袋，再把麻袋慢慢拖進畜欄，小獅子總是忍不住追著麻袋跑。

小獅子非但喜歡戶外遊戲，也喜歡書本和軟墊。我們為了保護藏書和其他東西，到最後不得不禁止牠們進屋。我們用粗鐵絲在木框上做了一個高度及肩的門，擋住通往露台的入口。小獅子強烈反彈，少了遊樂場覺得很生氣，為了彌補牠們，我們就在一棵樹上掛了一個輪胎，牠們常常開心大嚼輪胎，還會拿來盪鞦韆。我們也給牠們一個裝蜂蜜用的空木桶當玩具，小獅子推推木桶就會發出響亮的轟轟聲。不過最好玩的玩具還是麻袋。我們把麻袋裝滿舊輪胎的內胎，綁在樹枝上。懸掛在樹枝上搖曳的麻袋實在是難以抗拒的誘惑。麻袋還繫著另一條繩子，當小獅子抓著麻袋時，我們就會拉繩子，把小獅子高高盪到空中。我們笑得愈開心，牠們就玩得愈開心。

玩具雖然好玩，牠們還是記得露台前面有道門，常常用軟軟的鼻子頂鐵絲網。

有天傍晚，一群朋友到我們這裡小酌。小獅子聽見屋裡的歡笑聲很好奇，馬上就湊過來，不過那天晚上牠們很守規矩，沒有用鼻子頂鐵絲網，三隻小獅都站在鐵絲網幾步之外。我看到牠們如此乖巧的表現，覺得很可疑，就起身看個究竟。沒想到小獅子和門口之間竟然杵著一條巨大的紅射毒眼鏡蛇。這條蛇一邊有三隻小獅，另一邊有我們，還是意志堅定地蜿蜒跨越露台階梯。等到我們拿來獵槍，大蛇已經不見蹤影。

不管是鐵絲網、眼鏡蛇還是禁令，都不能阻擋拉斯蒂卡想要進屋的雄心。牠就是不死心，每道門都試試看。按下門把對牠來說很簡單，就連轉動門鎖也難不倒牠。我們馬上在每一道門加裝門閂，牠才敗下陣來，不過我有一次還看到牠用牙齒想把門閂推開。牠闖關失敗，就把我們的衣服從曬衣繩上扯下來，咬著飛奔入灌木叢中，以牙還牙。

小獅子三個月大了，牙齒已經大到可以吃肉了。我就給牠們吃生絞肉，這是我們能找到最接近母獅反芻過的食物。牠們好幾天都不肯吃，還做出嫌惡的鬼臉。後來拉斯蒂卡率先嘗了嘗，覺得很合口味。另外兩隻見狀也跟進，很快牠們每餐都搶成一團。可憐的艾莎那時候不如姊姊強壯，每次都搶輸，所以我都留一點給牠，把牠抱在我大腿上吃飯。牠很喜歡這樣，頭會搖來搖去，眼睛閉著，把心中的快樂表現出來。這時候牠都會吸吮我的拇指，用前爪按壓我的大腿，好像在壓擠媽媽的肚子好多喝一點奶。我和艾莎就是這個時候建立了感情。我們讓小獅子邊玩邊吃，我在這些迷人的小獅子陪伴中快樂度過每一天。

小獅子天性懶惰，需要左哄右騙才能讓牠們起身走動，不要老是窩著。牠們就算看到最美味的髓骨都懶得起身，只會用滾的，不必費力就能吃到骨頭。不過牠們還是最喜歡仰臥在地上，爪子在空中擺盪，一邊吸吮我手中的骨頭。

小獅子走進灌木叢，常有機會探險。有天早上我跟在牠們後面，之前給牠們吃了驅蟲藥粉，想看看效果如何。我發覺牠們在一段距離外睡著了，這時我突然看見一排黑色兵蟻走近牠們，有些已經爬到牠們身上了。我知道這些兵蟻看到誰擋路都會毫不留情攻擊，也知道牠們的下顎有多厲害。我正想把小獅子叫醒，沒想到螞蟻就改道了。

過了一會兒，五頭驢子漸漸靠近，三隻小獅就醒過來了。這是牠們第一次看到這麼大的動物，牠們也拿出獅子的膽量，同時猛衝上前。這次牠們玩得很高興，幾天之後我們負責馱運貨物的驢子和騾子靠近房屋，大約有四十隻左右，三隻小獅也毫無畏懼地衝過去，嚇得整群隊伍四散奔逃。

牠們五個月大了，身體狀況很好，一天比一天強壯。牠們行動很自由，只是到了晚上要睡在與木頭圍欄連接的一塊有岩石與沙子的隱密地方。這個防範措施很有必要，因為野獅子、鬣狗、胡狼與大象常在我們家附近出沒，這些都是小獅子的剋星。

我們愈了解小獅子，就愈喜歡牠們，牠們長得很快，一想到總有一天要和牠們分離，就很難接受。我們痛下決心要送走兩隻，覺得把兩隻大的送走比較好，這兩隻總是在一起，而且也不像艾莎那麼依賴我們。我們的非洲籍傭人也贊同，我們問他們的意見，他們一致認為最小的艾莎應該留下。他們也許是想像往後的情景，心裡想著：「如果家裡一定要有一頭獅子，那還是挑最小的一隻比較好。」

至於艾莎，我們覺得如果牠只有我們這些朋友，那我們要訓練牠會比較容易，不只是訓練牠在伊西奧洛生活，也要訓練牠跟我們一起去遊獵。

我們選擇鹿特丹比利多普動物園作為老大和拉斯蒂卡的新家，安排牠們搭飛機前往新家。牠們要到二百九十公里之外的奈洛比機場搭飛機，我們覺得還是先讓牠們熟悉搭車比較好，所以我每天開著我那一點五噸的卡車載著牠們走一小段。卡車上有個鐵絲網車廂。我們也開始在車廂裡餵牠們吃東西，讓牠們習慣車廂，把車廂當作玩耍用的護欄。

到了牠們要走的前一天，我們在車裡鋪上柔軟的沙包。

我們開車走了，艾莎沿著車道跑了一小段，站在那裡，目送兩位姊姊離開，眼神充滿哀淒。我跟兩隻小獅子一起坐在後面，隨身帶著小醫藥箱，覺得這趟遙遠的車程免不了會被抓傷。後來證明我的擔心純屬多餘，兩隻小獅子先是坐立不安了一個小時，接著就乖乖躺在我身邊的沙包上，用爪子抱著我。我們就這樣共度十一個小時的車程，途中兩度爆胎，所以有些延遲。牠們兩姊妹對我們是完全信任。我們到了奈洛比，牠們用大眼睛看著我們，疑惑這些奇怪的聲音和氣味是怎麼回事？牠們登上飛機，永遠離開故鄉了。

幾天後我們接到電報，小姊妹平安抵達荷蘭。大約三年後我去荷蘭探望牠們，牠們知道我很友善，也讓我摸牠們，卻沒有認出我是誰。牠們的生活環境好極了，整體來說，我覺得很高興，牠們忘了曾經有過更自由的歲月。

二、艾莎遇見其他野生動物

喬治告訴我，我去奈洛比的那幾天，艾莎情緒很低落，從未離開喬治半步，一直跟前跟後，坐在喬治的辦公桌下陪他工作，到了晚上又睡在喬治的床上。每天晚上喬治都帶艾莎出門散步，不過我回來的那一天，艾莎不肯陪喬治出去，反而是滿懷期待坐在車道中間。難道牠知道我那天會回來？如果知道，那牠又怎麼會有未卜先知的本事呢？是動物本能嗎？要解釋這種行為很困難，幾乎是不可能。

我獨自回來，牠熱情歡迎我，我看到牠到處找姊姊，心裡很難過。接下來的好幾天，牠看著灌木叢呼叫姊姊。牠一直跟著我們，顯然是害怕我們也會拋棄牠。為了讓牠安心，我們讓牠待在屋裡，牠睡在我們的床上，我們常常被牠粗糙的舌頭舔醒。

我們一有機會就帶著牠去遊獵，免得牠每天都在等待與悲傷中度過，還好牠很喜歡遊獵，跟我們一樣開心。

我的卡車裡都是柔軟的行李與鋪蓋捲，正好適合艾莎搭乘，牠可以窩在舒服的軟墊上看著所有動靜。

我們在瓦索尼洛河旁邊紮營，河岸兩邊都是埃及薑果棕與金合歡樹。在乾季裡，淺淺的河水慢慢流向洛雷恩沼澤，流經幾處急流，形成許多深水坑，裡面滿滿都是魚。

我們的營地附近有幾處岩石山。艾莎到處看看岩石的裂縫，在岩石之間嗅聞，最後總是窩在能看見四周灌木叢的岩石上。傍晚時分，這一帶在夕陽的映照下呈現溫暖的色澤，艾莎的毛色融入微紅的岩石之中，彷彿與岩石合而為一。

傍晚時分是一天最令人沉醉的時刻，日間的暑氣消退，萬物都放鬆心情。影子愈來愈長，變成深紫色，等到太陽快速西沉，所有的細節都消失了。微弱的鳥叫聲漸漸止息，大地一片沉寂，萬物靜止不動，等待黑夜降臨。夜幕方才低垂，灌木叢便甦醒了，鬣狗長長的叫聲為狩獵拉開了序幕。

我記得有一天晚上，我把艾莎拴在帳篷前面的一棵樹上，牠開始大嚼晚餐，我坐在黑暗中聽著聲音。

派蒂跳到我的大腿上，舒服地窩著，磨著牙齒，我知道牠一開心就會磨牙。一隻蟬在河流附近嘰喳叫著，潺潺的河水映照著升起的月亮。星斗在柔和的夜空閃耀，我總覺得北部邊境省的星斗是其他地方的兩倍大。我聽見低沉的震動聲，好像遠處的飛機發出來的，這是一群大象走到河邊。還好風向對我們有利，隆隆聲很快就消失了。

我突然聽到咕噥聲，那絕對是獅子的聲音，不會錯的。咕噥聲一開始距離還很遠，漸漸愈來愈大聲。艾莎聽到聲音是什麼感覺？我看艾莎聽到同類接近也毫不在乎，照樣把肉撕開，用臼齒一點一點咬著肉吃，吃完之後仰臥在地上，四個爪子伸在空中，進入甜美的夢鄉。我在一旁聽著鬣狗低聲輕笑，胡狼尖叫，還有獅群雄偉的合唱。

這個季節非常炎熱，所以艾莎白天有些時候會待在水裡，在水裡曬太陽曬多了，就到蘆葦叢中休息，有時又會慵懶地嘩啦一聲滾回河水裡。我們知道瓦索尼洛河裡有不少鱷魚，不免有點擔心，還好艾莎從來沒碰到鱷魚。

艾莎調皮得很，每次我們一不注意，牠就會把水濺在我們身上。或是牠會從水中一躍而出，全身濕淋淋地撲到我們身上，我們就連人帶照相機、小型望遠鏡跟步槍被牠濕淋淋的壯碩身軀壓在沙地上翻滾。艾莎會用爪子做很多事情，會用爪子輕輕撫摸，也會出於好玩而快狠準地甩我們一掌。牠還懂一點柔術，每次出招就一定能把我們翻倒在地上。不管我們再怎麼提高警覺，牠只要用爪子稍微扭一下我們的腳踝，我們就會應聲倒地。

艾莎很照顧自己的爪子，會在幾棵樹皮很粗糙的樹上把爪子磨利，在樹皮留下深深的抓痕。牠會一直抓一直抓，直到滿意為止（其實牠應該是在伸展可伸縮的爪部肌肉）。

艾莎聽到槍聲不會害怕，而且沒多久牠就知道「砰」就表示一隻鳥死了。牠很喜歡把我們射下的獵物拿回來，尤其喜歡珠雞。牠會大嚼珠雞的翎毛，倒是很少吃珠雞的肉，羽毛更是從來不吃。我們打下的第一隻鳥一定要送給牠，牠會咬在嘴裡炫耀，等到嘴巴痠了，才會把鳥放在我的腳邊，看著我，彷彿在說：「幫我拿好不好？」只要我把鳥兒在牠眼前晃，牠就會乖乖跟在鳥兒後面。

艾莎每次發現大象糞便，就馬上在上面翻滾，好像覺得大象糞便是最好的爽身粉。牠會擁抱一大坨、一大坨的糞便，當成香水一樣抹進皮膚裡。牠也喜歡犀牛糞便，大部分草食動物的糞便牠都喜歡，不過牠最喜歡的還是厚皮動物的糞便。我們對此是百思不解，艾莎是不是出於本能，用牠平常會獵食的動物的糞便，來掩飾自己的氣味？家貓和家狗也常會在糞便中打滾，顯然是演變而來的習慣。我們從來沒看過艾莎在食肉動物的糞便中打滾。

艾莎很小心，會刻意在我們常走的野生動物步道的幾公尺外排泄。

有天下午，艾莎受到大象聲音的吸引而跑進灌木叢裡。沒多久我們就聽見大象的吼叫聲與尖叫聲，還有珠雞的咯咯聲。我們滿懷焦慮，等待這場會面的結果。過了一會兒，大象不再出聲，珠雞卻發出駭人的聲響。我們看到艾莎走出灌木叢，一群兀鷹似的珠雞跟在後面，好像鐵了心要把艾莎趕走，我們看了驚訝不已。每次艾莎想坐下，這群珠雞就會咯咯叫，艾莎就不得不繼續往前走。等到這群大膽刁雞看到我們，才終於肯放過艾莎。

我們有次出去散步，艾莎在虎尾蘭樹叢前面突然停下腳步，又跳得老高，然後匆匆後退，看著我們的眼神似乎在說：「你們怎麼不跑呢？」這時我們才看見一條大蛇在刀刃般鋒利的虎尾蘭樹叢尖葉中穿梭。有這麼多刀片般的葉片護身，大蛇可是有恃無恐。我們謝謝艾莎提醒我們。

我們回到伊西奧洛，雨季已經開始了。這一帶到處都是小溪流與水坑。這下子艾莎可有樂子了，牠到每個地方濺起水花，精力充沛得很。牠八成認為泥巴是個好東西，所以猛撲過來濺了我們一身泥。這個玩笑開得太過分了。我們得讓牠知道，牠現在的噸位非比尋常，不能再這樣毫無顧忌地飛撲過來。我們用一根小棍子來向牠解釋，牠馬上就明白了道理，從此我們很少需要用小棍子了，不過還是帶在身上，提醒艾莎不可逾矩。現在艾莎懂得「不可以」的意思了，就算受到羚羊的誘惑，也會循規蹈矩。

看到艾莎在獵食本能與服從命令之間天「獅」交戰，我們常常很感動。牠看到任何會動的東西，就像大部分的狗一樣，覺得就該追著跑。不過這時候牠的獵殺本能還沒完全成熟。我們給牠吃山羊肉，卻時時小心不讓牠看見活的山羊。牠經常可以看到野生動物，不過多半有我們陪在身邊，所以牠只是玩耍性質的追逐一下，很快又回到我們身邊，用頭磨蹭我們膝蓋，小小喵了一聲，算是告訴我們遊戲有多好玩。

我們家附近各種各樣的動物都有，一群非洲大羚羊、高角羚還有大約六十隻網紋長頸鹿是我們多年的鄰居。艾莎每次跟我們出去散步，都會跟牠們碰頭，牠們也很熟悉艾莎，還肯讓艾莎跟在牠們後面走，等到彼此距離只剩一兩公尺，牠們才會靜靜躲開。有個大耳狐家族跟艾莎實在太熟了，我們可以走到牠們的洞穴幾步之外，看著大耳狐寶寶在洞口前方的沙地上翻滾，爸爸媽媽就在一旁看守，向來膽怯的大耳狐見了我們也毫無懼色。

貓鼬也給艾莎帶來不少樂趣。小小的貓鼬體型跟黃鼠狼差不多，住在荒廢的白蟻蟻丘，蟻丘是用水泥般堅固的土壤建造而成，拿來當堡壘正好。蟻丘高度可達三點五公尺，裡面含有許多通風通道，在一天最熱的時候可以待在裡面乘涼。逗趣的貓鼬在午茶時間左右離開堡壘，吃幼蟲與昆蟲，天黑了再回家。我們就是這個時候出門散步常常碰到貓鼬。艾莎一動也不動坐在蟻丘前面，把貓鼬圍住，光是看到這群小小的小丑從通風口探出頭來查看，尖叫一聲之後又像影子一般消失無蹤，就覺得很得意。

逗貓鼬是很好玩，狒狒可就讓艾莎怒火中燒。狒狒住在我們家附近的峭壁上，不用擔心豹群騷擾。狒狒在晚上就窩在岩石最淺的凹處，安全無虞。牠們在日落之前一定會回到這裡，這時候的懸崖從遠處看是黑點滿布。狒狒在這裡肆意對艾莎吼叫、尖叫，就吃定艾莎拿牠們也莫可奈何。

艾莎第一次看到大象的場景很刺激，也很驚心動魄，因為可憐的艾莎沒有媽媽教導，所以不知道大象都把獅子當成大象寶寶唯一的天敵，有時還會殺掉獅子。有一天早上，努魯帶艾莎出去散步，卻上氣不接下氣地回來，說艾莎「在跟一頭大象玩」。我們拿著步槍，跟著努魯走到現場，看見一頭巨大的老象，頭埋在灌木叢裡，正在享用早餐。艾莎突然從後面走上前來，調皮地用力拍了一下大象的後腿。大象受到無禮冒犯，出於驚嚇和尊嚴受創而發出一聲尖叫，離開灌木叢衝向艾莎。艾莎機靈地跳走，覺得大象的本事也不過如此，就開始跟蹤大象。這個場景很驚悚，卻也好笑到不行。我們只能祈禱不用掏槍出來。還好過了一會兒，兩方都玩膩了，老象回頭繼續吃飯，艾莎躺在一旁睡著了。

在接下來的幾個月，艾莎逮到機會就不斷騷擾大象，現在大象季節開始，所以艾莎不愁沒機會。每年到了這個時候，我們這裡都有幾百頭大象入侵。這些巨獸對伊西奧洛的地形似乎很熟悉，總會選擇最好的球芽甘藍和玉蜀黍生長的地方。不過象群也就只有這個毛病，雖然這一帶非洲人人口稠密，周又有汽車來來往往，象群大致上還是循規蹈矩，很少製造麻煩。我們家距離伊西奧洛有五公里遠，周圍有最好的嫩葉，所以很多大象會來拜訪我們。我們家前面的舊步槍射擊場就成了象群最喜歡的遊樂場。我們在這個季節出門散步都要格外小心，因為附近總會有幾小群大象。我們得保護艾莎，還得保護自己，全家都神經緊繃。

有一天中午，努魯和艾莎回到家，後面跟著一大群大象。我們從餐廳窗戶看到灌木叢中的大象。我們想把艾莎的注意力引開，可是艾莎已經轉過身來，鐵了心要會會逐漸走近的大象。接著艾莎突然坐了下來，看著大象轉過身去，排成一路縱隊走過步槍射擊場。大象一個接著一個從灌木叢走出來，艾莎蹲在那個灌木叢裡，讓象群聞到牠的氣味。這就像一場盛大的大象遊行。艾莎等到大約二十頭大象中的最後一頭走過去，再慢慢跟在後面，頭垂低和肩膀平行，尾巴拉直。這時候隊伍殿後的那頭大公象轉過身來，大頭猛然對著艾莎，用高八度的吼聲尖叫。艾莎沒有被殺氣騰騰的喊聲嚇倒，還是不屈不撓往前走，大公象也意志堅定往前進。我們走出屋外，小心翼翼跟在後面，看到艾莎和那群大象在下層灌木叢混在一起。我們沒聽到尖叫，也沒聽到樹枝折斷的聲音，所以應該沒有騷亂。不過我們還是焦急等待著，好不容易艾莎走了出來，看起來似乎覺得這場會面無聊透頂。

艾莎遇到的大象也不是個個都和善。有一次艾莎引發象群大逃竄。我們聽見步槍射擊場傳來雷鳴般的巨響，跑出去看，看到一群大象往山下奔逃，艾莎緊跟在後。後來有一頭公象對著艾莎衝過來，不過艾莎速度太快，公象追不上，只好放棄與艾莎決戰，跟上同伴的腳步。

長頸鹿也給艾莎帶來很大的樂趣。有天下午我們帶著艾莎出門，艾莎單挑五十隻長頸鹿。牠貼近地面擺動身體，興奮到全身發抖，一步一步前進跟在長頸鹿後面。長頸鹿沒理牠，只是站在那裡，面無表情看著牠。艾莎看看那群長頸鹿，又看看我們，似乎想說：「你們幹嘛跟蠟燭一樣杵在那裡，害我跟蹤失敗？」最後艾莎的怒氣衝到最高點，全速往我衝過來，把我撲倒在地。

接近日落時分，我們遇到一群大象。天色暗得很快，我們還是看得見四面八方大象的身影。

我一直覺得很神奇，體型這麼巨大的大象竟然能靜悄悄穿過灌木叢，把我們團團圍住，我們卻渾然不覺。這次象群的封鎖線真的是滴水不漏，我們每次想找突破口，就會有一頭大象擋住我們的去路。我們想引開艾莎的注意力，畢竟現在不是跟巨獸玩遊戲的時候。說時遲，那時快，艾莎看到象群，衝入象群之中，我們控制不了牠。我們聽見尖叫，還有刺耳的叫聲。我的神經緊繃，不管再怎麼小心翼翼在黑暗的灌木叢中摸索，總會有一頭大象擋住我們的去路。後來我們總算逃離象群安然返家，當然沒能帶著艾莎一起。過了好久牠才回來，顯然玩得很開心，不明白我為何神經緊張。

我們的車道周圍都是大戟屬植物做成的圍籬。一般的動物都不會硬闖，因為大戟含有一種腐蝕性的乳漿。眼睛只要接觸到小小一滴，眼膜就會嚴重灼痛，發炎紅腫好幾天，所以動物都敬而遠之。大象倒是個例外，因為大象喜歡吃大戟多汁的樹枝。每當大象用過晚餐，我們的圍籬就破了好幾個大洞。

有一次我在艾莎的窩裡餵艾莎吃東西，艾莎木屋周圍的圍籬後面傳來低沉的聲音，毫無疑問是大象。我循聲尋找，果然發現五頭大象正在大快朵頤，還發出嘎吱嘎吱響亮的聲音，吃著我和牠們之間唯一的圍籬。說真的，在我這段文字描述的時候，圍籬早已被大象搞得殘破不堪了。

現在我們家附近又來了一隻犀牛，這下艾莎的樂子更多了。有天晚上我們散步回來，艾莎突然衝到傭人房後面，接著就是一場大騷動。我們過去看看究竟，看到艾莎跟犀牛面對面對峙。犀牛遲疑了一會兒，哼了幾聲表示不滿，接著就往後退，艾莎緊跟在後。

隔天晚上我跟艾莎還有努魯一起散步，我們回來比較晚，天色都快要暗了，努魯突然抓住我的肩膀，我才沒有一頭撞上站在灌木叢後面、面向我們的犀牛。我急忙後退跑走。還好艾莎沒看到犀牛，以為我在玩遊戲，就跟我一起跑。沒出意外真是萬幸，犀牛的個性陰晴不定，看到什麼都會衝撞，連卡車、火車也照樣攻擊。隔天艾莎倒是找到樂子，追著那隻犀牛在山谷跑了三公里，盡忠職守的努魯氣喘吁吁追在後面。有了這次經驗，犀牛再也不敢光臨，轉往比較平靜的地方。

現在我們給艾莎安排了規律的生活。早晨天氣涼爽，我們常常看到高角羚在步槍射擊場優雅跳躍，聽著甦醒的鳥兒合唱。天一亮努魯就會把艾莎放出來，一起走一小段路到灌木叢。精神飽滿的艾莎看到什麼都要追著跑，連自己的尾巴也不放過。

等到太陽愈來愈大，艾莎和努魯就坐在陰涼的樹下。努魯一邊喝著茶，一邊讀著《可蘭經》，艾莎則是小睡一會兒。努魯隨身攜帶步槍，提防野生動物，不過努魯很聽話，謹遵我們的吩咐：「開槍之前先大叫」。努魯真的很喜歡艾莎，把艾莎照顧得很好。

艾莎和努魯在午茶時間左右回來，就由我們接手照顧艾莎。我們先給艾莎喝點煉乳，再帶著牠走到山裡，或是在平原散步。艾莎會爬到樹上，做出磨爪子的動作，追蹤有意思的氣味，不然就是跟蹤葛氏瞪羚和東非長頭羚羊，這兩種動物偶爾還會跟艾莎玩躲貓貓。艾莎好喜歡陸龜，會把陸龜翻來翻去，我們看得目瞪口呆。艾莎喜歡玩耍，一逮到機會就要跟我們玩遊戲。我們就是牠的「獅群」，牠任何東西都會跟我們分享。

夜幕低垂，我們回到家，帶艾莎回牠的窩，牠的晚餐在那裡等著牠。牠的晚餐是大量生肉，多半是綿羊肉與山羊肉。艾莎把肉裡面的肋骨與軟骨扯開，吃裡面的粗纖維。我幫艾莎拿著骨頭，看到牠額頭的肌肉劇烈抽動。我每次都要把骨髓挖出來給牠吃，牠貪吃地舔舐著我手指上的骨髓，沉重的身體直直地倚在我的手臂上。這時候派蒂就坐在窗台上看著我們，知道很快就會輪到牠窩在我的頸邊，我可以全心全意陪著牠，不用分心照顧誰。

在那之前，我就先坐著陪艾莎玩，一邊畫下牠的素描，或是看書。這些晚上是我們最親密的時光，我想我和艾莎之間的感情多半是在這些夜晚培養出來的。艾莎吃飽喝足又開心，嘴裡吸著我的拇指沉沉睡去。只有在月光出現的夜晚，艾莎才會坐立不安。牠會躡手躡腳沿著鐵絲網走，豎著耳朵聽聲音，鼻孔顫抖著，捕捉最微弱的氣味，探索外面神祕夜晚的蛛絲馬跡。艾莎一緊張，肉蹼就會變得潮濕，我只要用手抓住艾莎的爪子，就知道艾莎的情緒。

三、艾莎到印度洋

艾莎已經一歲了，也換過牙了。我幫牠把一顆乳犬齒拔出來，牠也乖乖地把頭一動也不動地杵著。牠啃肉通常是用臼齒，不是用門牙，不過牠的舌頭很粗糙，上面有很多小刺，牠就用舌頭把肉從骨頭上刮下來。牠的唾液很濃稠又很鹹。

派蒂現在年紀大了，我儘量給牠安靜平和的環境。

我們在當地的假期就要到了，我們打算到海邊度假，到遙遠的海岸，就在小小的巴瓊漁村附近，距離索馬利邊境不遠，最近的白人族群在往南一百四十五公里遠的拉木。到那裡度假最適合艾莎不過，因為我們可以在海灘露營，遠離人群，四周是幾公里的潔淨海沙，後面灌木叢生的腹地可以提供陰涼。

我們帶著兩位朋友同行，一位是年輕的地方首長唐恩，另外一位是來我們家作客的奧地利作家赫伯特。

這趟旅程路途漫長，還要經過難走的路段，我們花了三天才到。通常都是我開著卡車帶艾莎走在前面，喬治等人帶著派蒂乘坐兩部路虎汽車跟在後面。我們路過的地帶都很炎熱乾燥，到處都是沙子。

有一天我們發現路上都是駱駝足跡，天色漸漸暗了，我迷路了，卡車也沒油了，只好等著喬治，希望他能沿著我走的路跟上來。過了幾小時我才看見他的車燈。他說他們已經在幾公里外紮營了，我們要趕快回去，因為派蒂中暑，病得很重，他把派蒂留在營地。

喬治給派蒂喝了一些白蘭地提振精神，卻也不抱太大希望。回到營地那幾公里遠的路在我感覺無比漫長。我看到昏迷的派蒂，牠的心跳得好快，要不了多久心臟一定會負荷不了。派蒂漸漸半甦醒過來，看到我在身旁，勉強掙扎著想磨牙。牠一向都是用磨牙表達牠對我的愛，這也是牠最後一次跟我「說話」。牠漸漸沉靜下來，心跳也漸漸慢下來，幾乎完全停止。接著牠小小的身體突然顫抖了一下，那是牠最後一次抽搐，接著整個身體就僵直癱倒。

派蒂走了。

我緊緊抱著牠，牠溫熱的身體過了好久才變冷。

我想起派蒂和我一起生活七年半來的許多快樂時光。我們去過那麼多趟遊獵，牠都陪在我身邊。牠跟我一起去過魯道夫湖，那裡的熱氣弄得牠很難受。我們也一起去過海岸，牠在阿拉伯三角帆船上窩了很久。我們到過肯亞山，牠很喜歡那裡的高沼地。我們到過蘇古塔谷和尼洛山，騎著騾子走過陡峭的路段，派蒂還會機靈地緊緊抓著騾子。我畫非洲各部落的畫像，帶著派蒂走遍肯亞大大小小的露營地。有時候一連好幾個月，我身邊都只有派蒂這個朋友相伴。

派蒂對在我們家來來去去的叢猴、松鼠與貓鼬都很寬容，也很寵愛幾隻小獅子。吃飯的時候牠會坐在我的餐盤旁邊，輕輕從我手中接過一小片、一小片的食物。

牠是我生命的一部分。

我用一塊布包著派蒂，用皮帶綁緊，帶著牠走到營地一段距離之外，就在這裡挖了派蒂的長眠之地。那天晚上很熱，在月光映照下，我們四周遼闊的平原上影子變柔和了。一切靜止不動，平靜祥和。

隔天早上我們開車繼續往前走，還好路況不佳，我得集中精神開車，沒空想別的事情。

我們到達海岸，已經是傍晚了。前來迎接我們的漁民說，有一隻獅子在當地肆虐，幾乎每晚都會襲擊他們的山羊，他們很希望喬治能送獅子上西天。

我們沒有時間好好紮營，只能把床鋪弄好，露天而睡。我們總共有四個歐洲人和六個非洲人，只有我一個女人，所以我把床鋪弄得遠一些。艾莎待在我旁邊的卡車裡。其他人很快睡著了，我還醒著。突然間我聽到拖曳的聲音，拿手電筒照著看，看到一隻獅子嘴裡咬著我們那天下午獵殺的羚羊的皮，距離我的床鋪僅僅幾公尺。

我一時間還以為是艾莎，接著看見艾莎在卡車裡，才知道不是。我又瞧了瞧，那獅子還在瞪著我看，而且現在在低吼。

我緩緩走向喬治，不明智地背對著獅子。我和獅子只有幾步之隔，我感覺到獅子跟在我後面，就轉過身來，拿手電筒照向牠的臉，這時我和獅子大約相隔八公尺。我倒退著走到正在打呼的男人身邊，只有喬治醒了過來。我跟他說有一隻獅子跟在我後面，他說：「胡說，大概是鬣狗還是花豹吧！」不過他還是拿起重型步槍，往我指的方向走去，果然馬上看到兩隻獅子的眼睛，聽見獅吼。喬治認為這八成就是漁民口中的那隻搗蛋獅子。他在車子前面三十公尺左右的一棵樹上綁了一大塊肉，坐等獅子送上門。

過了一會兒，我們聽見車子後面，之前煮晚餐的地方，傳來響亮的碰撞聲。

喬治躡手躡腳轉過身來，用步槍瞄準，用手電筒照著看，看見獅子坐在幾個鍋子中間，吃著我們吃剩的晚餐。喬治扣下扳機，只聽見咔噠一聲，他再度扣下扳機，還是只有咔噠一聲，原來他忘記裝子彈！獅子起身悠閒漫步而去。喬治一臉尷尬裝好子彈，回到崗位繼續看守。

過了很久，喬治聽見有東西在拉扯樹上的肉的聲音，把車燈打開，看見被燈光打亮的獅子，一槍打中獅子的心臟。

那是一隻年輕的公獅，沒有鬃毛，海邊的獅子通常都是這樣。

天亮了，我們研究獅子的足跡，發現牠是先拿走羚羊皮，拖到我的床鋪二十公尺之內，在那裡大吃大喝，吃飽喝足之後，牠悠閒地繞著營地走了一圈。艾莎看著這些動靜，覺得很有意思，卻也完全沒出聲。

太陽一升起，我們就帶艾莎到海邊，向印度洋介紹艾莎。潮汐正在消退，艾莎不習慣海浪的呼嘯與翻湧，一開始很緊張。牠小心謹慎聞了聞海水，咬了咬泡沫，最後低下頭去喝海水。牠喝了第一口鹹水，鼻子皺了起來，做了個鬼臉，想必是很難喝。不過牠看到我們在海水中快樂泡水，覺得應該要信我們一回，一起享受。沒多久牠就愛上了玩水。牠以前看到路面累積的雨水還有淺淺的河流，就興奮不已、精神百倍，現在看到浩瀚的印度洋才是真正到了天堂。牠在遠比牠身高還深的海水裡輕輕鬆鬆游來游去。牠一邊閃避我們，一邊用尾巴打水，我們來不及逃離牠的無情攻擊，也吞了幾口鹹水。

我們走到哪裡艾莎都跟著，所以其他人去釣魚時，我通常就留在營地，不然艾莎會跟在我們的船後面游泳。

不過有時我還是抗拒不了誘惑，只戴呼吸管就去潛水，探索色彩斑斕閃耀、充滿奇異形狀的海洋世界。我會請一個人陪著艾莎，通常他們會在營地附近一棵紅樹的樹蔭下休息。路過的漁民發現，都寧願繞個大彎，拉起身上的纏腰布，在海中涉水而行。他們要是知道艾莎是水陸兩棲，恐怕就沒那麼安心了。

艾莎喜歡在海灘漫步，追逐浪花中擺盪的椰子，同時也被海浪濺濕、覆蓋。有時候我們在椰子上綁一條繩子，在頭上繞著圈圈甩動，椰子一飛過去，艾莎就會跳得高高地捉椰子。牠很快就發現在沙灘上挖坑是很值得玩的遊戲，因為坑挖得愈深，就愈濕愈涼快，在裡頭翻滾就愈舒服。牠常常還會把長長的海藻拖進坑裡，身體跟海藻纏成一團，看起來就像詭異的海怪。牠最大的樂子還是螃蟹，接近日落時分，海灘上就會出現一大堆粉紅色小螃蟹，拖著腳橫向移動，要從洞裡走向大海，不管再怎麼努力，過了一會兒還是會被海浪打上岸。螃蟹還是不屈不撓繼續走，又繼續被打回來，還好皇天不負苦心「蟹」，螃蟹抓住美味的海藻，趕在海浪把海藻再度沒收之前拉回洞裡。螃蟹已經夠忙了，艾莎還來扯後腿。牠會從一隻螃蟹衝向另一隻，每次都被夾鼻子也在所不惜，勇敢衝向下一隻，結果只是又被夾一次而已。在這裡也要讚美一下螃蟹，所有跟艾莎作對的動物當中，包括大象、水牛、犀牛在內，就唯獨螃蟹能堅守陣地。螃蟹橫著走，在洞的前面等待，一隻粉紅色的鉗子直直豎起。艾莎跟螃蟹鬥智總是敗下陣來，因為螃蟹動作永遠比艾莎快，艾莎柔軟的鼻子又被夾了。

餵艾莎吃東西變成一件麻煩事，因為當地的漁民很快就發現艾莎是個天大的搖錢樹，把山羊的價錢哄抬到奇貴。事實上，艾莎讓村民過了一陣子從未有過的富庶生活。不過到頭來艾莎還是復仇成功。牧人從來不會看緊他們的動物，就任由動物整天掉隊，晃到灌木叢裡面，獅子和花豹不費吹灰之力就能大快朵頤。有天晚上我們到海灘，早就超過了山羊上床睡覺的時間，然而艾莎突然閃入灌木叢，接著我們聽到響亮的咩咩叫，然後又是一片沉寂。艾莎一定是聞到落單的山羊的氣味，就猛撲過去，用沉重的身體把山羊壓倒。不過艾莎從來沒殺過動物，所以也不知道接下來該怎麼辦。我們走到現場，艾莎一副請我們幫忙的模樣。艾莎壓制著山羊，喬治馬上開槍把山羊打死。山羊的主人受到損失也沒張揚，他一定認為這是野獅子出來覓食的結果。我們也沒提起這事，要是說出去了，那本地人會把營地以南、以北一天路程範圍之內每一隻垂死的山羊留給艾莎吃，那我們可就要面臨天價賠償了。我們本來有點良心不安，後來想到喬治把這一帶吃最多山羊的獅子殺了，再說我們也花了不少冤枉錢買了一些看起來慘兮兮的小山羊給艾莎吃，就沒那麼內疚了。

我們的假期接近尾聲，喬治卻得了瘧疾。他一心想去釣魚，所以服用了麥帕克林，還沒等藥效發作，只戴呼吸管就去潛水，結果就是病情嚴重。

有天晚上我帶艾莎到海灘散步，回來的路上接近營地的時候，聽到令人膽戰心驚的嚎叫聲與尖叫聲。我把艾莎關進卡車裡，趕緊跑到帳篷，發現喬治疲軟地癱倒在椅子上，發出恐怖的呻吟聲，嚷嚷著要槍，要我過去，咒罵艾莎，還大叫說想開槍斃了自己。他半清醒半迷糊，不過還是認出我來，一把緊緊抓住我，說既然我來了，他就可以安心放下一切、含笑九泉了。我都嚇壞了，男孩子們站在幾公尺外，也是嚇呆了。我們的朋友呆站在那裡，完全不知所措，手上緊抓著一根棍子，萬一喬治行為失控就拿棍子敲他。

他們悄聲跟我說，喬治莫名其妙突然開始手舞足蹈，尖叫著要我過去，又嚷嚷著要拿槍斃了自己。還好他發病沒多久我就回來了。現在最重要的是把喬治扶到床上，讓他冷靜下來。我們將他扶起，他一動也不動，全身冷冰冰。我因為恐懼而心情沉重，不過我還是小聲跟喬治說話，說起我們在海灘散步，說起我們晚餐要吃的魚，說起我撿到的一個貝殼，還消遣了一下喬治的怪異行為。我一直說話，卻也擔心喬治會離我而去。我安慰的話起了作用，喬治聽了就像小孩一樣鎮靜下來，可是他的太陽穴變得灰白，鼻孔緊縮，眼睛也閉上了。他低聲告訴我，有股冷流從他的雙腿一直流向他的心臟，他的手臂也是冰涼涼的，了無生氣，等到兩股冷流在他的心臟相遇，他就會死掉。突然間他感到一陣恐懼，焦急地緊抓著我，好像緊緊抓住生命不放。我往他乾燥的雙唇之間灌了些白蘭地，輕撫著他，希望他能想些眼前的事情。我跟他說我大老遠從伊西奧洛把他的生日蛋糕拿來這裡，還說只要他能起床，我們那天晚上就來吃蛋糕。

他精疲力盡沉沉睡去，這時天已經亮了。一個晚上他的病復發了好幾次，每次復發他的思緒都轉得好快，快到嚇人的地步，又滿嘴胡言亂語。隔天早上我請人到拉木找醫生，來了一位很能幹的印度醫生，卻也只能開安眠藥給喬治吃，跟喬治說只要他不再神智不清、眼珠亂轉，就一定會好起來。

等到喬治康復得差不多了，我們就回到伊西奧洛。

四、魯道夫湖遊獵之旅

我們回到伊西奧洛不久的一天，我發現艾莎走路很困難，好像很疼痛。那時天色漸漸暗了，我們要回家還得走上一大段岩石很多、充滿棘叢的陡坡。沒多久艾莎就不能走了。喬治認為艾莎應該是便祕，叫我馬上給牠灌腸。我只好先回家，再開車到伊西奧洛拿灌腸要用的東西。這段時間喬治就陪著艾莎。

我把東西都拿到，這時天已經黑了，我還得帶著溫水、灌腸劑與一盞燈努力爬上山。獸醫在手術室裡給動物灌腸，跟晚上在遍布荊棘的灌木叢中，給一頭拚命搔抓的獅子灌腸，絕對是兩回事。

我給可憐的艾莎灌入半公升的灌腸劑，暗自慶幸一切順利，不過半公升已經是艾莎能容忍的極限，問題是才半公升當然起不了作用。我們別無選擇，只好把牠扛回家。

我再度跌跌撞撞地趕回家，拿了一張折疊床當擔架，又拿了幾個手電筒，請六個男孩子當挑夫。大隊人馬就這麼爬上山。

我們抵達目的地，艾莎馬上就滾到床上，牠仰臥著，那副模樣好像很享受這種奇特的交通方式，看起來很習慣，好像一向都是讓人抬著走。但是艾莎的體重至少有八十公斤，牠是很舒服，可就苦了那些汗流浹背、氣喘吁吁扛著牠下山的挑夫，每隔幾分鐘就得停下來休息。

艾莎完全沒有要下擔架的意思，還很喜歡偶爾輕咬一下距離最近的挑夫的屁股，好像在叫他繼續走。

我們總算到家了，除了艾莎之外，其他人都累翻了。艾莎還不打算下擔架，我們還得幫牠翻身下來。

後來我們發現原來是鉤蟲弄得牠不舒服。牠一定是在海灘那陣子感染了鉤蟲。

艾莎康復之後沒多久，喬治接到新任務，得解決兩頭會吃人的獅子。這兩頭獅子在過去三年來，殺死、弄傷了布倫部落大約二十八個人。艾莎跟我陪伴喬治踏上艱難又危險的旅程。喬治整整花了二十四天才殺掉兩頭獅子。這段日子我常常想到眼前的情況有多矛盾：我們在這裡晝夜戒備，要獵殺會吃人的獅子，可是我們一身疲憊、一無所獲回到家，又很期待跟艾莎玩，有了牠的愛，我們的壓力和疲憊就會一掃而空，難道這是獅子和獅子的對決？

艾莎現在十八個月大，我頭一次發現牠有濃重的體味，不過只是暫時的。艾莎尾巴根部下方有兩個腺體，叫做肛門腺，會放出味道很重的分泌物，隨著尿液一起排放到樹上。這個氣味艾莎自己都不愛聞，一聞到就嫌惡地皺鼻子。

我們回到伊西奧洛之後，有天下午遇到一群大羚羊，艾莎馬上就鬼鬼祟祟跟在後面。這群大羚羊在一個陡峭的斜坡上吃草，裡面還有幾隻小羊。一隻母羊等著艾莎，趕在艾莎還沒接近小羊之前，跟艾莎在灌木叢裡玩起捉迷藏。這隻母羊就讓艾莎忙著團團轉，等到羊群跟小羊都躲到小山坡後面，這隻母羊再飛奔揚長而去，可憐的艾莎只能站在原地乾瞪眼。

我還看過另外一樁動物之間的互動，也很有意思。我們帶著艾莎爬上房子後面的一座山，在山頂上看到一群大象，大約有八十隻左右，還有很多小象在下面吃草。艾莎也看到牠們了，我們還來不及大喊「不可以」，艾莎就往山下跑，沒多久就小心翼翼接近象群。

最靠近艾莎的是帶著小象的一頭母象。艾莎用盡心機跟在牠們後面，但母象早就看穿艾莎的心思。我們滿懷焦慮看著，覺得艾莎大概會撲上前去，沒想到母象默默走在艾莎和小象之間，慢慢把小象推往一群巨大的公象，把艾莎隔得大老遠。艾莎希望落空，只好再尋找下一個好玩伴，在巧妙的掩護下接近兩隻正在吃草的公象，人家還是沒理牠。艾莎又挑釁幾小群大象，走到一兩公尺之內，人家還是對牠置之不理。太陽快下山了，我們呼喚艾莎，牠就是不理。到最後我們不得不先回家，把牠留在那裡。艾莎就是要好整以暇慢慢來，我們也只能希望牠夠聰明，不要惹麻煩。

我在圍場裡等著艾莎，愈等愈擔心。我們能怎麼辦呢？在大象季節把艾莎用鍊子鎖住，只會讓牠生氣、沮喪，甚至搞不好會讓牠變得更危險。我們要讓艾莎從經驗學到自己的侷限，讓牠權衡是找大型動物玩找樂子好呢？還是寧可無聊比較好？是不是寧可置身險境也要找樂子？也許牠權衡之後對大型動物就沒興趣了。距離艾莎正常的回家時間都過了三小時，艾莎還沒回來，我想恐怕是出了意外。突然間我聽到熟悉的「哼喀、哼喀」一聲，艾莎走了進來，雖然口渴得要命，在走向水碗之前還是先過來舔舔我的臉、吸吸我的拇指，好像在說又看到我了真開心。牠身上有濃重的大象氣味，我想牠一定是很靠近大象，在大象的糞便裡翻滾。牠整個身體轟然一聲倒在地上，想必是累壞了。我覺得自己真的是上了一課，我的朋友才剛從一個我完全不得其門而入的世界回來，對我仍像往常一樣充滿關愛。不曉得艾莎明不明白，牠是能串連兩個世界的不凡動物呢？

這些動物裡面，艾莎最喜歡的絕對是長頸鹿，常常會偷偷跟在長頸鹿後面，直到雙方都玩累了，艾莎會坐下來，等長頸鹿回來。過了一會兒，長頸鹿果然再度走近，一步一步慢慢向艾莎走去，面向艾莎，用悲傷的大眼睛看著艾莎，細長的脖子彎著，一副好奇的模樣。然後長頸鹿會一邊走一邊吃著最愛吃的金合歡樹種子，安安靜靜地離開。不過有時候艾莎會拿出獅子的手段趕長頸鹿。牠看到長頸鹿，會在順風處從正確的角度拐彎，蹲伏著身子，肚子貼近地面，全身上下的肌肉都在顫抖，等到包圍了一整群長頸鹿，就會把長頸鹿往我們的方向趕。艾莎如此費心替我們圍剿獵物，我們竟然不懂得要在暗處埋伏，一網打盡，真是辜負牠一片苦心。

艾莎也會注意其他動物，像是有一天牠聞了聞空氣，就閃入茂密的灌木叢中。沒多久我們聽見碰撞與噴氣的聲音，就衝著我們而來！一頭疣豬轟隆隆狂奔而來，艾莎緊跟在後，我們趕快閃開。艾莎和疣豬如閃電般消失不見，有好長一段時間，我們都聽見牠們在林木中橫衝直撞的聲音。我們很擔心艾莎的安危，疣豬有可怕的長牙，當作武器可是會致命的。看到艾莎回來，我們這才鬆了一口氣。這場追逐戰是艾莎勝出，艾莎用頭磨蹭我們的膝蓋，跟我們描述牠的新玩伴。

我們再次踏上遊獵，這次是到魯道夫湖，那是一片鹹水湖，約有二百九十公里長，一路延伸到衣索比亞邊境。我們這趟要玩上七個禮拜，大部分都是帶著載運行李的驢與騾步行。這是艾莎第一次和驢子一同步行的遊獵，我們只能希望獅子和驢子能和平相處。我們陣容不小，有我和喬治、附近的野生動物保護區管理員朱利安，還有再度造訪的赫伯特，以及幾位野生動物保護區偵查員、司機與傭人。另外還帶了六隻艾莎沿路要吃的綿羊，還有三十五頭驢子和騾子。負責載行李的驢子和騾子提早三周出發，要跟我們在湖邊會合，我們則是開著車子走上四百八十公里左右的路程。

我們這個車隊聲勢浩大，有兩台路虎汽車、我那台一點五噸的卡車（艾莎坐在後面），還有兩台三噸的卡車。這兩台卡車除了載人之外，還要載我們七個禮拜要用的食物、汽油和三百公升的水。起初二百九十公里的路是穿越凱薩特沙漠炎熱又滿是沙塵的平地。接著沿著馬薩比特山的斜坡往上走，這座孤立的火山比周圍的沙漠高出一千三百七十公尺。山上滿是茂密涼爽又長滿地衣的森林，經常霧氣繚繞，跟山下炙熱乾燥的氣候相比有如仙境。這裡是野生動物的天堂，這裡的大象有著非洲最好的象牙，以及犀牛、水牛、扭角林羚、獅子，還有一些比較小的動物。這裡也是最後的行政站。

我們從現在開始要走進無人居住的領域，與外面的世界斷絕聯繫。這裡除了沙子形成的深溝和岩漿形成的山脊之外，沒有其他地貌。唯一的意外就是我的車差點撞成兩半。一個後輪離我們而去，車子突然停住。可憐的艾莎，我們花了好幾個小時修車，這段時間牠都待在車裡，不然就得出來接受烈日曝曬，牠最討厭曝曬了。還好艾莎一直都很乖，牠不喜歡不認識的非洲人，還是願意忍受一大群想幫忙的人站在車旁，嘰嘰喳喳說話。狀況總算解除，我們再度出發，從最難走的一條路走上衣索比亞邊界的呼里山。這裡無人居住，雖然比馬薩比特山高，濕度卻比較低。大風吹著山坡，吹得人都沒了精神，也吹得山上沒了森林。艾莎被狂風搞得莫名其妙，不得不在卡車裡過夜，躲在帆布篷裡，才不會被冰冷的狂風襲擊。

喬治來這裡，是要考察當地狩獵的情形，看看有沒有嘎布拉土著偷獵的跡象。我們在這裡巡視了一兩天之後往西走，走過最難走、最荒蕪的熔岩地面，路面上尖銳的岩石無情地頂撞我們的車，當我們必須下來推車穿過多沙的深河床，又小心翼翼、左推右擠地駛過巨石之間，艾莎都吃足了苦頭。我們總算到了查爾比沙漠，那是一個乾涸的古湖，長一百三十公里，湖底很平坦，相當堅硬，車子可以在上面全速行駛。這一帶最壯觀的特色就是海市蜃樓。地上出現浩瀚的水面與棕櫚樹，人一走近就馬上消失。這裡的羚羊看起來也有大象那麼大，彷彿行走在水面上。這裡是口渴與火般炎熱的國度。查爾比沙漠的西端是北霍爾的綠洲，這裡有個警察崗哨，倫戴爾部落的幾千隻駱駝、綿羊與山羊也在這裡喝水。這裡的早晨還有一個壯觀的景象，數以千計的沙雞飛過來，聚集在僅有的幾個水坑喝水。我們在北霍爾該辦的事很快都辦完了，就把水壺裝滿，繼續旅程。

經過三百七十公里的顛簸碰撞，我們終於到了羅洋嘎連，那是幾處淡水泉水形成的綠洲，在魯道夫湖南方附近的埃及薑果棕樹林裡面。我們的驢子先頭部隊就在這裡等我們。我們馬上把艾莎帶到三公里之外的湖邊。牠衝進湖水裡，像是要甩開旅途的辛勞，一頭衝進鱷魚堆裡。魯道夫湖裡有不少鱷魚，還好這些鱷魚都不兇猛，不過我們還是想辦法把鱷魚嚇走。在這段日子，湖岸上到處都是有稜有角、在湖上漂浮的鱷魚側影，要到湖裡洗澡實在提心吊膽，至少我們會提心吊膽。

我們在羅洋嘎連立起大營帳，接下來的三天就在修理馬具、打包給驢子搬運的行李。每件行李大約重二十公斤，每頭驢子負責兩件。總算一切就緒，總共有十八頭驢子搬運食物與露營裝備，四頭驢子搬運水壺，一頭騾子給走累的、行動不便的人騎，還有五頭備用的驢子。我有些擔心艾莎會騷擾驢子。牠看著我們重新打包，硬是壓抑牠的好奇心，沒有表露出來。等到我們把行李搬到驢子背上，艾莎看到這麼多誘人的肉在嘶叫，在沙地上踢來踢去，滾來滾去，想擺脫身上的重擔，又聽到一群非洲人忙進忙出，大聲喊叫，想要把混亂的情況理出個頭緒，覺得興奮不已，我們不得不用鍊子把艾莎拴住。主要的隊伍在早上出發，我們等到稍晚天氣比較涼爽的時候，再帶著艾莎跟在後面。我們的路線要沿著湖岸往北走，艾莎興奮不已，像隻小狗般一下跑到這人面前、一下跑到那人面前，又衝到一群紅鶴裡面，啣回一隻我們射殺的鴨子，最後又跑到湖裡游泳。我們還得用步槍替牠掩護，免得鱷魚進犯。後來我們碰到一群駱駝，我就得用鍊子拴住艾莎。艾莎火冒三丈，拚命想會會新朋友，差點把我的手臂扯斷。我可不希望看到一群駱駝驚逃狂奔，摔成一團，又是吼叫又是咯咯叫，腿還纏在一起，而艾莎還身在駱駝群中。還好經過駱駝群後我們在湖岸再也沒遇到其他動物了。

到了晚上，我們看見湖邊營地的營火。我怕艾莎還有精力，會去追著驢子跑，所以又用鍊子拴住艾莎。我們到達營地，看見帳篷已經搭好了，晚餐已經齊備。我們原本打算黃昏時分喝飲料，現在延後到晚上才喝。我們決定每天黎明時分，「獅子組」（就是喬治、我、努魯，還有一位做嚮導的野生動物保護區偵查員）會帶著艾莎，在其他人拔營，給驢子和騾子備鞍、上行李的時候先出發。這個時候比較涼快，而且艾莎也可以跟驢子和騾子保持距離，我們就不用拿鍊子拴牠了。到九點半左右，我們可以找個有樹蔭的地方休息，避開一天最熱的時候，驢子也可以吃草。我們一看到驢子，就把艾莎拴起來。到了下午，順序就會顛倒過來，「驢子組」會先出發，「獅子組」兩個小時後再跟上，要在天黑之前紮營。我們這一趟從頭到尾都用這個模式，效果不錯，艾莎跟驢子只有中午休息時間會碰頭，那時候艾莎不但拴得牢牢的，而且睏得要命，所以一路上相安無事。其實艾莎和驢子很快就習慣彼此了，也知道要容忍遊獵的每一個成員。

我們注意到艾莎每天直到早上九點左右步伐都很輕快，然後牠開始覺得熱，一看到岩石和灌木叢的陰涼處就停下腳步。中午過後到下午五點之前，牠都懶得動彈，五點之後牠的爪墊變硬，可以走上一整晚。平均來說牠一天走個七、八小時，身體狀況一直都很好。牠會在湖裡泡泡水，一有機會就去游泳，通常跟鱷魚只隔個一兩公尺。我再怎麼揮手大叫也沒用，牠想回來才會回來。我們通常是在晚上八、九點到達營地。「驢子組」常要點燃威利照明彈為我們引路。

在路上的第二天，我們離開這趟旅途的最後一個人類居住地，是原始的埃爾莫洛部落居住的小漁村。部落大約有八十人，幾乎只吃魚過日子，偶爾也吃鱷魚肉和河馬肉。他們的飲食超級不均衡，又會雜交，所以很多人都是畸形，又有軟骨病的病徵。他們的牙齒、牙齦也不健康，大概也是因為營養不良，不過更有可能是因為他們喝的湖水含有大量泡鹼之類的礦物質。他們很友善，也很大方，總是拿新鮮魚肉招待外來客。他們通常是用埃及薑果棕的纖維做成漁網捕魚，埃及薑果棕的纖維是唯一不會在鹹水裡腐爛的纖維。他們把三根棕櫚木捆起來做成木筏，乘著木筏用魚叉叉九十多公斤重的尼羅河鱸魚，還有鱷魚和河馬。他們只會在淺水處使用這種笨重的木筏，從來不會深入湖心，免得被經常颳起、有時速度超過每小時一百四十五公里的狂風吹走。旅客到了這一帶，的確吃了不少狂風的苦頭。紮營是不可能了，裝在盤裡的食物還來不及吃就被吹走了，不然就是灑上一層沙，根本難以入口。無堅不摧的強風把人的眼睛、鼻子、耳朵塞滿了沙子，差點連床都捲起來，想睡覺根本是作夢。雖然受盡折磨，湖水在平靜下來時散發真正的美麗，流露一種言語難以形容的誘惑，讓人還是想一再重遊。

我們一開始的十天沿著湖岸走，周遭的景色並不賞心悅目，除了熔岩還是熔岩，唯一的變化就是熔岩的質性不太一樣，有時候是灰燼般細微的灰塵，有時候是邊緣尖銳的岩石。我們走在凹凸不平的地面上，不時滑倒扭傷，雙腳疼痛不堪。有些地方沙積得很深，我們每走一步都很吃力。或者我們又得踩著粗沙礫和碎石往前走，還要忍受熱風不斷拍打，一路走來是又累又暈。這裡植被很少，只有少數有刺又細瘦的植物，摸到還會扎手，還有邊緣鋒利會割傷皮膚的草。

我常給艾莎的爪子抹油保護，牠好像明白我的用意，也很喜歡我這樣做。在中午休息時間，我通常都是睡在行軍床上，比睡在硬碎石上舒服多了。艾莎看到也認為應該這樣，就跟我一起睡在床上。

沒多久我就發現牠能留給我一個小角落睡覺，我就該偷笑了。有時候我連一個小角落都不可得，只能坐在地上，任憑牠在床上躺平了睡大覺。還好我們多半都是一起窩在床上，我只能祈禱我們兩個的重量不會把床壓垮。我們長途跋涉期間，努魯都會隨身帶著飲用水還有艾莎用的碗。艾莎在晚上九點之前吃晚餐，之後就拴在我的床邊，睡得很香甜。

有天晚上我們迷路，是看著威利信號彈才能回到營地，我們到了營地已經很晚了。艾莎一副累壞了的模樣，我沒給牠拴上鍊子，讓牠休息一下。牠一臉睡意，卻突然急速衝向驢子晚上睡覺的荊棘圍欄，拿出大貓的架勢衝破圍欄。接著就是一片恐慌、嘶叫與騷動，我們還來不及插手，所有的驢子都逃往黑暗之中。還好我們馬上抓住艾莎，我結結實實打了牠一頓。牠好像明白自己該打，也用牠的方式表示歉意。我覺得很內疚，我低估了牠的天性，沒有想到香噴噴的驢群對牠來說是個多大的誘惑，更何況野生動物的獵食本能在晚上最活躍。

還好只有一隻可憐的驢子受了些輕微抓傷。我幫牠敷藥，傷口很快就癒合了，經過這次事件我也學到教訓，絕對不能放任艾莎不管。

這裡有很多魚，喬治和朱利安一直給營地帶來魯道夫湖的美味特產——大吳郭魚。他們用釣竿釣吳郭魚，也用步槍打魚。同行的幾位野生動物保護區偵查員比較喜歡淺水處長相醜陋的鯰魚，他們用棍棒、石頭就能抓魚。艾莎一看到好玩的絕對不會錯過，有時候牠去啣回鯰魚，馬上就丟在地上，鼻子皺起來，覺得很噁心。努魯身上都會帶著獵槍，有一天我們看到努魯抓著槍管，舉起槍來敲打鯰魚。他的力道很大，槍托被他敲得很多地方都裂開壞掉了，變成與槍管呈直角。努魯打鯰魚打到忘我，完全沒發覺獵槍身受重創。喬治跟他說，他一臉冷靜回答：「喔，蒙哥（上帝）會賜給你另一把槍。」艾莎逮到機會惡整努魯，把努魯留在岸上的涼鞋拿走，到處飛奔，跑給努魯追。努魯和艾莎鬥智的畫面實在很好笑。最後努魯好不容易才拿回殘破不堪的涼鞋。

我們到達往北幾百公里的阿利亞灣之前，要先跨越綿長的隆貢多提山脈。山脈有幾個地方往下就是湖泊，所以身負重物的驢子得往內地繞道，而「獅子組」則是努力越過岩石，沿著岸邊走。我們差點被一個很難走的彎道打敗，艾莎要想走過去，要麼就得跳下五公尺高、滿布滑溜沉積物的懸崖，直接落入下面的淺水，因為崖壁上完全沒有可以攀附的地方，不然就是沿著同樣陡峭的岩石往下爬，進到不斷拍打岩石下方、浪花洶湧的湖水。水深其實才到牠的身高而已，但是因為有泡沫，所以看起來很危險，令艾莎不知所措。岩石每個突出來的地方牠都試試看，在小小的站台上慌亂地踏來踏去，到最後牠勇敢跳進洶湧的浪花，在我們左哄右騙之下，很快就到了乾燥的地面。艾莎成功達陣，又完成了我們的要求，牠那副欣喜自豪的模樣真讓我們感動。

那段旅途我們有大半時候都得拿鹹鹹的湖水來喝、煮東西吃，湖水雖然對身體無害，又非常柔滑，用來洗澡很舒服，連肥皂都可以省了，卻有一種難聞的味道，我們吃的東西通通染上了這種味道。因此我們後來在莫伊提山的山腳下發現一處小淡水泉，真是意外的驚喜。

我們沿著山脈西側的山腳走，就我們所知，歐洲人從未走過這條路。少數幾位到過這一帶的歐洲人都是沿著東側走。我們離開羅洋嘎連的九天都是在山脈北端露營。我們還是像以前一樣，先派出一群野生動物保護區偵查員探路，觀察是否有偷獵行為。他們在下午一點左右回到營地，說看見一大群人乘坐獨木舟。湖區唯一有像樣的獨木舟的部落就是嘎魯巴部落。那是個很狂暴的部落，擁有大量步槍，經常從衣索比亞邊界到我們的地盤殺人打劫。偵查員看到的那群人可能是要打劫的強盜，或者是要偷獵、要捕魚的隊伍。不管他們所為何來，都沒有資格出現在這裡。艾莎和我待在帳篷裡，還有四位身懷步槍的偵查員保護我們，其他人出發前去一探究竟。

喬治他們走到一個可以鳥瞰阿利亞灣的山頂，看到三艘獨木舟載著十二個人，已經快要靠岸，往我們的營地方向航行。不過那些人馬上發現喬治他們，等喬治他們趕到水邊，獨木舟已經距離岸邊兩百公尺遠了，急速划向一座小島。那些人好像沒有帶槍械，不過他們當然也有可能是把步槍藏在獨木舟裡。喬治用望遠鏡看，看見島上至少有四十個人，還有幾艘獨木舟停在岸邊。他看見獨木舟到達海邊，一群明顯興高采烈的人圍繞在獨木舟旁邊。喬治他們回到營地（畢竟沒有船，所以能做的事情不多）。我們馬上打包，搬到山下的阿利亞灣，儘量靠近小島。那天晚上我們部署了更多「哨兵」，所有男丁睡覺的時候都把裝了子彈的步槍放在身邊。天剛破曉，我們發現島上空無一人。顯然嘎魯巴人看到我們覺得不妙，雖然前一天晚上颳著大風，還是決定趁著黑夜逃走。喬治派人沿著岸邊巡邏，確定他們都走光了。太陽升起之後沒多久，我們看到一大群兀鷲與禿鸛降臨島上，所以嘎魯巴人這趟出來應該是要偷獵和捕魚，一定也殺了幾隻河馬，兀鷲和禿鸛就是要來享用河馬屍體大餐的。

早上十一點左右，兩艘獨木舟突然從我們營地南方一排濃密的蘆葦滑出，向開放的水域前進。喬治對著他們的船頭打了幾槍以示威嚇，他們就趕緊逃回蘆葦叢。喬治派出幾位偵查員跟嘎魯巴人碰面，說服他們到岸上來。但是儘管偵查員得以靠近嘎魯巴人，對方卻不肯回應，反而又往沼澤裡面退。我們一整天都看到他們在蘆葦叢探出頭來看我們。我們估計蘆葦叢中應該有四艘獨木舟，大概是脫隊落單的。喬治認為既然無法跟他們面對面，那就想辦法讓他們回家好了，所以天一黑他隔一段時間就朝沼澤上空打幾發曳光彈和威利照明彈。

現在我們的補給品所剩無幾，是該掉頭的時候了。我們發現這趟遊獵的第一階段跟第二階段相比簡直是豪華享受，因為我們之前可以從湖裡取得充足的水。現在我們決定不要循著原路往回走，要走內陸。我們的圖爾卡納嚮導戈伊特不太熟悉路線，更糟的是我們需要補充水，他卻不知道哪裡有水。這一帶要用水都要到水池，現在是乾季，水池很少，相隔又很遠。喬治認為我們離湖頂多只有一整天的路程，要是水真的不夠，還是可以到湖邊取水。我們好想念湖邊涼爽的微風，有時候我感覺熱到差點脫水。路上的景色比我們原先從內陸往外走的時候還要荒涼。除了熔岩還是熔岩，所以野生動物當然很稀少，人口是完全沒有。還好我們在羅洋嘎連買了綿羊，艾莎的「口糧」雖然迅速減少，也還算夠吃。在這段日子，我們所有人身上的贅肉都消失殆盡。我們往回走的路程進度很快，因為驢子的負載少了，而且沿路多半都沒有水，所以每天都要走比較長的路。

十八天之後我們回到羅洋嘎連，在那裡待了三天，整修東西、修理馬具什麼的，準備遊獵的第二階段，就是要爬上庫勒爾山。庫勒爾山位於湖以東三十二公里處，比周圍的沙漠高出約二千三百公尺，山上的高處吸收了雨季所有的水分，山頂上長出茂密的森林。這座山是座狹窄的火山，長四十五公里，中間有個寬約六公里的火山口。火山口分為兩半，將整座山分成南北兩邊。有人說火山變成死火山之後，一場地震把庫勒爾山震出幾道深深的裂縫，那道穿透火山口、令人讚嘆的裂縫就是地震的產物。平滑的火山壁像切開的柳橙皮那樣裂開。這些深深的山脊從火山口邊緣一路往下深達九百公尺。底部有個伊爾西嘎塔峽谷，直通山體心臟地帶，從山頂是看不到峽谷的。山谷谷壁有幾百公尺高，谷口有幾處地方非常狹窄，抬頭只能看到一線天。我們從面向庫勒爾山東邊山腳的谷口進入，那是唯一能走的谷口，想一探山谷究竟，但是幾小時之後，我們被巨岩和深水池擋住去路，只好宣告放棄。

要想跨越這座山，必須先爬過一半，再下到谷底，然後再往上爬另一半。這趟遊獵的目的是想知道山上的野生動物數量是維持正常，還是已經因為偷獵而減少。我們要把現況與喬治十二年前到此地得到的數據互相比較，尤其要研究扭角林羚的現況。

從山下往上看，庫勒爾山的景色並不突出，就是長長延伸的山巒，寬寬的山脊通往山頂。我們後來發現，山脊有些地方其實很窄，馱畜能走的路不多。

我們第一天穿越密布的巨型熔岩，馱著行李的動物走起來格外辛苦。後來我們沿著刀刃般的山脊往上走，很多地方都極難通過。我們不得不卸下驢子背上的行李，用人工搬運。

第二天晚上，我們已經爬到三分之二的高度，在一個充滿巨型熔岩的陡峭山谷紮營，附近有一處小泉水，一次一頭驢子喝水剛剛好。等到最後一頭驢子好不容易喝到水，天色已經很晚了。這處泉水是庫勒爾山少數幾個水池之一，桑布魯部落的土著在乾季會把牲畜帶到山上，這處泉水對他們來說當然很重要。

艾莎在這處泉水也好，其他泉水也罷，都碰到一大群一大群的駱駝、牛、山羊與綿羊，這對牠來說一定很難熬。還好艾莎很聰明，個性又善良，而且顯然很了解狀況，所以能容忍這些近在咫尺的動物身上充滿誘惑的氣味。這些時候我們用鍊子拴著牠，牠倒也不想發動攻擊，只想遠離灰塵與噪音。

爬上庫勒爾山的這段路很陡，我們爬得愈高，氣候就愈為寒冷。我們走過鞍狀山脊，跨越深深的峽谷，也在斷崖絕壁間跋涉。這裡的灌木叢變得比較矮，後來又轉為美麗的高山植物。

隔天早上我們到達山頂。能踏上稍微平坦一些的地面，真是讓人鬆了一口氣。我們在一處小而美的林中空地紮營，靠近一處很渾濁的泉水，水是被桑布魯部落的牛隻弄渾的。土著看到我們的營地裡竟然有一隻幾乎成年的獅子，感到驚訝不已。

在山頂附近茂密的森林地帶，早上通常會有濃霧，所以我們用雪松木生起熊熊燃燒的火堆取暖。這裡的夜晚非常寒冷，我就讓艾莎待在我的小帳篷裡，用地衣給牠做了個窩，拿我最暖的毯子給牠蓋。毯子老是滑掉，一滑掉艾莎就會打冷顫，所以我晚上都在忙著替牠把毯子蓋好。我每次幫牠蓋好，牠都會舔舔我的手臂。牠從來不會想把帳篷扯開跑出去，反而是醒來很久以後還待在帳篷裡，蜷伏在舒適又溫暖的窩裡，避開外頭呼嘯的狂風和濕冷的霧氣。不過只要太陽露臉，霧氣消散，艾莎就會打起精神，到外頭享受山上的空氣，振奮一下。牠好喜歡這裡，這裡的地面柔軟涼爽，森林又有濃密的樹蔭，還有好多好多水牛大便給牠在上面翻滾，愜意極了。

這一帶有樹蔭，緯度又高，艾莎就算在正午時分在外頭行走也很輕鬆，所以牠就跟我們一起在山上走走看看。艾莎看到老鷹在高空盤旋。牠走到哪裡，烏鴉就跟到哪裡，還飛下來捉弄牠，惹得艾莎非常惱火。艾莎還把一隻沉睡中的水牛弄醒，又追著牠跑。艾莎的嗅覺、聽覺與視覺都很敏銳，從來不會在茂密的灌木叢迷路。有一天下午我們跟在先頭部隊後面，他們已經穿過森林，超前我們很多了，艾莎躲在每個灌木後面襲擊我們，跟我們鬧著玩，突然間，我們從艾莎才剛躲進去的方向，聽見驚慌的嘶叫聲。過了一會兒，一隻驢子從灌木叢中衝出來，艾莎攀在牠身上抓牠。還好林木實在太茂密，牠們跑不了多快，我們趕快跑到扭打成一團的牠們旁邊，打了艾莎一頓，我們覺得應該教訓艾莎。艾莎以前從來不會這樣，所以這次我很擔心。艾莎一向很聽我的話，從來不會緊追著動物不放，我也一直以這點深深自豪。不過我還是只能怪自己沒拿鍊子拴著艾莎。

有天我們站在把這座山一分為二的火山口邊緣，看到對面的北半部，雖然距離不到六公里，但是我們知道得走上整整兩天才會到。艾莎坐在六百公尺高的峭壁邊緣，竟然一副老僧入定的樣子，我看了差點嚇死。不過動物似乎沒有懼高症的困擾。隔天我們往下走，到達伊爾西嘎塔大峽谷的谷口，就在這裡紮營。

在白天，高大帥氣的倫戴爾部落男子放牧的幾千隻駱駝、山羊與綿羊經過我們身邊，要到峽谷上方六公里的地方喝水。後面跟著一群女人，帶領幾串馱著裝水容器的駱駝隊伍，每一隻駱駝首尾相連地用繩子繫起來。每個容器容量約二十多公升，用緊密編織的纖維做成。我們沿著裂口往上走，應該說走進山的「裡面」。峽谷的地面是一個乾涸的水道。有八公里左右的路段，地面緩緩升高，兩旁的石壁十分高聳陡峭，再往前走就會發現石壁的高度可達四百六十公尺，簡直可說是斷崖絕壁。峽谷有些地方實在太狹窄，兩隻馱著行李的駱駝無法並排而行。懸崖彼此重疊，所以我們看不見天空。我們距離牲畜喝水的地點很遠了，看見細流到了這裡變成了大溪，還有許多岩石圍成的清澈水坑。最後我們眼前出現九公尺深的陡峭瀑布，不得不停下腳步。我們的登山老手赫伯特爬上瀑布，發現後面還有更高的瀑布。

伊爾西嘎塔峽谷以前曾是偷獵者的天堂，因為只要埋伏在這裡守候前來喝水的動物，就能輕輕鬆鬆滿載而歸。事實上動物只要踏進峽谷，就是死路一條，因為不可能繞過埋伏的獵人另尋出路。

我們從峽谷開始走，走了一天半到達北邊的群山山頂，發覺住在這裡的桑布魯部落土著還有家畜比南邊還多，所以就要限制一下艾莎的行動。

我們看到的野生動物不多，這裡本來有很多水牛，可是人家告訴我們，過去六年都沒有水牛到山的北邊來。也沒人看到過扭角林羚，不過我們倒是看到一兩隻扭角林羚的足跡。喬治認為大概是桑布魯部落的眾多牲畜把這裡的草都吃光了，山上的草皮迅速減少，所以才會沒有野生動物。

我們下山到羅洋嘎連的這段路上有尖銳破碎的熔岩，走起來相當吃力，我們愈走摔倒次數愈多。遠處下方魯道夫湖的風景絕美，鉛色的湖面映照著夕陽，伴隨著靛青色的山巒和橘黃色的天空。就算看到如此美景，也不能稍解不斷摔倒的痛苦。

艾莎不斷回頭望著山和涼爽的森林，還想跑回去，我們只能把牠拴住。

接近傍晚時分，我們在黑暗中迷路了。艾莎每走幾公尺就躺下，擺明了就是不想走了。牠現在幾乎成年了，一緊張卻還是習慣吸我的拇指，那天晚上牠不斷吸我拇指。後來還是先頭部隊打了幾發曳光彈，我們才找到回營地的路。我們結束噩夢般的路程，蹣跚走進營地，艾莎不肯吃東西，只想窩在我身邊。我也是累到吃不下東西，我知道艾莎能挺過來實在不容易。當然艾莎不明白我們為何要幹這種蠢事，在晚上走過尖銳的熔岩。牠能堅持下去，完全是因為愛我們、信任我們。牠這趟遊獵雖然吃了不少苦頭，走了四百八十多公里，我們之間的感情卻愈來愈深厚。艾莎只要跟我們在一起，知道自己有人疼愛、很安全，就會很開心。看著牠為了要讓我們開心，努力克制自己強大的力量，適應我們的生活，我真的很感動。牠的好脾氣有一部分是來自個性，也有一部分是因為我們從未軟硬兼施，強迫牠適應我們的生活。我們只是對牠好，幫助牠克服兩個世界的歧異。

在自然環境中，獅子只要找到食物，就不需要長途跋涉。艾莎跟我們在一起，見到的世面絕對比跟獅群生活在一起多。不過艾莎知道家在哪裡，我們每次結束遊獵返家，牠都會恢復平常的習慣與作息。

五、艾莎與野獅子

艾莎的個性很討人喜歡，每次我們分離，不管時間再怎麼短暫，重聚的時候艾莎都會鄭重其事迎接我們，跟我們一個一個打招呼，用頭磨蹭我們，小聲喵喵叫。牠每次都是先迎接我，再迎接喬治，接著是努魯，最後是剛好在我們身邊的人。迎接的方式都一樣。艾莎馬上能察知誰喜歡牠，也會熱情回應。有些客人看到牠會很緊張，也是情有可原，艾莎看了也不生氣。真的很怕獅子的客人碰到艾莎可就麻煩了，艾莎當然不會傷害他們，只是喜歡把他們嚇個半死。

艾莎打從小時候就知道自己的體重是個利器，牠現在的體重更是所向披靡。牠每次想阻止我們，就會使盡全身力氣撲向我們的腳，用身體壓向我們的小腿，藉此把我們撞倒在地。

我們從魯道夫湖回來不久，晚上帶牠出門散步，發現牠愈來愈坐立不安。有時候牠不願意跟我們一起回去，就在灌木叢中過夜。我們開著路虎汽車去接牠時，牠通常也願意上車回家。事實上，牠一看到車，馬上就覺得既然有專車送牠回家，又何必浪費精力走路呢？於是牠會跳到帆布車篷上面，懶洋洋隨意窩著。我們一邊開車，牠就一邊從這個有利位置觀察是否有獵物。這對牠來說是舒服又方便，但是汽車製造商設計帆布車篷，並不是要給母獅子當沙發用的。帆布車篷支撐不住艾莎的噸位，我們就看到艾莎在我們的頭上漸漸下沉。喬治只好草草架設額外的支撐，強化車篷。

我們不在艾莎身邊的時候，都是努魯在照顧艾莎。有一天我們想為努魯和艾莎拍一段影片，就跟努魯說他應該換些好看點的衣服，不要老穿平常穿的破破爛爛的襯衫長褲。幾分鐘之後他煥然一新出現在我們眼前，穿著合身的乳黃色夾克，胸前還有彩色穗帶和紡錘形鈕釦。這衣服是他買來打算結婚穿的。我們覺得他這身打扮就像個職業馴獸師。艾莎看了他一眼，馬上鑽到灌木叢裡，躲在灌木後面偷瞄，等到確定是努魯沒錯，才走上前來，拍了努魯一下，好像在說：「你幹嘛這樣嚇我？」

努魯和艾莎常常一塊兒冒險。有一天努魯跟我們說，他們那天坐在灌木下面休息，一頭花豹從順風方向接近他們。艾莎緊緊盯著牠看，雖然興奮到全身緊繃，還是保持冷靜自制，只有尾巴搖來搖去。那頭豹幾乎要碰到艾莎的時候，突然看見艾莎搖動的尾巴，馬上像閃電般跑走，還差點從努魯身上踩過去。

艾莎現在二十三個月大了，發出的聲音變為低沉的吼叫。一個月之後，牠的發情期好像又到了，對著很多灌木噴灑尿液，無疑是想求偶。平常我們散步不管走到哪裡，牠都會跟到哪裡，這兩天牠卻非要跨越河谷不可。某天下午是**牠**給我們帶路，我們很快就看到新的獅子腳印。到了晚上，艾莎不肯回家。我們距離車道很近，就先回去把路虎汽車開來。喬治開車去接艾莎，我留在家裡，萬一艾莎抄近路回來就有人迎接牠。喬治到了那裡，喊了幾聲艾莎的名字，沒有回應，只聽到山間的回音……喬治又開了一、兩公里，不時呼喚著艾莎，還是不見獅影。喬治只好回家，希望艾莎已經回到家了。我跟他說我等了整整兩個鐘頭，還是沒看到艾莎回來，他聽了就又出去找。他離開一會兒之後，我聽到一聲槍聲。我焦慮得不得了，等到喬治回家，聽見喬治告訴我的消息，我頓時怒不可遏。

喬治開車出去，一邊喊著艾莎，找了半個鐘頭，一直找不到艾莎，於是他在灌木叢裡的一處空地停車，不知道接下來該往哪裡找。突然間，車子後方兩百公尺處傳來幾隻獅子吵架的喧嚣聲。接著一隻母獅閃過車邊，另外一隻緊跟在後。牠們從車旁飛奔而過的時候，喬治拿起步槍，往第二隻獅子身下打了一槍，認為這隻獅子應該是隻打翻醋罈子的母獅，想整垮艾莎。這個想法應該沒錯。喬治跳入車裡開始追獅子，他駛在茂密的荊棘叢之間的一條窄路上，拿著燈往左右照，突然看到前面有一隻公獅和兩隻母獅，趕快停車。三隻獅子心不甘情不願地讓路，大聲吼叫宣洩怒氣。

喬治開車來接我，我們又回到現場，焦急呼喚著艾莎，不停呼喚，還是沒有聽到熟悉的聲音。我們聽見一兩百公尺之外傳來獅子的合唱，好像在奚落我們。我們朝著牠們的方向開過去，看到三雙閃亮的眼睛。再待下去也沒用，我們只好懷著沉重的心情踏上回家的路。艾莎會不會是被吃醋的母獅子給殺了？以牠現在的狀況，要跟公獅交配很容易，只是不曉得公獅的伴侶能不能容忍情敵。我們走了才一、兩公里，就碰到艾莎在嗅著灌木，總算鬆了一口氣。艾莎理都沒理我們，我們勸牠跟我們一起回家，牠卻還是待在我們找到牠的地方，滿懷希望凝視著灌木叢，看著那群獅子合唱的方向。獅子又開始吼叫，朝我們走過來。我們背後三十公尺是一處乾涸的河床，獅群在這裡停下腳步，賣力吼叫。

現在已經是三更半夜了，艾莎坐在月光下，一邊是獅群，一邊是我們，兩邊都在呼喚牠。這場賽局誰會勝出？突然間艾莎走向獅群，我大喊：「艾莎，不要，不要去，妳會被殺的。」艾莎又坐下了，看看我們，又看看同類，不知該如何抉擇。大家僵持了一個小時，喬治往獅群的頭頂開了兩槍，獅群就默默離開。艾莎還是拿不定主意，我們就慢慢開車往回家的路上走，希望艾莎會跟在後頭，結果也如我們所願。艾莎非常不甘願地走在車子旁邊，一直回頭看，最後終於跳上車頂，跟我們一起回到安全的家。我們回到家，艾莎累得要命又渴到極點，喝水喝個不停。

艾莎跟獅群相處的那五小時發生了什麼事？艾莎身上帶有人的氣味，野生的獅群會願意接納牠嗎？公獅會不理睬發情的母獅嗎？艾莎為何願意捨棄同類，跟我們回家？是因為害怕兇猛的母獅嗎？我們想著這些問題，百思不得其解。不管如何，艾莎反正是毫髮無傷。

經過這次事件之後，「野性的呼喚」愈來愈強烈。艾莎到了晚上常常沒跟我們一起回家，我們常得出去找牠。我們在乾季主要是用水吸引牠回家，因為牠一定要回到家才有水喝。

艾莎最喜歡到有岩石的地方，每次都到懸崖頂或是其他安全的地方當作瞭望台。有一次牠窩在岩石上，我們聽見附近傳來花豹的「咳嗽聲」。我們很擔心，但是艾莎不想回家，我們只能先回去。隔天早上艾莎回到家，身上有幾處抓傷流血，不曉得是不是那隻花豹的傑作。

還有一次是黃昏過後，艾莎循著鬣狗響亮的笑聲走去，那笑聲很快就變成歇斯底里的尖叫，艾莎也以大吼回應。喬治趕快跑去看看怎麼回事，剛好來得及對一、兩隻逼近艾莎的鬣狗開槍。艾莎把「獵物」拖進灌木叢，用兩隻前腿夾著獵物拖行，就像小時候把防潮布拖著走一樣。牠現在兩歲了，牙齒卻還不能咬透鬣狗的皮，不知道該拿獵物怎麼辦。

艾莎到了這個年紀，最喜歡的朋友還是長頸鹿。艾莎會跟蹤長頸鹿，施展獅子的每一個計謀，不過就算費盡心機，總會在靠得太近之前被長頸鹿察覺，主要是因為艾莎沒辦法控制牠的尾巴。牠的身體可以靜止不動，連耳朵都可以一動也不動，但是牠尾巴那醒目的黑色流蘇永遠都在動。一群長頸鹿一看到艾莎，就會開始比賽看誰最勇敢。牠們一隻接一隻排成一個半圓，漸漸往前移動，用鼻子發出微弱的長長的哼聲，直到艾莎再也克制不住，衝上前去，長頸鹿就開始逃命。艾莎有兩次一直追著一隻巨大的公長頸鹿跑，跑了快兩公里，長頸鹿大概是氣喘吁吁，不然就是被追到煩了，轉過身來正面迎敵。艾莎在長頸鹿身邊繞著走，跟長頸鹿強壯的前腿保持距離，因為那條腿只要一踢，就可以把艾莎的頭顱踢碎。

艾莎似乎每隔兩個半月就會發情。我們聽說獅子發情最明顯的特徵就是響亮的呼嚕呼嚕聲。艾莎現在發情過兩次了，我們卻從來沒聽到牠發出這種聲音，不過艾莎每次發情，身上都會發出獨特的味道，還會對著灌木噴灑尿液，吸引公獅。

努魯跟我們說，自從艾莎邂逅了獅群之後，每天早上他跟在艾莎後面，艾莎都一直對著他咆哮，顯然是不要努魯跟來。艾莎則是毅然決然走入山上。艾莎頂著愈來愈熱的天氣，快步走進山區，努魯跟到岩石堆就跟丟了。我們在下午循著艾莎的足跡走，很快就斷了線，只能在懸崖底呼喚艾莎，聽到一聲回應，是個陌生的咆哮，不像艾莎的聲音，不過一定是獅子的聲音。不久之後我們看到艾莎蹣跚著往山下走，跨越巨石，用她慣有的方式叫著。艾莎走到我們身邊，累到癱在地上喘氣，看來興奮不已。牠喝著我們帶來的水，怎麼喝都不過癮。我們發現牠的後腿、肩膀與頸部有被爪子抓傷的幾道痕跡，還在流血。牠的額頭也有兩個流著血的小孔，這一定是用牙咬的，不是用爪子抓的（事情發生兩年之後，我在前往倫敦的路上參觀羅馬動物園，看到兩頭獅子交配，末了公獅咬了母獅的額頭一口，這會不會是巧合呢？不久之後我在倫敦動物園，又在相同的情景看到相同的舉動）。

艾莎平常身上並沒有味道，現在卻有非常強烈的氣味，比牠發情時期的味道還要強烈得多。等艾莎的體力恢復了一些，馬上就以平常的方式跟我們打招呼，分別對著我們兩個呼嚕叫，樣子有夠嚇人，好像在說：「聽聽我的新發現。」

*

艾莎成功看到我們一臉崇拜的樣子，就又癱在地上，很快就睡著了，一睡睡了兩個鐘頭。顯然牠剛剛是跟一隻公獅在一起，是我們的呼叫打斷了牠。

兩天之後，艾莎在外頭待了一天一夜，我們循著牠的足跡走，發現牠跟一隻母獅在一起，艾莎和這隻母獅一起窩了幾次。

從這次之後，艾莎愈來愈常在外頭過夜。我們把車開到牠最喜歡的地點附近，呼喚牠，希望牠能跟我們回家。有時候牠會來，不過多半時候牠不會來。有時候牠一去就是兩三天沒回家，沒吃東西也沒喝水。我們現在還可以用水控制牠，不過雨季很快就要來臨，等到雨季來臨，那我們可就拿艾莎沒辦法了。這麼一來就有個問題得解決，而且我們五月得出國，這趟出門會很久，所以得馬上解決這個問題才行。艾莎現在二十七個月大，就快要長成了。我們知道不可能永遠讓牠在伊西奧洛不受拘束生活下去。我們本來是想把艾莎送到鹿特丹比利多普動物園跟兩位姊姊團聚，我們連緊急事件的應變措施都準備好了。但是現在艾莎的未來掌握在牠自己手中，看看牠近來的行為，我們決定改變計畫。我們真的很幸運，能在艾莎的自然環境把艾莎養大，艾莎在灌木叢中很自在，野生動物也能接受牠。寵物因為帶有人的氣味，又不熟悉灌木叢的生活，所以在野外常會被同類殺害，現在我們覺得艾莎應該是個例外。把艾莎放回野外，應該是個值得一試的實驗。

我們打算再跟艾莎一起生活兩、三個禮拜，如果一切順利，我們就會出國，這次要離開肯亞，到一個不同氣候的地方，待上很長一段時間。

接下來我們要考慮，要把艾莎野放到哪裡呢？伊西奧洛人口太多，不能把艾莎野放到那裡。我們知道有個地方，一年當中大半時間都沒有人住，也沒有牲畜，不過野生動物卻很多，尤其獅子特別多。

我們獲准把艾莎帶到這個地方，這幾天隨時會下雨，所以我們要把握時間，趕在雨季開始之前把艾莎送到新家。

要到這個地方，我們得走上五百五十公里，途中要經過高地，也要經過大裂谷，還要經過人口相對稠密、有很多歐洲人農場的地方。我們怕每次停下來都會有一群人目瞪口呆看著艾莎，還會有好奇的非洲人圍過來，艾莎會很不好意思，再說我們也想避開白天的熱氣，所以決定在晚上趕路。我們打算晚上七點左右出發，但是艾莎有意見。在出發之前，我們帶艾莎跨越山谷，到牠最喜歡的岩石堆去，這是牠例行的散步路線。我在岩石堆裡拍下艾莎在家裡的最後一張照片。艾莎看到相機會害羞，人家要拍牠、要畫牠牠都不願意。牠一看到那個討厭的亮亮的盒子對準牠，都會別過頭去，不然就是用爪子遮住臉，再不然就是走開。牠在伊西奧洛的最後一天，必須一直忍受我們的萊卡相機，到最後覺得受夠了，就開始反擊。我稍微沒留意相機，艾莎就跳起來撲向相機，咬著相機在岩石上狂奔，把相機咬在嘴裡左搖右晃，擺明了是在挑釁，還咬一咬，用爪子緊緊抓住相機。我們最後總算把相機拿回來，相機竟然只有輕微損傷，真是奇蹟。

我們現在該回家，開始漫長的旅途了，沒想到艾莎坐在岩石上，凝視著河谷，像一般的獅子那樣沉思，怎樣都不動如山。顯然牠不打算跟我們走回去，是指望車子開到牠面前接牠。我們本來想早點出發，現在是不可能了。喬治回家開車，回到山腳下艾莎剛才待的地方，艾莎不在那裡，顯然又去進行夜遊了。喬治呼喚艾莎，也沒有回應。艾莎一直到晚上十一點才出現，跳上路虎汽車的車頂，心甘情願坐車回家。

六、第一次野放

我們終於把艾莎裝進籠子，啟程上路，已經過了午夜了。我給艾莎服用鎮靜劑，好讓牠在旅途中舒服一些。獸醫跟我們說鎮靜劑不會傷身體，藥效會維持八小時左右。為了儘量給艾莎精神上的支持，我跟艾莎一起搭乘敞篷卡車。那天晚上我們經過海拔二千四百公尺的區域，空氣極度寒冷。艾莎服用了鎮靜劑，現在是半清醒狀態，不過每隔幾分鐘還是會把爪子伸出籠子的欄杆，確定一下我還在。我們花了十七個小時才到達目的地。我們到達一個小時之後，鎮靜劑的藥效才消退。在這十八個小時當中，艾莎的體溫變得很低，呼吸也很慢，我一度還害怕牠會死掉。還好牠恢復過來，不過從這次經驗可以看出，給獅子用藥真的要小心，因為獅子對藥物比其他動物都敏感得多，每隻獅子對藥物的反應也不同。就像我們以前給三隻小獅子用驅蟲藥粉，結果一隻效果很好，一隻不舒服，艾莎不但病得很重，還會抽搐。

我們到達目的地時已經是傍晚了。我們跟一位朋友碰面，他是這一區的野生動物保護區管理員。我們在三百公尺高的峭壁下一個絕佳的地點紮營，鳥瞰著遼闊開放的灌木叢平原，一條深色的植被穿越平原，標記出河流的位置。我們的營地位於海拔一千五百公尺，空氣很涼爽清新。正前方就是一片開放的草地，沿著斜坡往前就是平原。一群群的湯氏瞪羚、轉角牛羚、牛羚、草原斑馬、馬羚、狷羚還有幾隻水牛在草地上吃草。這裡是野生動物的天堂。其他人在紮營，我們帶艾莎散散步，牠衝向那群動物，不知道該跟蹤哪一隻，因為四面八方都有動物跑來跑去。艾莎忘情地在新玩伴當中跑來跑去，似乎想甩開這趟難受的旅程。這群新玩伴看到隊伍當中出現一隻這麼奇怪的獅子，只是毫無企圖地橫衝直撞，個個目瞪口呆。不過艾莎沒多久就玩夠了，走回營地享用晚餐。

我們打算第一個禮拜先讓艾莎窩在路虎汽車的車頂上，我們開車在這一帶繞一圈，讓牠習慣這裡，也習慣這裡的動物。這裡的動物很多都是北部邊境省所沒有的，所以艾莎都沒看過。在第二個禮拜，我們要在牠醒著的時候把牠留在灌木叢過夜，早上牠想睡覺的時候再去餵牠。之後我們會減少牠的食物量，希望牠會自己獵食，或者找野公獅一起生活。

我們到達隔天早上就展開這個計畫。首先我們拿掉牠的頸圈，象徵解放。艾莎跳上路虎汽車車頂，我們就出發，只走了一兩百公尺就看到一隻母獅在山坡下與我們並行。這隻母獅靠近一大群羚羊，羚羊沒有理睬牠，顯然是看到母獅踏著堅定沉穩的步伐，知道母獅這時候沒打算獵食。我們開車接近母獅，艾莎興奮得不得了，跳下車子，發出低低的呻吟聲，小心翼翼跟在新朋友後面。不過母獅一停下腳步轉過身來，艾莎的勇氣就煙消雲散，用最快的速度衝回車上躲著。母獅意志堅定繼續向前走，我們很快發現原來有六隻幼獅藏在一座小蟻丘的高草叢裡等著牠。

我們開車繼續往前，一隻正在啃骨頭的鬣狗看到我們，嚇了一跳。艾莎跳下車去，追著飽受驚嚇的鬣狗跑，鬣狗只來得及拿了骨頭，跌跌撞撞地逃跑。雖然模樣很笨拙，鬣狗還是成功逃走了，只是弄丟了骨頭。

我們後來遇到一群群不同種類的羚羊，牠們看到一台路虎汽車上面坐著一隻獅子，覺得很好奇，只要我們乖乖坐在車裡不說話，牠們就肯讓我們靠近到一兩公尺之內。艾莎一直小心翼翼看著，沒有下車，除非看到毫無防備、背對著艾莎吃草的羚羊，或者看到打架的羚羊，這時牠就會靜悄悄下車，肚皮貼地匍匐前進，儘量運用周遭掩護，漸漸接近獵物。但是獵物一旦起疑，艾莎就馬上僵住不動；或是艾莎衡量狀況覺得可以採取另一種作法，就會假裝沒興趣，舔舔爪子，打個哈欠，甚至仰躺在地上，等到獵物放鬆戒備，艾莎馬上再開始跟蹤。但是艾莎用盡心機，卻從來沒能接近到能獵殺的程度。

一群小小的湯氏瞪羚故意挑釁艾莎。灌木叢裡有個不成文的規則，就是大動物除非要獵食，否則不能攻擊小動物。湯氏瞪羚就吃定艾莎拿牠們沒辦法。牠們才是平原上真正的淘氣鬼，好奇心很強，尾巴總是搖來搖去。現在牠們挑釁艾莎、捉弄艾莎，就是要激艾莎追著牠們跑，艾莎只是一臉無趣，沒理牠們，保住尊嚴讓牠們自討沒趣。

水牛和犀牛可就不一樣了，艾莎**非追著牠們跑**不可。有一天我們在車上，看見一隻水牛慢慢跑過平原，大概是看到一隻獅子坐在路虎汽車上而被勾起了好奇心。艾莎馬上跳到地上，用灌木作為掩護，跟在水牛後面。水牛也想跟蹤艾莎，也用同一個灌木做掩護，只是從反方向出發。我們一邊觀察，一邊等待，看到獅子與水牛差點相撞。結果水牛轉頭就跑，艾莎勇敢地追在後面。

還有一次艾莎坐在路虎汽車上，看到兩隻水牛在灌木叢中沉睡。艾莎衝過去，接著就是怒吼、碰撞與狂猛的騷動。兩隻水牛衝出灌木叢，分頭奔馳而去。

犀牛對艾莎來說是最大的誘惑。有一天我們碰到一隻犀牛，頭埋在灌木叢裡，站著睡得很香。艾莎小心翼翼湊過去，幾乎和犀牛臉碰臉。可憐的犀牛突然醒過來，嚇得哼了一聲，一臉疑惑，轉過身去衝進附近的沼澤，把水濺得艾莎滿身都是。艾莎也涉水跟在後面。牠們被高高的水花遮住，我們看不見牠們，過了好久艾莎才回來，全身濕答答，模樣很得意。

艾莎很喜歡爬樹，有時候我們在高高的草叢裡找不到牠，就發現牠在樹頂上搖擺。牠不止一次上得去下不來。有一次牠左試右試，樹枝都快要被牠壓斷了，我們看到牠的尾巴垂在樹葉間擺盪，接著又看到牠的後腿使勁掙扎，最後牠總算摔到超過六公尺之下的草地上。牠在觀眾面前丟臉出醜，窘到極點。牠每次故意逗我們笑時，看到我們笑都會很開心，但是如果牠不小心鬧了笑話，那牠可就不開心了。牠匆匆從我們身邊走開，我們也給牠時間重拾自尊。我們後來去找牠，發現牠聚集了六隻鬣狗聽眾。邪惡的鬣狗在艾莎身邊圍成一圈，我開始擔心艾莎的安危。艾莎之前爬樹出了醜，現在大概是想扳回一城，就表現給我們看牠在鬣狗面前是如何優越、鬣狗是如何無趣。艾莎打個哈欠，伸伸懶腰，看都不看鬣狗就朝我們走來。鬣狗蹣跚走開，還回頭看了看，大概是看到艾莎的朋友長相奇特而一頭霧水。

有天早上我們跟著盤旋的兀鷲走，不久之後發現一隻獅子在吃斑馬。獅子撕咬著斑馬肉，沒理我們。艾莎小心翼翼從車上下來，對著這隻公獅喵了一聲。雖然人家沒叫牠過去，艾莎還是戒慎恐懼靠近公獅。公獅總算抬起頭來，直盯著艾莎看，好像在說：「妳不懂獅子的禮儀是不是？妳這個女的，竟敢打擾大老爺用餐！妳可以幫我獵食，殺掉獵物之後妳就要退到旁邊，先讓老爺我吃個過癮，吃剩的才輪到妳。」可憐的艾莎顯然看出公獅的表情不太妙，馬上溜回安全的車上。公獅老大繼續吃，我們看牠看了很久，希望艾莎能重拾勇氣，但是艾莎說什麼都不肯離開安全的地方。

隔天早上我們運氣比較好。我們看到一隻轉角牛羚像哨兵一樣站在蟻丘上，專注看著一個方向。我們順著牠的眼光看過去，看到一隻年輕的獅子坐在高高的草叢裡，正在曬太陽。牠是隻很威武的年輕公獅，金色的鬃毛很好看，艾莎似乎是一見鍾情。我們也覺得這隻公獅跟艾莎正好是一對。我們把車開到距離這隻獅子三十公尺之內。獅子看到相親對象坐在車頂上，有點吃驚，不過還是友善回應。艾莎顯然是害羞到了極點，發出低低的呻吟聲，卻又不肯下車。我們只好把車開遠一些，說服艾莎下車，等艾莎下了車，我們又突然把車開到公獅的另一側，這樣一來艾莎非得經過公獅才能回到我們身邊。艾莎痛苦猶豫了好久，才鼓起勇氣走向公獅，走到大約十步的距離，艾莎趴了下來，耳朵往後貼，尾巴唰唰揮動。公獅起身走向艾莎，我認為牠的態度極為友善，沒想到艾莎在最後一刻又驚慌失措起來而衝回車上。

我們帶著艾莎開車離開，遇到相當罕見的兩公一母的獅群，正在享用獵物。我們運氣真好。這群獅子一心一意享用大餐，艾莎一直打招呼，牠們理都不理，顯然獵物到手才沒多久。牠們總算吃完了，飽脹的肚子搖來搖去。艾莎等牠們走開，馬上過去查看殘餘的屍體，這是艾莎第一次接觸真正的獵物。我們就是希望艾莎能接觸到獅群所留下、充滿新鮮的獅群氣味的獵物，這真是天賜良機。艾莎吃飽喝足以後，我們把獵物拖到剛剛那隻彬彬有禮又玉樹臨風的公獅身邊。我們覺得由艾莎出面請客，牠對艾莎的印象應該會不錯吧！我們把艾莎跟獵物留在公獅身邊，就開車離開。過了一兩個鐘頭，我們出發看看動靜，卻遇到艾莎已經在回家的半路上。不過我們想既然這隻公獅對艾莎有意思，那天下午就把艾莎帶回牠身邊。我們看到公獅還在原來的地方，艾莎在車上跟公獅說話，好像在跟老朋友聊天，不過艾莎顯然不打算下車。

我們想讓艾莎下車，就把車開到灌木後面，我下了車，剛好一隻鬣狗從陰涼的灌木叢衝出來，差點把我撞翻。我們在灌木叢裡發現一隻剛被殺的幼斑馬，想必是金色鬃毛公獅的傑作。那時正好是艾莎的吃飯時間，牠就不管三七二十一跳下車去享用大餐。我們把握機會，用最快的速度開車離去，讓艾莎獨自迎接夜間探險。隔天一早，我們趕緊出發去看看實驗的結果，希望能看到小倆口甜甜蜜蜜，結果只看到可憐的艾莎在原地痴等，身邊沒有公獅，也沒有獵物。艾莎見到我們開心不已，一心想跟我們在一起，拚命吸我的拇指，想確定我和牠之間感情依舊。我覺得很難過，我傷了牠的心，卻無法向牠解釋我們所做的都是為牠好。等到艾莎冷靜下來，甚至放心到在我們身邊睡著了，我們雖然很難過，還是決定再次不守信用，悄悄溜走。

之前我們一直都拿切好的肉給牠吃，所以牠看到肉不會聯想到活生生的動物。現在我們要顛倒過來，就趁艾莎中午睡覺的時候，開了將近一百公里的路，打了一隻小羚羊給牠。之所以走這麼遠，是因為營地附近不准打獵物。我們拿一隻完整的羚羊給艾莎，不曉得牠知不知道該如何宰割，畢竟牠沒有媽媽教牠正確的方法。我們馬上發現艾莎天生就知道該怎麼做。牠先從後腿內側皮膚最柔軟的部位開始，再把內臟挖出來，享用這些佳餚之後，再把獵物胃裡的東西埋起來，把染血的足跡遮蓋住，儼然就跟正常的獅子沒兩樣。接著艾莎用臼齒把骨頭上的肉咬開，再用粗糙的舌頭把肉撕下來。

我們看到艾莎會處理獵物，就知道該讓艾莎自行獵食了。平原上到處都有零星的灌木叢，任何動物都可藏身其中。這裡的獅子想飽餐一頓，只要找個地方藏身，等羚羊往下風處走來，衝出來就大功告成了。

我們現在一次就讓艾莎獨自行動兩三天，希望牠肚子餓了自己會覓食。可是我們每次回來，總是發現牠餓著肚子等我們。艾莎擺明了就是只想跟我們在一起，只想確定我們愛牠，我們卻必須一次又一次離開牠，實在很難熬。艾莎吸著我的拇指，用爪子抱著我們，牠的心意表露無遺，但是我們知道為了牠好，還是要堅持下去。

我們現在發現野放艾莎所需的時間比我們想像的要久得多，所以就詢問當地政府，希望能將長假拿來待在這裡做野放實驗，政府非常好心地同意了。有了政府首肯，我們就放心多了，因為現在有充足的時間可以做實驗。

我們延長艾莎獨自在外的時間，又加強了帳篷四周的荊棘圍籬，不管哪一隻獅子都闖不進來。我們這樣做主要是為了不讓艾莎肚子一餓就回來找我們。

有天早上艾莎跟我們在一起，我們看到一隻獅子，看起來似乎很溫和，心情不錯。艾莎下了車，我們就悄悄離開。那天晚上，我們坐在荊棘保護的帳篷裡，突然聽見艾莎喵了一聲，我們還沒來得及阻止，艾莎就鑽過荊棘爬了進來，跟我們窩在一起。牠身上被爪子抓傷流血，走了十三公里回到我們身邊，顯然是比較喜歡跟我們在一起。

下一次我們帶艾莎到離營地更遠的地方。

我們開車途中看見兩隻公的大羚羊，兩隻重量各約六百八十公斤，正在打架。艾莎馬上跳下車去，跟在牠們後面。一開始兩隻大羚羊忙著打架，沒注意到艾莎。等到牠們看到艾莎，其中一隻狠狠一腳踢過去，差點踢中艾莎。兩隻大羚羊不打了，艾莎追著牠們走了一小段路，又得意洋洋回到我們身邊。

不久之後，我們看到兩隻年輕的獅子坐在開放的草地上。我們覺得牠們很適合跟艾莎作伴，但是艾莎現在已經看穿我們的詭計，不肯下車，不過牠倒是跟牠們聊得挺激動。我們也沒辦法讓艾莎下車，只能眼睜睜看著機會溜走，繼續往前走，接著又看到兩隻湯氏瞪羚打架，艾莎一看到就跳下車去，我們趕快把車開走，給艾莎機會多了解一點野外生活。

我們這次將近一個禮拜才回來，發現艾莎飢腸轆轆在等我們。艾莎還是深愛著我們，我們一再欺騙牠，一再失信於牠，一再做出讓牠無法再信任我們的事情，牠卻還是忠心耿耿。我們把帶來的一些肉丟給牠吃，牠馬上開始吃。我們突然聽見咆哮聲，那一定是獅子的聲音，果然沒多久我們就看到兩隻獅子朝我們快步走來。牠們顯然在獵食，大概聞到了肉的味道，就迅速走來。可憐的艾莎看苗頭不對，扔下牠好不容易才盼來的佳餚，用最快的速度倉皇逃開。一隻小胡狼立刻現身，想必剛剛都躲在草叢裡。這胡狼馬上把握機會，一口一口咬著艾莎扔下的肉，知道這樣的好運可不會維持太久。果然不出胡狼所料，兩隻獅子的其中一隻穩穩地向牠走近，發出充滿威脅的咆哮聲。畢竟鮮肉當前，小小的胡狼也沒那麼容易被嚇跑。胡狼緊抓著肉，能咬幾口就咬幾口，現在獅子已是近在眼前，英勇無懼的胡狼面對生死關頭，竟然還想保住手中的肉。可惜勇氣終究不敵體型，獅子最後勝出。艾莎隔著一段距離看著這場慘劇，看到牠這麼多天來的第一餐就這樣被奪走。以現在這個局面，兩隻獅子當然是一心專注在那塊肉上面，理都沒理艾莎。我們把艾莎帶走來彌補牠。

我們在營地，來了幾位人類訪客。第一批訪客是來看野生動物的。喬治請他們進來，正要告訴他們營地裡有隻溫馴的母獅，沒想到艾莎聽見汽車的聲音，就滿懷好奇、十分友善地跳著跑進來。訪客這一嚇可嚇得不輕，不過還是保持風度。

後來有一對瑞士籍夫婦，聽說我們有隻小獅子，就過來瞧瞧。我想他們八成以為這獅子小到他們可以抱起來玩，結果他們看到一百三十幾公斤重的艾莎坐在路虎汽車的車頂上，當場傻眼。我們花了一點時間，才說服他們下車，跟我們一起吃午餐。艾莎恪遵禮儀，歡迎首次來訪的客人，只有一次不小心用尾巴把桌面物體掃下地。吃過這頓飯，夫婦倆徹底愛上艾莎，跟艾莎合照個沒完。

我們在營地裡待了四個禮拜，艾莎過去兩個禮拜多半待在灌木叢裡，卻還沒開始自行獵食。現在雨季開始了，每天下午都下大雨。這一帶的環境跟伊西奧洛很不一樣，氣候寒冷多了，而且伊西奧洛的地面都是沙，下雨之後一兩小時就乾了，而這裡是黑棉土地面，下過雨後就成了沼澤。此外這裡到處都是高度及腰的長草，所以下過雨後幾個禮拜地面都還是濕的。艾莎以前在家裡看到下雨就很開心，一下雨牠就精神大振，現在在這裡碰到下雨牠卻鬱鬱寡歡。

有天晚上一直下著豪雨，天亮之前雨量至少有十三公分，這一帶都淹水。早上我們涉水而行，泥水常高度及膝。我們碰到艾莎已經在回營地的半路上。艾莎看起來很不開心，好想跟我們在一起，所以我們就帶牠回家。那天晚上，我們突然聽見有東西驚惶奔馳而過的聲音，接著是一片沉寂，外頭是怎麼了？接著是鬣狗歇斯底里的笑聲，還有胡狼尖銳的叫聲。接著我們聽見至少三隻獅子咆哮，鬣狗和胡狼馬上閉嘴。我們發現獅子一定就在營地外面獵食，這對艾莎來說真是千載難逢的好機會啊！我們聽著尖叫聲、刺耳又斷續的聲音，還有喉嚨發出的低沉聲音組成的磅礡樂章，聽得都入迷了，艾莎卻用頭磨蹭我們，意思是說：「還好我跟你們一起在荊棘圍籬裡面。」

幾天過後雨勢緩和，我們又繼續訓練艾莎成為野獅，但是牠現在老是懷疑我們又要棄牠而去，一直不肯跟我們一起到平原去。

牠終究還是跟我們去，我們遇到兩隻母獅匆匆向車子跑來，艾莎匆忙閃開，頭一次這麼緊張。

顯然艾莎在這裡會怕獅子，我們決定不要再強迫牠跟獅子做朋友，等牠再度發情，也許會遇到情投意合的對象。

這段期間我們就先訓練艾莎自行獵食，這樣牠就可以脫離我們獨自行動了。而且牠學會獵食之後，如果牠願意的話，也比較能當公獅的稱職伴侶。平原還是處處泥濘，野生動物多半都集中在少數地勢稍高、比較乾燥的地方。艾莎很喜歡一個布滿岩石的小丘，我們就選這個地方當作實驗基地。可惜這個地方距離我們的營地只有十三公里，要是能到遠一點的地方就更好了，問題是天氣狀況不允許。

我們讓艾莎獨自在小丘過了一個禮拜，但是等我們再看到牠時，發現牠非常不開心，我真的是硬著心腸逼自己繼續訓練牠。我們在午休時間坐著陪艾莎，看著牠把頭枕在我的大腿上，沉沉睡去。突然間我們後面的灌木叢中傳來令人膽戰心驚的碰撞聲，一隻犀牛出現在我們眼前。我們彷彿觸電般跳起，我躲到樹後面，艾莎則勇往直前衝向前去，把這隻犀牛入侵者趕走；而我們趁牠不在時又無情地溜走了。

那天傍晚空氣中水氣密布，夕陽映照在灰色天空的深紅色雲朵上，還有若隱若現的幾道彩虹，美不勝收。這個亮彩萬花筒很快就轉為陰沉的積雨雲，最後聚集成黑漆漆的團塊，就在我們的頭上。萬物屏息以待，就等天空轟然迸裂。

幾顆沉重的雨點像鉛塊一般墜落地面，接著暴雨猛然來襲，好像一雙大手把天空扯開，不久之後，洪水在我們的營地四周流竄。大水持續了幾小時。我想起可憐的艾莎獨自面對這個凜冽的夜晚，全身濕淋淋，凍到顫抖又滿腹辛酸。閃電打雷更是讓我的夢魘加劇。隔天早上我們涉水走了十三公里，到上次跟艾莎分別的山脊。艾莎還是一如往常等著我們，看到我們開心極了，一直用頭跟身體磨蹭我們，歡迎我們，發出呻吟聲。今天牠真的是滿腹委屈，真的快要哭了。我們覺得就算會影響訓練，以後碰到這種天氣也不能把牠留在外面。這一帶的獅子都習慣這種天氣，艾莎來自半沙漠區，無法迅速適應截然不同的氣候。現在艾莎開開心心跟我們一起走回去，像以前在伊西奧洛一樣濺著水花走過沼澤，開心之情表露無遺。

隔天艾莎生病了，動一下都痛得不得了，身上的腺體都腫腫的，又發燒了。我們在喬治營帳的附屬棚屋裡面，用草做了一張床給艾莎，艾莎就喘著氣，無精打采、可憐兮兮地躺在上面。我拿磺胺吡啶給牠吃，那是我唯一覺得有用的藥。艾莎希望我一直陪在牠身邊，我當然沒有讓牠失望。

雨還是下個不停，我們連想開著四輪傳動汽車，把血液樣本送到最近的檢驗站都沒辦法，只好請人走上一百六十幾公里，把幾個樣本送到檢驗站。結果發現艾莎是感染了鉤蟲與絛蟲，這兩種牠以前都得過，我們知道該怎麼治療。但是鉤蟲與絛蟲並不會導致腺體腫脹與發燒，我們認為牠應該也感染了蝨子傳播的病毒。如果真是這樣，就代表動物在原本的環境對某些疾病免疫，到了另一個環境，卻無法對當地疾病免疫。東非的動物分布情形非常奇特，也許這就是原因。

艾莎病情嚴重，我們有一陣子覺得牠恐怕不會有起色。不過在一個禮拜之後，發燒變得斷斷續續，每隔三、四天體溫會上升，然後又恢復正常。牠美麗的金色光澤迅速流失，毛色變得昏暗，像脫脂棉花一樣，背上又長出很多白毛。牠的臉色灰白，連從帳篷走到外面曬曬稀少的陽光的力氣都沒有。唯一有希望的就是牠食慾還不錯。牠想吃多少肉和煉乳，我們都大老遠給牠張羅來。雖然天氣導致交通不便，我們還是經常與奈洛比的獸醫實驗室聯繫。我們提供的樣本都沒有驗出寄生蟲，所以我們只能憑猜測治療艾莎。

我們給艾莎服用驅除鉤蟲和立克次氏體屬微生物（一種蝨子傳播的寄生蟲）的藥，因為人家說艾莎會生病可能就是這兩種寄生蟲作怪。要想診斷艾莎的疾病，必須用注射針刺進艾莎的腺體，採集腺體裡面的液體，問題是我們沒辦法把針刺進去，只能儘量安撫艾莎，多關心牠。艾莎很溫和，我們照顧牠牠都有反應，我把頭靠在牠的肩膀上，牠常常會用爪子擁抱我。

艾莎生病的這段日子都和我們形影不離，所以就變得更依賴我們，比以前還溫馴。一天當中大部分時間都窩在我們有荊棘圍籬保護的營地的入口，從這個有利位置可以同時監看營地裡外的動靜。到了吃飯時間，牠寧願讓送飯的男孩子們從牠身上跨過去，也不願意離開牠的位置。男孩子欣然接受挑戰，互相較量，要跨越艾莎又不能把盛得滿滿的湯盤弄翻。他們每次從艾莎身上跨過去，都會被牠親暱地拍一下。

艾莎和喬治一起睡在帳篷裡，可以自由來去。有天深夜，喬治被艾莎微弱的叫聲吵醒，發現牠想從帳篷後面出去。喬治坐起來，看到帳篷的入口有個東西。他想艾莎不可能這麼快就走到入口來，就打開手電筒，看到一隻野母獅在燈光下眨著眼睛。喬治對著母獅大吼，母獅就跑掉了。這隻母獅一定是聞到艾莎的氣味，又聽見帳篷裡面有獅子的聲音，就前來一探究竟。

艾莎生病到現在已經五個禮拜了，牠的狀況只是稍有起色而已。顯然這裡的氣候對牠的健康不利，而且牠對本地的蝨子、舌蠅等感染源並非免疫。每個地方的蝨子、舌蠅都不太一樣。再說艾莎的外表和本地獅子也不一樣，毛色深得多，鼻子比較長，耳朵比較大，整體來說體型大得多。艾莎怎麼看都屬於半沙漠地帶，不屬於高地（肯亞的獅子分為兩種：一、Felix massaica：淺黃褐色的身體搭配黃色鬃毛。二、Felix leo somaliensis：體型較小，耳朵較大，斑點較明顯，尾巴較長。艾莎就屬於這種）。我們身在野生動物保護區，就表示喬治得開上三十二公里的車到保護區以外替艾莎獵食，而且也不能帶著艾莎一起打獵，所以艾莎也就沒機會直擊獵殺現場，無法體會獵殺活生生的動物的感覺。如果艾莎是在野外成長，就可以在母親帶領下體會這種感覺。我們在這裡露營了三個月，顯然得替艾莎找個更好的家。

要找一個氣候理想、水源穩定，有充足的獵物供艾莎獵食，又沒有土著與獵人出沒的地方實在不容易，而且還要開車到得了才行。但後來我們總算找到這樣的天堂，也得到政府許可在那裡野放艾莎。雨一停我們就打算出發到那裡。

我們拔了營，除了艾莎之外，所有細軟都裝上車。艾莎哪天不挑，偏偏挑這天發情，跑到灌木叢去了。我們等了兩個半月，就為了等牠發情，但我們現在知道不能在這裡野放艾莎。我們那天沒看到牠的蹤影，到處尋找，開著路虎汽車找，也徒步尋找，都一無所獲。到頭來我們很擔心，艾莎會不會被野母獅殺死了？擔心歸擔心，我們也束手無策，只能等牠回來。艾莎兩天兩夜都在外頭，只有一次短暫回來看看我們，牠衝向我們，用頭磨蹭我們的膝蓋，就又跑走了，幾分鐘之後又回來，又磨蹭磨蹭我們，然後又跑走，很快又跑回來，好像在說：「我很開心，請你們要諒解我**非走不可**。我只是來告訴你們不要擔心。」然後又跑走了（我們常常想不通，艾莎發情的時候跟公獅在一起，怎麼都不會生寶寶呢？後來一位動物學權威告訴我，在四天發情期當中，公獅每天會在母獅體內播種至少六到八次，一般認為只有第四天的播種才能起作用。如果真是這樣，那艾莎顯然沒有足夠的機會受孕，因為吃醋的母獅都把老公看得牢牢的，不可能容忍老公一直跟新來的母獅交配）。等到牠終於回來，不再往外跑了，我們發覺牠身上有很嚴重的抓傷，還有幾處爪痕淌著血。我幫牠上藥，牠卻發起脾氣來。

我們好說歹說，總算說服牠跳上卡車。

我們實驗的前三個月就這麼結束了。艾莎一生病，我們的實驗就只能以失敗告終，不過我們有信心，只要有足夠的時間和耐心，總有一天會成功的。

七、第二次野放

現在我們要踏上大約七百公里的旅程。有時候一趟旅途就是會狀況百出，能出錯的地方都會出錯，這趟就是這樣。我們才走了十九公里，喬治那輛車的一個前軸承就脫落了。最近的管理站還要走個一百四十五公里才會到，我開車到那裡，請人把新軸承送去給喬治。我不得不在管理站過夜，可憐的艾莎就鎖在我的後車廂裡。喬治拿到新軸承，卻發現他沒有夠大的扳手可以用，最後他用冷鑿和榔頭湊合，總算在天黑之前修好了，就來跟我會合。那天晚上還有隔天早上，我們總共爆胎六次。到了晚上九點，我們距離目的地還有十九公里，我的車卻開始發出怪聲。我們停車，在戶外把營床架好。我們連續開了五十二小時的車，已經精疲力盡。艾莎沿路都很乖，一句怨言也沒有，現在牠就攤在我們旁邊，進入夢鄉。隔天早上，我們以為恐怕要費一番功夫才能說服牠上車，尤其是牠已經跑到營地附近一條小溪旁邊茂密的蘆葦叢，準備躺著休息了。要跨越那條溪並不容易，所以我們打算先開車渡溪，再來接艾莎。

路虎汽車順利渡溪，我的車卻卡住了，是用拖的才勉強渡了溪。接著我們步行再次渡溪，勸艾莎離開陰涼的休息處，跟我們回車上去。艾莎馬上照辦，跳進我的車裡，好像知道旅程還沒結束，想乖乖合作。我們繼續行程，沿著一條難走的路，穿過茂密的灌木叢。歷經重重考驗，沒想到我們的劫難還沒完。走了幾公里，我車子的後彈簧壞掉了。我們好不容易到了艾莎的新家，已經是傍晚了。

非洲的這一帶真的是「狐狸會互道晚安」的地方。喬治跟男孩們為了要到理想的露營地點，在茂密的灌木叢裡劈出一條新路，走了四天才到。我們最後紮營的地點在一條美麗的河流旁，河流兩旁有埃及薑果棕、金合歡樹和無花果樹，交織著蔓生植物。水流相當湍急，形成泡沫，流經蘆葦遍布的島嶼之間，之後水流速度緩和下來，形成許多岩石包圍的清澈冷水坑，水深可容納許多魚。這裡是釣客的天堂，喬治等不及要拿出釣竿。

這裡和我們的前一站大不相同。天氣熱得多，也沒有大批野生動物在長滿綠草的平原上悠閒吃草，只有荊棘叢，能見度只剩幾公尺範圍，這可是獵人的噩夢。不過這裡距離艾莎的出生地只有五十六公里，是屬於牠的天然生活環境。

我們離開河岸茂密的熱帶綠色植物，烈日像熱浪般向我們襲來。我們距離赤道很近，測高計顯示我們的高度是四百九十公尺，要穿過茂密又乾燥的荊棘叢，只能走野生動物所走的錯綜複雜的路線。走這種路有個好處，那就是能提早知道附近有哪些動物出沒，因為看到不少大象、犀牛與水牛的足跡與糞便，顯然這幾條路每天都有這些動物走過。距離營地大概一百八十公尺的地方，有個野獸愛舔食的鹽漬地，上面有很多犀牛角和象牙的壓痕，顯然常有大象和犀牛造訪此地。此外這裡的大小樹樹皮都很光亮，不然就是磨損了，表示常有大象用身體磨蹭。艾莎每天都要磨爪子，在這裡是不可能了，因為沒剩下幾棵樹皮粗糙的樹了。只有紫灰色的巨大猴麵包樹，高高聳立在低矮荊棘叢間，光滑的樹幹對動物沒有用處，所以免遭毒手。

這裡有個美景，是有著幾處懸崖、山洞的淡紅色巨岩山，我們看見蹄兔在陰影中奔馳。這裡視野絕佳，是獅子理想的家。我們在岩頂看到長頸鹿、非洲大羚羊、小旋角羚、東非長頭羚羊和非洲羚羊往河的方向走去。這一帶是半沙漠地帶，只有這裡有水，這條河是牠們的命脈。

艾莎的身體一天比一天好，不曉得是因為我們給牠治療立克次氏體屬微生物，還是因為換了個氣候較佳的環境。我們又可以開始訓練艾莎了。每天早上天一亮，我們就帶艾莎散步，下午又散步一次。我們沿著許多野生動物走的路線走，也經過多沙的水道，有趣極了。艾莎很喜歡這些地方，一邊嗅來嗅去，循著動物前一天晚上留下的足跡走，在大象和犀牛的糞便裡翻滾，追著疣豬和地克小羚羊跑。我們也是時時留心，記錄足跡的新舊與方向，還要注意風向，仔細觀看、聆聽動物出沒的動靜。一定要隨時注意，不然一不小心就會撞到犀牛、水牛和大象。突然跟這些動物近距離面對面，可是要出亂子的。

艾莎在這裡可以跟喬治一起去打獵，之前牠在我們帶牠去的第一個地方可沒有這福利。喬治和我都不喜歡殺生，但是為了訓練艾莎，不得不勉強為之。我們知道艾莎在自然狀況下，也會獵殺動物填飽肚子，這樣想就比較不那麼內疚了。艾莎早點學會正確的獵食方式，對大家都好。現在牠要先學會跟蹤獵物，要是沒辦法下手，喬治就會一槍把獵物打倒在地，由艾莎發出最後的一擊。之後再把艾莎留在原地，獨自看守獵物，免得兀鷲、鬣狗與獅子前來分一杯羹，這樣艾莎就可以在自然狀況下遇到這些動物。

我們聽見營地附近幾隻獅子的聲音，常常也看到牠們的足跡。

有一天艾莎跑到岩石頂，那是牠最喜歡的瞭望台，到了晚上還沒回來。那個地方是艾莎的夢幻樂園，可以享受涼涼的微風，沒有舌蠅騷擾，又可以看到下方的動物。但我們在這裡是初來乍到，所以很擔心艾莎會遭遇不測，就出去找牠。這時早已天黑了，灌木叢裡到處都是危險的動物，我們躡手躡腳走在茂密的灌木叢裡，真是膽戰心驚。沒有艾莎的蹤影，我們只好沮喪地回家。

我們在黎明時分繼續尋找，很快就看到艾莎的足跡，跟一隻大獅子的足跡混在一起。我們沿著足跡一直走到河邊，看到遠方對岸也有足跡。這裡有岩石露頭，我們想獅子大概是把艾莎帶到自己的地盤。

大約在午餐時間，我們聽見營地附近的狒狒一陣喧嘩，希望這表示艾莎就要回來了，果然沒多久艾莎就游泳渡河。艾莎跟我們打招呼，用頭磨蹭我們，興高采烈訴說牠的奇遇。牠身上沒有抓傷，我們鬆了一口氣。也不過兩個禮拜前，我們在前一個營地，艾莎才被一隻獅子抓得很慘。這次牠自願在外冒險，我們希望這是牠將來野放成功的好兆頭。

有天早上我們遇到一隻非洲大羚羊，這是訓練艾莎自行獵食的絕佳機會。喬治開了一槍，大羚羊還沒倒下去，艾莎就跳上前去叼住大羚羊的喉嚨，像鬥牛犬一樣死抓住不放，幾分鐘之後大羚羊就窒息而死。這是艾莎第一次殺死體重跟自己相當的大型動物。我們發現牠憑本能就知道大羚羊的要害，也知道怎樣迅速殺死獵物，其實牠剛才是用獅子標準的獵食方法。有人認為獅子是把獵物的脖子扭斷，其實不是。艾莎從獵物的尾巴開始吃起，我們後來發現這是牠的習慣。接著牠把獵物從後腿中間的地方扯開，把內臟吃掉，仔仔細細把獵物的胃埋起來，遮蓋所有血跡。這樣做是不是要瞞過兀鷲？艾莎咬住大羚羊的脖子，用兩隻前爪把大羚羊拖到一個精心挑選的地方，約四、五十公尺之外樹蔭茂密的灌木叢。我們讓艾莎獨自看守獵物，白天要防備兀鷲，晚上要小心鬣狗。常有人說獅子把獵物放在背上背著走，喬治和我都沒看過這種事，不過獅子倒是會把狗、兔之類的小動物啣在嘴裡。艾莎都是把大型獵物拖著走，我們也常看到獅子這樣處理大型獵物。

大約在午茶時間，我們回去看艾莎，帶點水給牠喝。艾莎平常下午都喜歡跟我們一起散步，這次卻不打算離開獵物。直到天黑艾莎都沒回營地，到了半夜三點，我們被突然來襲的暴雨吵醒，暴雨過後不久艾莎就回來了，就在營地待到天亮。

隔天一早我們全部出動，看看艾莎的獵物怎麼樣了。結果當然是不見了，地上都是獅子與鬣狗的足跡。我們聽到附近傳來獅子的咕噥聲，不曉得艾莎撇下獵物回到營地，是因為暴雨，還是因為附近有獅子？

艾莎的身體狀況好多了，不過距離原先的樣子還很遠，一天中有大半時間喜歡耗在營地裡。喬治帶艾莎一起出去釣魚，一方面改掉艾莎這個習慣，另一方面也是帶艾莎在河邊陰涼處躺著。艾莎緊盯水面，一看到最細微的漣漪就準備進攻。喬治一釣到魚，艾莎就會衝入河裡，向掙扎的魚發出致命的一擊，再把魚叼上岸。有時候我們還沒來得及把魚鉤拿掉，艾莎就帶著魚衝回營地了，一到營地就把魚放在喬治的床上，好像在說：「這個冷冷的怪獵物是你的。」接著又跑回去等待魚兒上鉤。這個新遊戲很有意思，不過我們還是要找點別的能吸引艾莎離開營地的事情。

河流附近有棵雄偉的樹，樹枝幾乎要掃到河面。有綠色華蓋般的樹蔭遮蔽，涼爽舒適，烈日豔陽也柔和許多，我彷彿置身圓屋頂之下。我藏身在低矮的樹枝當中，看著很多小旋角羚、非洲羚羊之類的野生動物到河邊喝水，一隻錘頭鸛也來這裡解渴，還有一群狒狒，給我們帶來無窮的樂趣。我和艾莎一起坐著，覺得自己像是坐在天堂的門階上。人與動物互相信任，和諧相處。緩緩流動的河流為這篇田園詩增色。我想把這裡當成我繪畫、寫作的「工作室」，可以激發不少靈感。我們就把裝食物的箱子釘在木框上，拼湊出桌子和長椅。不久之後我就開始倚著寬闊的樹幹寫作繪畫。

艾莎用後腿站立，一臉狐疑看著我的顏料箱與打字機。牠把兩隻前爪放在可憐的工具上，舔舔我的臉，一定要確定我還愛牠，才肯讓我開始作業。接著艾莎就坐在我腳邊，我靈思泉湧開工，但是我沒想到我們還有一群觀眾。我一開始專心，就聽到隔著樹葉偷瞄我們的狒狒好奇的叫聲。對岸的灌木叢出現許多好奇張望的臉。牠們看到艾莎，覺得很新鮮，很快就一個接著一個露面，滿不在乎地在樹間盪來盪去，尖叫吼叫，沿著樹幹倒著身子滑下去，不然就是在樹梢像影子一樣跳來跳去，搖來擺去，直到一個小傢伙噗通一聲掉到河裡，馬上就有一隻老狒狒趕來救援，緊抓著全身濕答答、亂扭亂動的小狒狒，衝到安全的地方。看到這一幕，全世界的狒狒似乎都為之瘋狂，尖叫聲震耳欲聾。艾莎受不了噪音，跳入河中游向對岸，狒狒見狀嬉鬧尖叫。艾莎一踏上地面，就撲向距離最近的小搗蛋。小搗蛋盪過來，艾莎幾乎伸手可及，沒想到小搗蛋又跳到比較高的樹枝上，躲過艾莎的巴掌。牠看艾莎打不到，就對著艾莎扮鬼臉、搖晃樹枝。其他狒狒也加入捉弄艾莎的行列，艾莎愈生氣，狒狒就愈愛捉弄牠，坐在牠剛好打不到的地方，撓抓著屁股，假裝不知道有個怒火中燒的母獅就在下面。畫面實在太爆笑，雖然艾莎飽受屈辱，我還是打開攝影機錄下來。艾莎終於忍無可忍，一看到我拿那個討厭的盒子對著牠，就嘩啦嘩啦游回來。我還來不及保護攝影機，艾莎就撲了過來，結果就是連人帶獅子還有名貴的Bolex攝影機通通在沙地上翻滾，東西全都濕了。狒狒看了我們的表演，熱烈鼓掌叫好。我覺得在狒狒的眼裡，艾莎跟我應該都出盡了洋相。

這場鬧劇之後，狒狒每天都會找艾莎，一來二去，艾莎跟狒狒彼此都很熟了。艾莎容忍狒狒挑釁，來個相應不理，狒狒就愈來愈膽大妄為。狒狒常常坐在湍急的河水旁喝水，跟艾莎只隔著幾公尺寬的河道。一隻狒狒負責當哨兵看守，其他則是一屁股坐著，身子彎得老低，慢慢喝個過癮。

狒狒並不是唯一放肆騷擾艾莎的小動物。有一次我們帶回一隻羚羊，結果出現了一隻巨蜥。這些無害的大蜥蜴身長大約一到一點五公尺，寬十至十五公分，舌尖分叉，生活在河裡，平常吃魚，也喜歡吃肉。有種迷信的說法是看到巨蜥就表示附近有鱷魚，其實這種大蜥蜴確實會吃鱷魚蛋，所以也是大自然制衡機制的一部分。眼前這隻巨蜥大膽叼了一兩口艾莎的餐點。艾莎想抓住大蜥蜴，可惜大蜥蜴動作太敏捷了。艾莎把獵物藏在大蜥蜴拿不到的地方，免得討厭鬼又來偷咬兩口。艾莎對待我們的態度剛好相反。牠吃東西的時候喜歡我幫牠拿著，也會讓喬治和努魯碰牠的「獵物」。我們是牠的「獅群」，牠願意跟我們共享一切，可是牠不願意跟巨蜥共享。其實牠對我、對喬治、對努魯還有對我們其他的員工還是有差別，比方說牠可以讓我、喬治和努魯把牠的肉拿到帳篷外面，但是廚子跟男孩們就不可以。

要不是艾莎是個正在接受獵食訓練的肉食動物，我們的這篇田園詩就完美了。我們鎖定的下一個獵物是東非長頭羚羊，艾莎獵殺完畢之後，我們把牠留在營地幾公里外的地方看守獵物。我們在回家的路上，看到一隻獅子朝著艾莎走去。獅子是不是聞到獵物的氣味啦？那天下午我們去看艾莎，牠和獵物都不見蹤影，不過倒是有不少大獅子的足跡，我們看了就知道是怎麼回事了。我們循著艾莎的足跡走了三公里，走到牠最喜歡的岩石，我們用望遠鏡看，終於看到牠了。艾莎很聰明，挑的是唯一不會被獅子騷擾，又能讓我們隔著一段距離看見的地方。

有天晚上我們被鹽漬地傳來的噴氣聲與騷動吵醒。我們還在半夢半醒之間，艾莎就衝出帳篷，保護牠的「窩」。我們聽見更多的噴氣聲與騷動，然後漸漸平息下來。顯然艾莎搞定了，不久之後艾莎氣喘吁吁回來，癱在喬治的床邊，一隻爪子放在喬治身上，好像在說：「沒事了，只是隻犀牛而已。」

過兩天晚上，艾莎又出征討伐一群大象。營地後面傳來大象驚慌的尖叫聲，艾莎聽了就出動，幸好牠順利把大象趕走。大象的嘶鳴聲聽來實在嚇人。我一直都怕大象，大象是我唯一真正畏懼的大型野生動物。現在我不禁想著，其實情況很容易就顛倒過來。大象可能會追著艾莎跑，艾莎當然就會跑回來要我們保護。喬治聽到我的顧慮，覺得好笑，可是我真的覺得不能老是指望運氣。

一隻水牛每天都走近我們的營地，有天早上牠成了喬治的槍下冤魂。等艾莎趕過來時，水牛早已斷氣了，不過艾莎還是興奮不已，說真的，我們從來沒看過牠對一個獵物這麼興奮。牠猛然撲到死水牛身上，從每個方向發動攻擊，在上面翻跟斗。艾莎的舉動乍看之下很失控，其實牠還是很小心避開致命的水牛角。艾莎最後用爪子輕輕拍水牛的鼻子，確定水牛已經死了。

喬治之所以要射殺這頭巨獸，主要是希望吸引野獅子。我們希望艾莎可以跟野獅子一起享用獵物，交個朋友。我們把水牛屍體拖到營地附近，再讓艾莎獨自看守，這樣萬一發生狀況，我們也能馬上趕到。我們去把車子開來，等到我們回來，四周的樹上黑壓壓的都是兀鷲與禿鸛，艾莎坐在豔陽下，守在獵物旁邊，兀鷲與禿鸛不敢越雷池一步。艾莎看到我們這些「獅群」前來接手，讓牠可以到陰涼的灌木叢休息了，很明顯鬆了一口氣。不過男孩子開始割開兩、三公分厚的水牛皮時，艾莎又忍不住跑上前來參加。男孩子把水牛的胃切開，艾莎在他們忙著切切割割的時候，幫忙把內臟挖出來，就從負責屠宰的男孩手裡開心咀嚼著內臟。牠像吸義大利麵一樣把腸子吸進嘴裡，同時又用牙齒施壓，把腸子裡面的廢物像擠牙膏一樣擠出來。牠好脾氣地坐視男孩子把水牛屍體用鐵鍊拴在車上。可憐的路虎汽車拖著沉重的水牛在崎嶇不平的路上顛躓，艾莎一如往常坐在帆布車篷上，又添加一百四十公斤的負荷。

我們把水牛屍體用鐵鍊拴在營地附近的一棵樹上，艾莎隔天一整天都嚴密看守。鬣狗尖銳的笑聲從未停歇，顯然艾莎天黑之後還是非常忙碌。隔天早上我們回去，艾莎還在看守獵物。牠看到我們才離開，擺明了意思就是：「該**你們**看守了。」而牠逕自走到河邊。我們用荊棘覆蓋獵物，免得兀鷲偷襲，等到晚上再給艾莎練習看守。

我們習慣下午出去散步，艾莎也隨行，肚子脹到晃來晃去，裡面都是水牛肉。我們在灌木叢中走了一會兒，艾莎看到一隻鬣狗慢慢走向獵物，馬上靜止不動，左前爪懸在半空中。艾莎極度小心翼翼把身子壓低，蹲伏在稻草色的草叢中，幾乎完全隱形。艾莎壓抑著興奮的情緒，全身緊繃，看著鬣狗悠哉地蹓躂而過，渾然不知有隻獅子正注視著牠。等到鬣狗走到幾公尺之內，艾莎衝上前去，快狠準給牠一巴掌。鬣狗大叫一聲，翻滾一圈之後仰臥在地，長嚎呻吟。艾莎看著我們，又用一貫的架勢轉頭看著獵物，好像在說：「接下來該怎麼辦？」我們沒叫艾莎把鬣狗解決掉，牠就舔舔爪子，好像看到眼前可憐的鬣狗，覺得無聊透頂。鬣狗好不容易掙扎起身，一邊呻吟抱怨一邊就溜走了。

從其他事情也可看出艾莎有多信任我們。

有天傍晚，我們留艾莎獨自看守一隻羚羊，那是牠和喬治在離營地很遠的地方獵殺的。我們知道艾莎不肯在離我們那麼遠的地方獨自看守羚羊，就去把車子開來，打算把羚羊載到營地附近。沒想到回來的時候，艾莎和獵物都不見蹤影。不過沒多久艾莎就從灌木叢中現身，原來牠趁我們不在的時候，把獵物拖到隱蔽的地方，現在帶我們去看。牠看到我們是很高興，卻不肯讓我們把獵物拖到車上。我使出渾身解數想騙牠離開，通通無效。艾莎可不會上當。最後我們把車開到獵物前面，我指著車子，又指著羚羊，接著又指著車子，又指著羚羊，我想讓牠了解我們是要幫牠。艾莎一定是看懂了，因為牠突然起身，用頭磨蹭我的膝蓋，把獵物從荊棘叢裡拖向車子。牠還想把羚羊的頭抬起來塞進路虎汽車，不過牠很快就發現從車子外面是辦不到的，就跳進車裡，抓住羚羊的頭，使盡吃奶的力氣往上拉，我們則是抬起羚羊的後腿與臀部。羚羊總算上車了，艾莎坐在羚羊身上喘氣，喬治負責開車。艾莎發現跟羚羊擠在一起，在灌木叢中顛簸而行實在很難受，就又跳出車外，坐在車頂上，不時垂下頭來，確認車裡一切平安，獵物沒有跑掉。

我們到達營地，馬上面臨難題，那就是把羚羊運出車外。現在艾莎覺得我們跟牠是一國的，所以拉扯羚羊的苦差事多半都是我們在做。大家都在幫忙，就只有我在旁觀，結果艾莎走過來，拍我一下鼓勵鼓勵，好像在說：「妳也幫點忙吧！」

我們把獵物留在離營地很近的地方，可是沒多久又聽見艾莎拖著獵物走，想必是要拖進帳篷裡。我們馬上關閉荊棘圍籬，把艾莎跟難聞的羚羊都關在外面。艾莎真可憐，帳篷裡面當然是安全多了，現在牠得看守羚羊一整晚。艾莎頂多只能把獵物放在荊棘圍籬外面，牠也就這麼做了，結果引來一群鬣狗聚集在圍籬外面大肆喧鬧，想睡覺根本不可能。艾莎一直忙著把鬣狗趕跑，到頭來大概是煩了，我們聽見牠把羚羊拖向河邊，又帶著羚羊涉水而過。鬣狗束手無策，只好離開。難道艾莎知道鬣狗不能跟著牠涉水而過？

隔天早上我們看到牠拖著獵物走的痕跡，我們沿著足跡走，發現艾莎過了河，顯然不想離我們太遠，就又拖著獵物涉水走回來。牠把獵物放進河邊一個無法穿越的灌木叢裡，其他動物除非從河裡走來，否則都無法接近獵物。我們看到牠跟獵物窩在一起，牠被我們關在外面，覺得很受傷，也毫不掩飾牠的想法。過了很久牠才肯再信任我們，原諒我們。

艾莎沒有母親可以教導牠，不過牠天生就知道跟野生動物相處的界線。我們在灌木叢中散步，常看到牠嗅嗅空氣，一心一意往一個方向走去。接著我們就聽到大型動物從灌木叢中衝出的碰撞聲。有幾次艾莎發現犀牛，就把犀牛趕走，免得騷擾我們。艾莎其實是個盡職的看門狗。

附近的山上住著幾群水牛，艾莎從來不放過騷擾這些大動物的機會。艾莎不止一次在水牛好夢正酣的時候突然降臨，在水牛角攻擊不到的地方跳來跳去，不鬧到水牛離去絕不罷休。

有天早上我們在乾涸的河床走著，看著前一天晚上沙地的訪客留下的「簽名」，主要是兩隻獅子和一大群大象。陽光愈來愈強烈，我們走了三個小時，都精疲力盡了。我們是逆著風走，走到轉彎處一不注意，差點撞上一群大象。還好艾莎隔著一小段距離走在我們後面，我們還有時間跳上高高的河岸，大象則爬上對岸，把三隻小象帶到安全的地方，一隻老公象殿後，隨時準備擺平搗亂份子。艾莎昏昏沉沉走了過來，看到公象就一屁股坐下。我們在旁邊看著，不知道接下來會怎樣？公象和艾莎彼此對看，我們覺得好像有一萬年那麼久，最後大象退讓，回到同伴身邊，艾莎則是仰躺著翻滾，弄掉身上的舌蠅。

我們在回家的路上，喬治射殺一隻站在河裡的非洲大羚羊。大羚羊身負重傷，往反方向狂奔，艾莎緊跟在後。河水這麼深，想不到艾莎竟能跑得這麼快！我們到了河的對岸，看到艾莎在河邊的灌木叢裡喘氣，踩在死羚羊上。艾莎很興奮，不肯讓我們碰牠的獵物。我們就決定回家，讓艾莎自己看守獵物。我們一開始涉水往回走，艾莎就想跟著我們，不過牠看來好像在天「獅」交戰，既不想獨自跟獵物在河的另一邊，又怕失去獵物。最後牠心不甘情不願回到獵物身邊，馬上又想渡河，結果又猶疑

小獅駕臨不久之後與本書作者的合照，還有把小獅當成好玩伴的派蒂。

艾莎在兩位姊姊出發前往鹿特丹之後的模樣，艾莎找姊姊的畫面讓人鼻酸。

左圖與上圖：艾莎在印度洋。艾莎不習慣海浪的呼嘯與翻湧，一開始很緊張，沒多久牠就愛上了玩水。

上圖：跟蹤練習。小獅一生下來就知道跟蹤的技巧。

左圖：輪胎遊戲。

艾莎與努魯、馬卡狄和伊布拉辛。

第二次野放之後，我們發現艾莎飢腸轆轆等著我們。

艾莎在魯道夫湖和我共享一張床。

艾莎窩在樹上享受微風。

艾莎每天都要做的磨爪子運動。

艾莎最喜歡的瞭望台，這裡有涼爽的微風，沒有舌蠅騷擾，又能看見下方的動物。

中空的猴麵包樹總能吸引艾莎。

艾莎與本書作者。

艾莎喜歡坐在路虎汽車車頂上面兜風。

我從英國回來之後與艾莎團聚，艾莎用一百四十公斤重的身體把我撞倒。

不決往回走。不過等到我們過了河，艾莎已經拿定主意了。

我們看到艾莎把獵物拖進水裡。牠想幹嘛呢？牠不可能獨力拖著那麼重的大羚羊過河吧？艾莎可是百折不撓，牠咬著大羚羊，游過深深的河水。牠常常把頭沉入水中好咬緊一些。牠又拖又拽，又推又拉。大羚羊要是卡在河裡，牠就猛撲過去讓大羚羊浮起來。艾莎和大羚羊常常消失在河面，我們只看到艾莎的尾巴，或者是大羚羊的一條腿，顯然河底正在上演一番搏鬥。我們看得入迷。艾莎賣力演出了半小時，終於拖著獵物，得意洋洋走過我們身邊的淺水處。現在牠已是精疲力盡，但是牠的任務還沒完。艾莎先把獵物拖到有遮蔽的小河灣，那是一個水流不會把獵物捲走的地方，然後牠開始尋找一個安全的地方藏獵物。這裡的河岸密密麻麻地覆滿邊緣鋒利、帶刺鉤的埃及薑果棕幼苗，突出在陡峭的河岸上。就連艾莎也無法衝破這道綿密的樹網。

我們把艾莎和獵物留在那裡，回營地拿一些割灌刀與繩索，吃了一頓延遲多時的早餐。我們回到河邊，在河邊的埃及薑果棕樹叢間砍出一條通道。艾莎一臉狐疑看著我們這群人，我做了個繩套套在大羚羊的頭上。現在一切就緒，可以把大羚羊拉上陡峭的河岸。我們才拉了第一下，艾莎就咆哮，耳朵平貼著頭部，警告意味十足。顯然牠以為我們要把牠的獵物奪走。但牠一看到我也過去跟他們一起拉，就放下心來，爬上河岸。我們合力把大羚羊拖到比河面高出三公尺的地方，男孩們在那裡為艾莎和牠的獵物準備了一個陰涼又安全的避難所。艾莎現在明白我們幫了牠的忙，看到牠用頭一個一個磨蹭我們，低聲呻吟著感謝我們，真的很感人。

有兩次我看著艾莎滿不在乎地從黑色兵蟻盛大的隊伍間穿過去，用牠的大爪子把軍容整齊的兵蟻縱隊打亂，害兵蟻四處逃竄。這些兇猛的螞蟻在遷徙途中受到干擾，通常會狠咬罪魁禍首，不過這回牠們倒是沒有報復艾莎，不曉得為什麼。

有一天我們走到很累了，我心不在焉走在艾莎後面。艾莎突然發出巨大的哼聲，用後腿站立起來往後跳。我們旁邊有棵樹，在大概一點五公尺高的位置岔出枝枒，我現在才看到有一隻紅色眼鏡蛇盤繞在樹上，對著我們張大頸部。還好有艾莎，我們才安然無恙，如果離這麼近的距離從眼鏡蛇旁邊走過，是很可能會發生慘劇的。這是我第一次看到樹上有眼鏡蛇。就連艾莎都很驚訝，接下來的幾天，我們每次接近那棵樹，艾莎都會繞路。

這陣子天氣非常炎熱，艾莎大部分時間都待在河裡。牠常會站在河裡，半個身子浸在涼涼的河水裡。我們常看到河裡有鱷魚，艾莎倒是從來不擔心。每次喬治在河邊射殺一隻珠雞，艾莎都會跑去拿，就拿這個當藉口把珠雞咬在嘴裡，一直待在河裡玩。艾莎喜歡這個遊戲，我們也同樣喜歡看著牠。

艾莎現在完全康復了，身體狀況極佳。艾莎生活習慣非常保守，我們每天過的日子都差不多，只有小地方不一樣。就是早晨出門散步，中午艾莎會在河岸我們鍾愛的那棵樹下窩在我旁邊睡覺，睡到午茶時間，我們再一起散步。回家時艾莎的晚餐已經在等牠了。艾莎通常會把晚餐拿到路虎汽車的車頂上，一直待到大家都熄燈上床睡覺了，才會到喬治的帳篷跟他一起睡，睡在喬治床邊的地上，總會把一隻爪子放在喬治身上。

有天下午艾莎不願意散步。我們天黑之後回到家，沒看到艾莎，艾莎直到隔天一早才回來。後來我們看到營地附近有獅子的大腳印，艾莎回來之後，我又聞到牠發情時都會散發的獨特氣味。牠的舉動也是發情的模樣。艾莎對我們還是很友善，卻少了真正的情感。早餐過後沒多久，艾莎又跑掉了，一整天都沒回來。天黑之後，我們聽見艾莎跳上路虎汽車的聲音，我馬上出去跟牠玩，可是艾莎很冷淡，坐立不安，又跳下車去，消失在夜色之中。那天晚上我聽到牠在河裡嘩啦打水的聲音，還有恐慌的狒狒驚惶的叫聲伴奏，一直到隔天清晨才停歇。艾莎回營地待了一會兒，按捺著性子讓喬治拍拍牠，對喬治呼嚕叫，然後就又跑走了。顯然牠在談戀愛。

就我們以前的經驗，艾莎的發情期為時大約四天。我們前一個營地的環境不適合野放艾莎，在現在的環境，艾莎可以回歸自然生活。現在應該就是最好的時機，我們決定先巧妙迴避一個禮拜，留艾莎獨自生活（希望牠能找到伴）。我們要趕快行動，別讓牠看到我們離開。

我們在打包的時候，艾莎回來了。我們商量之後決定先由我照顧艾莎，喬治則是忙著拔營，把裝載行李的車子開到一、二公里外，等一切就緒再傳話叫我過去會合。

我把艾莎從營地帶到我們午睡的樹下。這會不會是我們最後一次一起到這裡呢？艾莎知道事情不太對勁，我還是照著平常的樣子，把打字機帶來這裡，照平常一樣滴滴答答打字，免得牠起疑。艾莎還是覺得不對勁，我太難過了，也沒辦法好好打字。對於野放艾莎，我們一直都有心理準備，也希望艾莎往後在野外生活，會比拘禁在動物園裡快樂，但是真的到了分開的那一刻還是捨不得。要割捨艾莎，離開艾莎，也許從此再也不能見到艾莎，真的心如刀割。艾莎用柔滑的頭磨蹭我，顯然是感受到我內心波濤洶湧。

我們眼前的河流緩緩流動，昨天是如此，明天也會是如此。犀鳥啼叫，乾燥的樹葉飄落樹梢，隨著流水飄盪。艾莎屬於這種生活。艾莎屬於大自然，不屬於人類。我們是「人類」，深愛著艾莎，艾莎成長至今也深愛著我們。艾莎能忘記今天早上以前牠所熟悉的一切嗎？牠肚子餓了會自己去獵食嗎？還是會懷著信賴痴痴等著我們回來，因為牠知道我們到目前為止從未讓牠失望？我親吻牠一下，讓牠知道我還愛著牠，也給牠一些安全感，這個吻是否也象徵著背叛？我就是因為深愛著牠，才能痛下決心離開牠，讓牠回歸大自然，學習獨自生活，尋找牠的獅群，牠真正的獅群，艾莎能明白我的苦心嗎？

努魯來把我接走，他帶了一些肉，艾莎放心地跟著他走入蘆葦叢，開始大快朵頤。我們就悄然離去。

八、最後的考驗

我們開車走了十六公里，到另一條比較小卻深得多的河。我們打算在這裡待一個禮拜。那天傍晚，喬治和我沿著河岸散步。我們靜靜走著，心裡想著艾莎。我的心一牽一牽地痛著，這才發現我有多依賴牠。將近三年來，我幾乎過著母獅的生活，分享艾莎的感受、興趣與反應。我們如此親密，現在只剩我一人，這種痛苦實在難以承受。沒有艾莎陪我一起散步，沒有艾莎用頭磨蹭我，觸摸不到艾莎柔軟的毛皮，溫暖的身體，感覺寂寞至極。當然，一個禮拜後我還是有機會再見到艾莎，這個念頭支撐著我。

夕陽漸漸西沉，溫暖的陽光映照在埃及薑果棕光亮的葉子上，為樹梢增添一抹金色光芒。我又想起艾莎，艾莎生長在多麼美麗的世界啊！雖然少了牠作伴很痛苦，但是我們一定要盡力讓牠回歸自然生活，不要把牠關起來過日子，害牠接觸不到生來應得的自然環境。雖然目前並沒有人類飼養的獅子成功野放的紀錄，我們還是希望艾莎能適應野外生活，適應一種牠一向很親近的生活。

一個禮拜的焦慮總算過去了，我們回去看艾莎接受考驗的結果。

我們回到先前的營地，馬上開始尋找艾莎的足跡，結果沒有找到。我呼叫艾莎，沒多久就聽到熟悉的「哼咯、哼咯」一聲，看到艾莎用最快的速度從河邊跑來。看牠如此歡迎我們，想必牠想念我們，就像我們想念牠一樣強烈。艾莎磨蹭我們，又喵喵叫，我們看了好感動。我們帶了一頭羚羊給牠，牠連看都沒看，繼續歡迎我們。相見歡結束之後，我看艾莎的肚子鼓鼓的，想必最近才吃過飯。這樣我就放心多了，因為艾莎現在很安全。艾莎懂得照顧自己，可以離開我們獨立生活，至少懂得自己覓食。

趁著其他人忙著紮營，我帶艾莎到河邊休息。想到艾莎未來生活無虞，我是開心又放心。艾莎把柔軟的大爪子放在我身上，沉沉睡去，想必也是跟我一樣安心。過了一會兒，艾莎抬起頭來，看著一隻非洲羚羊，我就醒過來了。非洲羚羊微紅色的身影在對岸的樹葉後出現，慢慢走著，完全沒發覺我們的存在，艾莎面無表情看著羚羊，似乎完全不感興趣。儘管牠此時此刻很開心，我知道牠之所以對羚羊沒興趣或多或少是因為牠吃飽了。牠吃了什麼了？幾隻小小的長尾黑顎猴隔著樹叢靜靜看著我們，平常揮之不去的那群聒噪狒狒倒是沒看到影子，牠們到哪去了？我猜測艾莎第一次獵食的對象，愈想愈覺得不妙，後來我們果然在河邊附近看到幾叢狒狒毛，就在那群狒狒之前經常捉弄艾莎的地方。

現在我們不用擔心艾莎的未來了，就打算再跟艾莎一起開開心心生活幾天，有機會再用比較不會難過的方式跟牠從此告別。我們又開始過著之前的生活。雖然艾莎絕少讓我們離開牠的視線，但牠現在持續順應狩獵本能，跟我們出去散步時，有時候也會脫隊一小時，這都是好現象。

這一帶現在非常乾燥，草地燃起的野火經常照亮天空。短暫的雨季還要兩、三個禮拜才會開始，乾枯的大地渴求能帶來生命的雨水。舌蠅大軍戰力充沛，可憐的艾莎是吃足了苦頭，舌蠅在日出過後與日落之前，攻勢尤其兇猛。在這些時候，艾莎會發狂似地在低矮的灌木叢中奔馳，想把舌蠅刮掉，不然就是全身癢到倒在地上磨蹭，平時滑順的毛都豎了起來。

我們為了讓艾莎更加脫離我們的露營生活，帶牠出去一待就是整天。一大早先散步兩、三個鐘頭，接著坐在河邊陰涼處休息。我們在這裡野餐，我拿出寫生的本子。艾莎很快就睡著了，我看書、睡覺常拿牠當枕頭。喬治大半的時間都在釣魚，我們的午餐通常都是來自河裡的新鮮食材。艾莎嚐了第一條魚，可是牠嚼了幾口就會擺出噁心的表情，對喬治釣來的魚就再也沒興趣了。努魯還有一位負責背槍的人都精通廚藝，把我們剛釣上來的魚烤成佳餚。

有一次我們嚇到一隻在岩石上曬太陽的鱷魚，鱷魚一受驚就跳進淺淺的水坑裡，水坑的兩頭都是急流。水坑很淺，清澈見底，我們卻看不見鱷魚的蹤影。鱷魚到哪裡去了呢？我們坐下吃飯。艾莎在水邊休息，我靠在牠身上。不久之後，喬治起身繼續釣魚。在釣魚之前，他得先確定鱷魚不在水坑裡，就用一根長棍戳戳底部。突然有東西猛拉棍子，藏身在沙子裡的兩公尺長的鱷魚滑行著穿過急流，消失在另一個水坑裡。那隻鱷魚把堅硬的棍子的一端咬掉了。艾莎沒看見這事，我們也不想鼓勵牠獵食鱷魚，就到別的地方去了。

不久之後，一隻疣豬走過了來，牠中午的喝水時間到了。艾莎小心翼翼跟在後面，喬治拔槍相助，用步槍開了一槍，艾莎把握機會叼住疣豬的脖子，讓疣豬窒息而死。這次獵食是在與河邊隔著一段距離處，我想艾莎到河邊陰涼處看守獵物會比較舒適，就指著疣豬，又指著河，一連指了幾次，一邊說：「**馬基**，艾莎，**馬基**，艾莎。」艾莎知道「馬基」的意思，我每次請努魯把艾莎的水碗裝滿，都會說「馬基」。艾莎聽見就把疣豬拖進河裡，顯然牠很清楚「馬基」就是斯瓦希里語「水」的意思。牠在河裡把玩著疣豬屍體，玩了將近兩個小時，又是把水濺得嘩嘩作響，又是拖著疣豬潛水，痛痛快快玩了一場，玩到精疲力盡才罷休。最後牠把疣豬拖到河的對岸，消失在灌木叢之中。牠就一直在那裡看守疣豬，直到我們起身準備回營地，牠就拖著疣豬回到我們身邊，顯然是鐵了心不想孤孤單單留在這裡。我們在艾莎面前把疣豬大卸八塊，分給努魯和背槍的人，接著就啟程回營地，艾莎開開心心跟在我們後面。

從那次之後，艾莎每次在河邊抓到獵物，都會費一番功夫把獵物拖到水裡，玩牠上次跟疣豬玩的遊戲。我們也不知道牠怎麼會有這種奇怪的舉動，牠大概是把「**馬基**，艾莎」當成一條規矩，當成牠訓練的一部分。

我們每天出去散步，感情愈來愈好，努魯和背槍的人跟艾莎相處也十分自在，現在他們看到艾莎走過來，要用鼻子磨蹭他們或是坐在他們身上玩耍，他們連起身都省了。他們也不介意跟艾莎一起坐在路虎汽車的後座。艾莎把一百四十公斤重的身軀往他們細瘦的腿間一擠，他們也只是笑笑，拍拍艾莎，艾莎則是用粗糙的舌頭舔舔他們的膝蓋。

有一次我們在河岸上休息，艾莎睡在我們的中間，喬治注意到對岸的樹叢裡有兩張黑臉看著我們。原來是兩個帶著弓和毒箭的偷獵者，選中這個地方埋伏，專等前來喝水的獵物。

喬治馬上向大家示警，又快步渡河，努魯和背槍的人緊跟在後。艾莎突然警醒過來，總是不放過任何樂子的牠也加入追逐的行列。偷獵者最後還是跑了。我還真想親耳聽聽他們回到村莊，告訴鄉親「管理員老爺」（當地人都這麼叫喬治）為了取締偷獵者，竟然連獅子都用上了。

有一天一大早，我們吃早餐前先出門散步，艾莎走在最前面，鐵了心往一個方向一直走，我們跟著牠走到一個地方，這裡前一天晚上傳來許多大象的吼叫聲。

艾莎原本一直嗅著空氣，突然停了下來，頭往前伸，快步跑走了，把我們扔在後頭。過了一會兒，我們聽見遠處傳來微弱的獅子叫聲。那天艾莎一整天沒回營地。那天深夜，我們聽見遠處傳來艾莎的叫聲，還夾雜著另一頭獅子的叫聲。鬣狗一整晚到處流竄，瘋狂的笑聲吵得我們睡不著覺。到了黎明時分，我們沿著艾莎的腳印走，馬上就發現艾莎是往營地反方向走，足跡還夾雜著另一頭獅子的足跡。隔天我們只看到艾莎的足跡，就沒看到另一頭獅子的足跡。到了第四天，我們沿著艾莎的足跡過了河。我們找了牠一整天，卻意外走入一群大象中間，這下子只能趕快逃命。第五天一大早，艾莎飢腸轆轆回到營地，一直吃到肚皮快脹破才罷休。吃完之後牠到我的營床上休息，擺明了不要我們打擾。後來我看到牠的後腿上有兩道深深的咬痕，還有幾處比較小的爪痕，就儘量替牠上藥。艾莎的反應很熱情，吸著我的拇指，緊緊抱著我。那天下午艾莎不想出門散步，在路虎汽車上一坐就坐到天黑，又消失在夜色之中。過了兩小時左右，我們聽見遠處獅子的吼聲，接著馬上聽見艾莎的回應。起初艾莎的聲音聽起來離營地很近，後來愈來愈遠，愈來愈接近那隻獅子。

隔天早上，我們認為應該趁這個機會讓艾莎單獨行動幾天，我們應該到別處紮營，免得妨礙艾莎和那隻野獅交往，因為野獅看到我們可能會不高興。我們現在知道艾莎很能照顧自己，所以這次分別就不像上次那麼難過，不過我很擔心艾莎身上的咬傷，傷口看起來可能會引發敗血症。

一個禮拜之後，我們回到露營的地點，正好碰到艾莎在跟蹤兩隻非洲大羚羊，結果被我們干擾了。那時候正午剛過，非常炎熱。可憐的艾莎，這麼晚才獵食，肚子一定很餓了吧！艾莎熱情迎接我們，大口吃著我們帶來給牠的肉。我發現牠的肘部有個新的咬傷，牠的舊傷也極需要上藥。牠餓了這麼久，接下來的三天就忙著大吃大喝。

現在艾莎可是聲名遠播。一群美國運動員專程來訪，就為了拍下艾莎的影片。艾莎也盡心盡力娛樂嘉賓，使出渾身解數討好他們，又是爬樹，又是在河裡玩耍，又是擁抱我，又是跟我們一起喝茶，表現乖到客人都不敢相信艾莎是隻成年母獅，在客人來訪不久之前，牠跟野獅相處也同樣自在。

那天晚上我們聽見獅子的叫聲，艾莎馬上就消失在黑夜之中，這一去就是兩天。這兩天當中牠曾經短暫回到喬治的帳篷。牠熱情得不得了，喬治睡在營床上，艾莎就坐在喬治身上，差點把床壓垮。艾莎很快地吃了一餐，就又跑出去了。我們早上沿著艾莎的足跡走，走到營地附近一處岩石山。我們爬到山頂，找遍每一個艾莎喜歡窩著的地方，都沒發現艾莎的蹤影，結果到了一處茂密的灌木叢，差點被艾莎絆倒。艾莎顯然是故意不出聲，免得被我們發現。艾莎雖然很想獨處，看到我們還是一如往常熱烈歡迎，假裝很高興看到我們。我們也尊重牠的意願，不著痕跡地離開。那天晚上，我們聽到公獅的吼聲，還有隨行的鬣狗群在河上游的嚎叫聲，很快又聽到艾莎的叫聲，距離營地很近。現在艾莎大概已經明白，老公吃飯的時候自己還是離遠點比較好，等老公吃飽再靠近。之後艾莎回到喬治的帳篷待了一會兒，親暱地把爪子放在喬治身上，低聲呻吟，好像在說：「你知道我愛你，可是我有個朋友在外頭，我**非見牠不可**，希望你能了解。」接著又跑出去了。隔天一早，我們在營地附近看到一隻大獅子的足跡，顯然艾莎到喬治的帳篷解釋的時候，牠就在外頭等著。艾莎這次去了三天，每天晚上都會回來幾分鐘，展現一下牠對我們的愛，我們替牠準備的肉牠碰都沒碰就又走了。每次牠冒險歸來，對我們的愛就又多一分，似乎是之前冷落我們，想彌補一下。

雨季開始了，艾莎每次到了雨季都會精力旺盛，特別愛玩，這次也不例外。牠就是忍不住，找到掩護就要埋伏、攻擊我們。在艾莎的獅群當中，我是牠最喜歡的「母獅」，所以艾莎最愛整我，我就常常被牠柔軟卻沉重的身體壓在地上，直到喬治來相救才能脫身。我知道艾莎是愛我才給我這種特別待遇，不過還是得阻止牠，因為沒人幫忙我沒辦法起身。沒多久艾莎聽見我的語氣，知道我不愛玩這個。我看到牠努力克制旺盛的精力，就算飛躍而起，還是會在最後一刻踩煞車，彬彬有禮向我走來，真的很讓我感動。

雨季開始的傾盆大雨過後，乾燥灰色的棘叢幾天之內就成了伊甸園。每一粒沙彷彿都被湧上來的種子取而代之。我們沿著茂密的深黃綠色植物鋪成的道路走，每棵灌木都是白色、粉紅或黃色花朵形成的巨大花束。我們散步看到這樣的景色是很賞心悅目，卻也焦慮不已，因為能見度只剩幾公尺。地面到處都是積水，每一處積水都有許多新的野生動物足跡。艾莎懂得利用灌木叢透露的消息，常常會離開我們，自己獵食去。有時候我們看著牠跟蹤非洲大羚羊，把羚羊朝著我們趕。有時候艾莎追著一隻非洲羚羊，我們會跟在後面。艾莎很聰明，懂得從直線穿越獵物蜿蜒的路徑。不過這些時候艾莎往往都吃得很飽，所以對牠來說獵食只是消遣，不是為了填飽肚子。

有天早上，我們沿著河邊靜靜走著，打算走上一整天。艾莎也同行，牠精力旺盛，尾巴晃來晃去，想必心情不錯。我們走了兩小時，想找個地方吃早餐，我突然發現艾莎猛然停下，耳朵豎起，興奮到全身緊繃。接著艾莎就跑掉了，靜悄悄跳下河邊的岩石，消失在下方茂密的灌木叢中。這裡有幾個小島岔開河流，每個小島都布滿灌木叢、倒塌的樹木與石礫，無法穿越。我們停下腳步，靜待艾莎跟蹤的結果，就在這時我們聽見聲音，我想那一定是大象的吼聲。空氣為之震動，我想下方的灌木叢裡一定不只有一隻大象。喬治倒是覺得也有可能是水牛的聲音。我聽過無數水牛發出的各種吼叫，沒有一種這麼像大象的叫聲。我們等了至少五分鐘，艾莎跟大朋友玩，通常玩沒多久就會覺得無聊，我們希望這次也是一樣。我們又聽見低沉的隆隆聲，我還沒搞清楚狀況，喬治就跳下岩石，說艾莎有麻煩了。我跟在後面，盡可能加快速度，前方不遠處又傳來一陣大吼，我不禁煞住腳步。我穿過茂密的灌木叢，心裡忐忑不安，覺得隨時會有憤怒的巨象衝出來，把眼前的路障通通踩扁。跟我們同行的幾位男士和我覺得情況不太對勁，停下腳步，叫喬治不要再往前走了，喬治卻說什麼也不肯停下，消失在蔓生植物與樹木交織而成的綠牆後面。這時我們聽見刺耳的尖叫，接著是喬治焦急的叫聲：「快來，快來！」我的心情沉重，一定是出了什麼意外。我用最快的速度蹣跚走過灌木叢，腦海閃過各種恐怖的畫面。不久之後我隔著樹葉看見喬治被曬傷的背部，謝天謝地，喬治站得直直的，所以情況應該還好。

喬治又叫我們趕快過來。我總算穿過灌木叢到了河岸，看到艾莎全身濕答答，滴著水，身在急流中央，坐在一隻公水牛身上。我簡直不敢相信眼前的畫面。一隻水牛被徹底壓制，半個頭浸在水裡，艾莎撕扯著水牛的厚皮，從四面八方攻擊水牛。十分鐘前我第一次聽見「大象的聲音」，所以我們也只能猜發生了什麼事。艾莎一定是干擾在河邊休息的水牛，把水牛趕向河心。我們後來發現那隻水牛已經垂垂老矣。水牛當時渡河，一定是踩在急流中滑溜的岩石上而滑倒了。艾莎就利用水牛進退兩難的時候，撲到水牛身上，把水牛的頭按在水裡，等到水牛快要淹死而無力掙扎，再攻擊水牛最脆弱的部位，就是兩條後腿中間。我們就碰巧看到艾莎發動攻擊。

喬治等到艾莎稍微停下來，再開槍終結可憐的水牛的痛苦。喬治發出致命的一擊，我們看到努魯涉水走入水深及腰的湍急河水中。他忍不住想大快朵頤眼前的肉山，但他是回教徒，除非他在水牛死去之前割斷水牛的喉嚨，否則不能吃水牛肉。一定要把握時間，所以他冒險走在滑溜溜的暗礁之間，往水牛走去。艾莎坐在水牛身上，看著努魯的一舉一動，興奮不已。艾莎從還是幼獅時就認識努魯，跟努魯一向很親近，現在卻對努魯充滿戒心，耳朵平貼著，發出充滿威脅的怒吼，要捍衛牠的水牛，就算是保母努魯也不能靠近。艾莎擺出一副殺氣騰騰的模樣，但努魯不理會牠的警告，一心一意朝著美食邁進。瘦骨嶙峋的努魯勇往直前，蹣跚走向怒吼叫囂、坐在垂死掙扎的水牛身上的母獅，那畫面實在荒唐滑稽。努魯一邊走著，一邊向艾莎搖晃著食指，大叫：「不可以，不可以。」

艾莎竟然乖乖聽話，安安靜靜坐在水牛身上，讓努魯割斷水牛的喉嚨，真是不可思議。

接下來的難題就是把死水牛拖上岸。我們得拖著水牛在急流中涉水而過，還要走在滑溜溜的岩石之間。要拖著五百四十公斤重的水牛走，還要應付看守水牛的興奮母獅，真的是不容易。

還好冰雪聰明的艾莎馬上就了解狀況，牠咬住水牛的尾根，三個男人拖著水牛的頭和腿，就這樣幫忙把水牛拖上岸。我們看到艾莎幫忙，都哈哈大笑，水牛就在笑聲中被拖上岸，切成幾塊。切割水牛的時候艾莎也幫了大忙。我們每次割下一條又大又重的水牛腿，艾莎就會馬上把水牛腿拖到灌木樹蔭下，替男孩子省了不少麻煩。還好我們可以把路虎汽車開到附近一、兩公里處，把大部分的水牛肉帶回營地。

艾莎是精疲力盡，牠跟大水牛搏鬥，一定喝下不少河水，又在湍急的深水中泡了至少兩個小時。雖然很累，牠還是要等到獵物放在安全的地方，都已經切割好了，才肯到灌木樹蔭下乘涼。

過了一會兒，我到樹蔭下找艾莎。牠舔舔我的手臂，用爪子擁抱我，我碰觸到牠濕濕的身體。我們經過一個緊張刺激的早晨，現在要好好放鬆。艾莎幾分鐘之前才在用力撕扯大水牛的厚皮，現在碰到我的皮膚卻小心翼翼，唯恐把我抓傷，我看了好感動。

就算是野獅子，要獨力殺死一隻公水牛也很不容易，更何況艾莎是最近才開始跟牠那不甚高明的養父母學習打獵的技巧。那條河是幫了艾莎大忙，不過艾莎也要夠聰明才懂得利用那條河。我真的以艾莎為榮。

那天傍晚，我們在回營地的途中，遇見一隻長頸鹿在河對岸喝水。艾莎看到長頸鹿就忘了疲勞，開始跟蹤，小心翼翼過了河，逆著風走，避開獵物的視線，沒濺出一點水聲就消失在河邊的灌木叢裡。不知大難將至的長頸鹿把兩條前腿岔開到極限，把長長的脖子彎下去喝水。我們屏息以待，覺得艾莎隨時都有可能從灌木叢中一躍而出，發動攻擊。在緊要關頭，長頸鹿大概是聽到或是感覺到艾莎的存在，迅速轉頭奔馳而去，我們真是鬆了一口氣。也算那隻長頸鹿好運，艾莎肚子裡剛好裝滿了水牛肉。艾莎這一天的冒險還沒結束，牠的座右銘是「愈大愈好」，所以接下來只有大象才夠資格登場。那隻大象沿著野生動物走的小徑，緩緩朝著我們走來。我們慌忙撤退，打算繞道而行，艾莎卻靜靜坐在路中間，等到巨象幾乎到了眼前，才猛然閃到一邊，結果大象就掉頭落荒而逃。獅象會結束之後，艾莎靜靜跟著我們回到營地，癱在喬治的床上，馬上進入夢鄉。今天過得還滿充實的嘛！

不久之後，我們一起在陰涼的河岸散步，發現淺淺的瀉湖裡有幾處臉盆形狀圓圓的泥坑，每個直徑是一公尺左右。喬治說這些是吳郭魚的繁殖地，我們從來沒在河裡看過吳郭魚。我們研究這些泥坑，艾莎興致勃勃嗅著灌木，鼻子皺了起來，牠聞到獅子的氣味常會這樣。我們看到附近出現新的足跡，艾莎呼嚕叫著，循著足跡逕自走去。那天牠整晚都沒回來，隔天也沒回來。我們下午出發去找牠，用望遠鏡看到牠在牠最喜歡的岩石上。牠一定也看到我們了，因為我們聽到牠的叫聲，但是牠並不想走下岩石。我們覺得艾莎身邊可能有野獅子，不想打擾，就回家了。那天晚上大家就寢之後，喬治聽到動物的哀嚎聲，過了一會兒，艾莎出現在帳篷裡，癱在喬治的床邊。艾莎用爪子輕輕拍了喬治幾下，好像有話想跟喬治說。幾分鐘之後艾莎又出去了，整個晚上還有隔天一整天都沒回來。

隔天晚上我們吃晚飯的時候，艾莎走進帳篷，親暱地用頭磨蹭我，就又出去到外頭過夜。早上我們循著牠的足跡走了好遠。那天晚上艾莎還是沒回來，牠已經三天沒回來了，只有偶爾探望我們一下，展現牠對我們的愛。牠會不會是用這種體貼的方式告訴我們，牠已經找到獅群了，雖然還是很愛我們，卻要漸漸離我們而去了？

那天晚上我們被恐怖的獅吼聲和鬣狗的笑聲吵醒。我們仔細聽著，心想艾莎隨時都會進來，沒想到到了早上，艾莎還是沒回來。天一亮我們就循著吼聲的方向找去，走了幾百公尺就嚇得趕快停下腳步，因為我們聽見下方的河流傳來呼嚕聲，那一定是獅子的聲音。這時我們也看到一隻羚羊還有幾隻長尾黑顎猴奔馳逃命，穿越灌木叢。我們小心翼翼穿越灌木叢往河邊走，在沙地上看到至少兩到三隻獅子新留下的足跡，足跡一路延伸到河的對岸。我們涉水而過，沿著還是濕漉漉的足跡走，我看到茂密的灌木叢中有個獅子的身影，距離不到五十公尺遠。我瞇著眼睛想看看是不是艾莎，喬治喊了艾莎的名字。結果艾莎看到我們就走開了，喬治又喊了一聲，艾莎卻只是加快腳步沿著野生動物的步道走去。我們看到艾莎尾巴末端的黑色簇毛在灌木叢中唰唰揮動了最後一下，艾莎就消失在我們眼前了。

我跟喬治面面相覷。艾莎是不是找到歸宿啦？牠一定聽見了我們的聲音，卻決定跟獅子走，想必是已經決定自己的未來。我們一直希望牠能回歸自然生活，願望是不是已經實現了呢？我們和艾莎是不是已經「平和分手」了呢？

我們回到營地，心裡好難過。我們現在該不該離開艾莎，結束生命中一個非常重要的篇章？喬治覺得我們應該再等幾天，確定獅群能接受艾莎再說。

我去河邊的「工作室」，繼續寫艾莎的故事。艾莎一直跟我們在一起，到今天早上才分開。少了艾莎，我覺得好難過，不過想起艾莎此時此刻應該在用柔軟的皮膚磨蹭另一隻獅子，跟公獅一起在樹蔭下休息，就像牠從前常常跟我一起在這裡休息那樣，我的心情就好些了。

九、後記

我們和艾莎朝夕相處了三年多，現在竟然斷了聯繫，除非艾莎想跟我們見面，不然我們一定見不到牠，這對我們來說簡直不可思議。

喬治身為野生動物保護區管理員，常常得到處跑，我們每隔三個禮拜左右會儘量抽出時間到艾莎住的那一帶看看。我們回到營地，總會開個一兩槍，或者點燃一枚閃光彈，艾莎幾乎每次都會在幾小時內跑進營地，熱烈歡迎我們，展現無比的熱情。有一次我們等了十五小時艾莎才出現，還有一次我們更是等了三十小時，想必艾莎一定是在離營地很遠的地方，不知怎麼知道我們回來了。我們在營地待了三天，艾莎一直跟我們形影不離，看到牠跟我們相處這麼開心，我們也好感動。

到了我們要離開營地的時候，大家忙著拔營、裝載行李，喬治則到離營地十六公里遠的地方打一隻羚羊或是疣豬，當作給艾莎的臨別贈禮。我跟艾莎坐在大樹下的「工作室」，儘量讓艾莎想點別的事情。喬治的禮物送到，艾莎飽餐一頓。我們最近看到艾莎，牠都是胖嘟嘟又健康，顯然牠早就學會自行獵食，不需要我們張羅餐點了。我們趁牠忙著吃，把載著行李的車子開到一公里之外，等到牠吃完飯昏昏欲睡，我們就趁機開溜。

在接近最後分別的時候，艾莎變得很冷淡，轉過頭去不看我們。雖然牠很想跟我們在一起，但只要知道我們要走了，就會極力克制自己的情緒，沒有失態，用這種貼心的方式減輕別離的傷感。每次分別牠都會表現出這種態度，所以絕對不會是碰巧心情不好，一定是牠懂得自制。

過了一陣子，我到英格蘭洽談艾莎專書的出版事宜。我在倫敦待了幾個月，這段時間喬治寫信給我，說著他每次探望艾莎的經過，就這樣延續著艾莎的故事。看喬治的信，顯然艾莎可以一面過著野獅的生活，一面維持牠和我們的老交情，而且我們和牠的關係始終是絕對平等，和飼主跟狗的關係大不相同。

一九五九年三月五日，伊西奧洛

我在二十五號晚上去看艾莎。我到達營地十五分鐘後，艾莎從河對岸走了過來，牠一定是聽見柴油引擎卡車的聲音。牠看起來很健康，只是很瘦，又飢腸轆轆的。牠還是跟往常一樣熱情歡迎我，然後才開始吃肉。牠並沒有像我第一次見到牠時那麼瘦，過兩天牠長了些肉，就像以前一樣健壯了。牠沒看到妳，當然覺得很奇怪。牠到妳窩裡看過幾次，又看了看卡車裡面，還叫了幾聲。不過沒多久牠就回復往常的作息，只是說什麼也不肯到營地外頭散步。牠早上會去「工作室」，在那裡跟我待上一整天。星期天早上我又帶一隻羚羊給牠，牠不准任何人靠近羚羊，樣子很兇。不過我起身前往工作室時，牠也拖著羚羊跟在後面，把羚羊放在我旁邊，我把羚羊切割開來牠也不介意。下午我回到帳篷，牠也拎起羚羊跟我一起回去。隔天下午我對牠說：「艾莎，該回家了。」牠等我把羚羊的屍體拿起來，再隆重地走在前面，回到帳篷。牠背上的白色斑點不見了。牠的好朋友巨蜥還在，隨時準備偷點東西。艾莎現在好像能接受大蜥蜴了，大蜥蜴跑來吃肉，艾莎也不介意。我還是沒發覺艾莎跟獅子接觸的跡象。

我在星期二跟艾莎分別。我們拔營的時候，我還特別把艾莎帶到「工作室」。結果艾莎一聽到柴油引擎發動的聲音，馬上就知道我要離開牠，就又擺出冷漠的樣子，不肯看著我。我打算十四號再來看牠。

一九五九年三月十九日，伊西奧洛

我在十四號再次探望艾莎，早上十點十五分左右出發，晚上六點半左右抵達。沒看到艾莎，也沒看到足跡。我一個晚上點燃了三枚閃光彈，又點燃一枚威利照明彈。隔天早上天一亮我就出發去找艾莎，一直走到艾莎伏擊大象那條路上的大水坑。水坑是乾的，我沒看到艾莎的腳印。我又點燃一發閃光彈，沿著山頂往回走到車道，又沿著營地後方已經成了沙地的乾涸河床走回營地。還是沒看到艾莎。我在早上九點十五分左右進入營地。十五分鐘過後，艾莎突然出現在河對岸，看起來身體很好，身上肉很多。在我和牠分開的這十一天裡，牠一定有獵食至少一次。牠很熱情歡迎我。牠身上有些傷疤，大概是跟獵物搏鬥留下來的，還好傷口都很淺，沒有穿透皮膚。艾莎一回來馬上又回到往常的生活。牠精力充沛，兩次把我撞倒在地，有一次我還摔到荊棘叢裡面呢！牠僅僅一次屈尊移駕，到河邊散步一小段，大部分的時間還是跟我一起待在工作室。

還是沒看到艾莎跟野獅子接觸的跡象，我這趟也沒聽到野獅子的聲音。這一帶非常乾燥，艾莎要獵食大概比較容易，因為所有動物都得到河邊喝水，而且視野也比較好。我只帶了登山帳篷，艾莎晚上又跟我睡，所以有點擠。還好艾莎很乖，都沒有尿濕防潮布喔！牠還是像以前一樣，晚上總要「磨鼻子」，還要坐在我身上，把我弄醒好幾次。我星期三跟牠分別，牠也沒找麻煩。我覺得牠愈來愈獨立了，也不介意我棄牠而去。有人說動物一生的行為完全是受本能還有訓練過的反射動作主宰，這種話我真的聽不下去。獅群懂得精心運用策略獵食，這不就是推理能力嗎？不然還會是什麼？我們也看過艾莎不少經過深思熟慮的明智之舉。

一九五九年四月四日，伊西奧洛

我在晚上八點左右到達營地，還是照例點燃幾枚閃光彈和一枚威利照明彈。沒看到艾莎，牠一整晚都沒出現。隔天一早我到我們之前射殺珠雞的地方，發現最近有人紮營的痕跡。我在河對岸走了大半圈，還是沒看到艾莎的足跡。我回到營地，有點擔心艾莎會不會是被別人射殺了？

肯恩·史密斯也很想再看看艾莎，所以這回我帶了他一起來。我回營地的時候，他人在營地，他說他看到艾莎在一個大岩石上。他呼喚艾莎，艾莎卻好像很緊張，不肯下來。我跟他一起到現場，我呼喚艾莎，艾莎馬上認出我的聲音，從岩石上跑下來，滿懷熱情歡迎我，對肯恩也很友善。牠看起來健康狀況不錯，肚子鼓鼓的，昨天晚上一定有獵食。肯恩睡在妳的窩裡，那天晚上艾莎完全沒打擾他。我們還一起散步，整個白天都待在工作室。艾莎睡在我的床上，肯恩睡在他的床上。艾莎坐在肯恩身上一次，純粹是想交個朋友。

我在星期四晚上帶艾莎到岩石那裡。肯恩前一天已經先離開營地了。我正想回到營地，突然有隻花豹在下方發出呼嚕聲。艾莎馬上出發跟蹤，但我想那隻花豹一聽到我的聲音就跑掉了。星期五早上我跟艾莎道別，送牠一隻肥肥的疣豬讓牠開心。牠馬上把疣豬拖進河裡，痛痛快快玩一場。艾莎身體很好，身上完全不會看得出骨頭輪廓。

一九五九年四月十四日，伊西奧洛

我昨天想去探望艾莎，結果忙著把大象趕出人家的花園，就沒時間去。明天無論如何一定要去。光用言語無法形容我有多想見到艾莎，艾莎看到我又有多熱情。真希望艾莎能找到一個伴侶，那我就開心極了。牠現在孤伶伶的，想必很寂寞。牠有時候應該會覺得很沮喪吧！不過牠善良、友善的個性始終沒變。我最感動的就是每次牠都知道我要離開，卻都坦然接受，從來沒阻擋我，也不會跟在我後面。牠似乎很有風度地表現出牠知道我非走不可。

一九五九年四月二十七日，伊西奧洛

我十五號下午出發去看艾莎，在晚上八點左右到達，在轉彎處差點撞到兩隻犀牛，我開出車道幾公尺與牠們擦身而過。我還是照例點燃閃光彈和威利照明彈，那天晚上沒看到艾莎的蹤影。隔天早上我到牠常去的岩石，又燃放一些照明彈。到處都沒看見艾莎的足跡。牠一整天都不見蹤影。那天晚上雨下得好大，閃電打雷威力驚人，河水像洪水般氾濫。隔天早上我到「水牛山」，又往下走到之前的沙地乾涸河床，現在已經是一片汪洋。我還得趕快逃離，免得陷進流沙。我一腳踏入一個地方，突然間腰部以下都埋在流沙裡，費了九牛二虎之力才掙扎出來。我又沿著野生動物的步道下山，到乾涸河床與河流的連接處附近，比我們之前走得遠一些。我在河岸吃了午餐，涉水渡了河，河水水深及腰，又被泥巴染得紅紅的。地上就算有足跡，也會被雨水沖刷得一乾二淨，不過我還是沿著河走回營地。

我走著走著，看到水裡有個東西，我以為是動物的屍體。我靠近一些，正要朝那個東西扔石頭，突然間一顆頭浮出水面，原來是隻河馬。不久之後，我聽見路旁的灌木叢傳來震耳欲聾的哼聲、呼嚕聲和長長的尖叫聲，是一對犀牛在親熱呢！我在下午五點左右回到營地，還是沒看到艾莎！這下我真的很擔心，艾莎從來沒這麼久還不現身。我抵達營地四十八小時之後，晚上八點三十分左右，聽見河對岸傳來艾莎很小的叫聲，過了一會兒，艾莎跑進營地，看起來健康狀況很好，牠看到我開心極了。我沒發現艾莎跟獅子相處的跡象。艾莎肚子很餓，我在回來的路上打了一隻葛氏瞪羚，現在味道很難聞，艾莎還是幾乎把葛氏瞪羚的後半身吃光光。隔天早上我又打了一隻豬給牠，牠吃得很開心，吃得撐到都不願意走出營地。

星期天早上我和艾莎在工作室，艾莎在後頭睡得很香，我看見一隻二點五公尺長的鱷魚浮出水面，爬到對岸的岩石上。我躡手躡腳走到河邊，拍了一張照片，又躡手躡腳回到營地拿步槍。我一槍打穿鱷魚的頸部。鱷魚還在岩石上。我請馬卡狄把繩子套在鱷魚的脖子上，把鱷魚拖過來。艾莎與致勃勃看著我們張羅，不過牠一直等到鱷魚被拖到河岸邊才看到鱷魚。艾莎小心翼翼靠近鱷魚，就像之前接近水牛那樣，小心翼翼用一隻爪子拍拍鱷魚的鼻子，等到確定鱷魚死了，就一把把鱷魚拉上岸，一臉噁心到極點的表情。牠完全不想吃鱷魚，寧願吃那隻已經很餿的豬。

我在星期一早上離開艾莎，在雨水坑遇到一隻大公水牛。隔天早上我們去獵殺那隻大獅子，就是之前艾莎的媽媽被射殺那次，我們沒抓到的那隻。這隻獅子在這一帶大肆作亂，這幾個禮拜吃了羅巴的十二頭牛。我們熬夜熬了四個晚上，看守獵物，白天有時候在岩石山區尋找大獅子的足跡，結果只找到一隻母獅還有兩隻三、四個月大的小獅的足跡，一定是艾莎的表親，不然就是同父異母的妹妹！反正那頭老獅子沒出現我也無所謂，畢竟要設陷阱抓牠也不容易，而且也不適合拿給艾莎。

一九五九年五月十二日，伊西奧洛

唔，我在五月三日星期日啟程，在五月五日凌晨十二點三十分左右紮營。沒看到艾莎，河水漲得很高，是我們前所未見的高。地上就算有足跡也會被雨水沖掉。我在晚上燃放閃光彈和威利照明彈。隔天早上還是沒看到艾莎。我打了一隻東非長頭羚羊給艾莎，之前給牠的那隻葛氏瞪羚已經臭掉了。艾莎那天沒出現，接下來的兩天也不見蹤影。我不由得有些擔心，不過牠會不見蹤影，應該是跟野獅子跑掉了。我請馬卡狄和阿斯曼到非洲人的村落打聽，沒人看見獅子的蹤影，也沒人聽見獅子的聲音。我在星期六早上就懷著沉重的心情，開始打包（我在這裡已經待了一個禮拜了）。

河對岸的那群狒狒突然掀起一陣大騷動。艾莎走進營地，全身濕答答的，還是像往常一樣健康。牠的胃是空的，但牠聞了聞東非長頭羚羊，一點胃口都沒有。我也不怪牠，因為那羚羊很臭。牠還是我們熟悉的老艾莎，看到我很開心，熱情洋溢。我沒看到牠跟其他獅子相處的跡象，自從妳離開到現在，艾莎也沒有發情的跡象，當然我不在的時候艾莎也有可能發情過。艾莎進了營地，我到外頭又打了一隻東非長頭羚羊給牠。艾莎晚上把羚羊帶進小小的登山帳篷裡。帳篷那麼小，要容納我、艾莎還有羚羊，妳看看該有多擠！還好羚羊還很新鮮，所以雖然我全身上下還有帳篷都沾滿了血和糞便，我也不怎麼介意。

艾莎獨立生活已經快要六個月了，就跟一般的野獅子一樣懂得照顧自己，也會長途跋涉遊獵，不過牠的友善熱情一點都沒變，從妳離開到現在，牠的個性都沒有變。牠只有一個地方不像野母獅，那就是對歐洲人格外友善。我覺得牠一定是把我們當成某種獅子，不需要害怕，只要用一般友善的態度對待就好。艾莎顯然會殷殷期盼我回來。牠每次看到我都很開心，看到我離開總是不開心。不過就算我再也不回來，對牠的生活大概也不會有太大影響。

一九五九年五月二十日，伊西奧洛

我把我對艾莎所知的一切都寫在信裡了。妳也知道牠每次吃得飽飽的，就不會離營地太遠，白天都只會跟我待在樹下的工作室。除非有意外發生，否則艾莎過的日子就跟妳離開之前沒有兩樣。艾莎現在獨立得多，會到比較遠的地方，也不需要我替牠張羅食物。艾莎大概變得比較不信任陌生的非洲人，只要有肉在身邊，就不肯讓努魯和馬卡狄靠近。如果要把肉拿到別的地方，不管是早上從帳篷拿到工作室，還是在晚上從工作室拿到帳篷，都得由我拿著，艾莎跟在後面。艾莎還非要把肉帶進小小的登山帳篷，我也只能忍耐，實在臭到受不了，我就得把床搬到帳篷外！顯然艾莎知道把肉放在我身邊是很安全的。我想艾莎將來生了寶寶，一定會放在我身邊照顧。到時候艾莎一定只允許我們接近牠的寶寶，其他員工都不得靠近。

我好想再見到艾莎。我上次離開牠的時候牠好可憐。我想趁牠不注意溜走，可是我回頭卻看到牠站在鹽漬地的邊緣，看著我離開。牠完全沒有想跟在我後面，我覺得自己好像偷溜的賊。

一九五九年七月三日，伊西奧洛

我又去看艾莎了。到達營地十五分鐘後，艾莎出現了，像往常一樣歡迎我。艾莎看起來身體不錯，只是飢腸轆轆，一個晚上幾乎吃掉半隻我帶給牠的葛氏瞪羚。隔天一早，牠把剩餘的葛氏瞪羚拖到營地下方的灌木叢中，一整天都待在那裡，只到工作室探望我幾次，確定我還在。星期二早上，艾莎吃完了肉，就跟著我在河邊走了一公里左右，突然對對岸很有興趣，顯然是聞到什麼味道了。牠小心翼翼沿著河岸往上游走，渡了河。我躲在艾莎感興趣的地方的對面，靜靜等待。我沒看見也沒聽見動靜。突然間出現一陣騷動，一隻公的非洲大羚羊從灌木叢中衝出，跑進河裡，正對著我衝過來，艾莎緊跟在後。大羚羊看到我，打算掉頭，這時候艾莎已經撲上前去，壓倒大羚羊。河裡頓時上演一陣混戰，艾莎馬上轉移焦點改叼大羚羊的喉嚨。等到大羚羊掙扎的力氣所剩無幾，艾莎抓住大羚羊的口鼻，一張嘴咬住了大羚羊的臉，當然是想讓大羚羊無法呼吸。到頭來我實在看不下去了，開一槍讓大羚羊解脫。大羚羊的重量應該有一百八十公斤左右。艾莎賣力拖著大羚羊爬上陡峭的河岸，爬到一半實在無力繼續。我想幫牠一把，可是我也搬不動大羚羊。我把艾莎留在那裡，回到營地找努魯、馬卡狄帶著繩索幫忙。我們回到河邊，大羚羊竟然乾爽地擺在河岸上呢！艾莎的力氣真是驚人，牠要擺平一個人，想必三兩下就能搞定了吧！由此可見艾莎對我們有多寬容、多溫和。我在二號離開艾莎，這次可是費了一番功夫才脫身。牠知道我要走了，專心盯著我盯了好久，絲毫不肯懈怠。兩個鐘頭之後，牠終於睡著了，我逮到機會溜走。

下次妳看到艾莎要有心理準備，牠一定會熱情歡迎妳！其實我覺得妳還是等牠歡迎我完畢，稍微平靜一點再出現比較好。

我回到肯亞，喬治說我們那台路虎老爺車已經瀕臨瓦解了。車子被艾莎的爪子弄得坑坑疤疤，不過我還是很捨不得。我們還是買了台新車，不曉得艾莎看到會有何反應？

喬治剛好把他的假期安排在我回來的時候，所以不久之後我們就出發去看艾莎。我們在七月十二日到達營地，那時天色漸漸暗了。大約過了二十分鐘，我們正在架設我的帳篷的時候，聽見河邊傳來熟悉的狒狒叫聲。聽到狒狒叫聲，就知道艾莎必將出現。

喬治認為我應該先躲進卡車裡，等艾莎迎接他，稍微耗掉一點精力再出來。喬治覺得艾莎這麼久沒看到我，恐怕會克制不住自己的力氣，搞不好會把我弄傷。

我心不甘情不願照辦，看著艾莎歡迎喬治，幾分鐘之後我還是下了車。艾莎突然看到我，靜靜從喬治身邊走向我，用臉磨蹭我的膝蓋，像往常那樣喵喵叫，好像我會出現是再正常不過的事情。接著牠用一百四十公斤重的身體把我撞倒，再照平常的樣子跟我玩，不會太興奮，也沒用上爪子。艾莎吃得飽飽的，個頭也長得好大，我看到牠肚子鼓鼓的，覺得很開心。牠才剛吃飽，所以過了好久才對喬治帶來的葛氏瞪羚有興趣。後來牠跳上我們全新閃亮的路虎汽車的車頂，一副理所當然的樣子，就跟之前跟我打招呼一樣，新車看起來跟飽經風霜的舊車截然不同，艾莎還是跳上去，把我們嚇了一跳。

那天晚上我們決定把我的營床放在卡車裡，因為艾莎可能會想跟我一起睡。後來證明我們有先見之明，因為熄燈沒多久，艾莎就意志堅定穿過圍繞住我的窩的荊棘圍籬，用後腿站立，看著卡車裡面，看到我在裡頭才滿意。沒想到牠後來卻睡在車子旁邊，一睡就睡到隔天一早。我聽見牠把葛氏瞪羚拖到河岸的聲音，牠就在河岸邊守著葛氏瞪羚，直到喬治起床，叫大家吃早餐才又出現。眼看艾莎正要朝我飛撲過來，我說：「不可以，艾莎，不可以。」艾莎馬上克制自己，安安靜靜走上前來。我們吃飯的時候，艾莎坐在一邊，用一隻爪子碰碰我。接著就又回到被冷落的獵物身邊。

接下來的六天，艾莎在營地和我們一起生活，每天早晚也跟我們一起散步。有一天我們看見艾莎跟蹤一隻在河對岸喝水的公非洲大羚羊。艾莎先是以最不舒服的姿勢扮演「木頭獅」，好不容易看到大羚羊望向別處，才能往下風處快步跑去，艾莎靜悄悄渡了河，沒有激起一絲漣漪，消失在灌木叢中。後來艾莎回來了，用頭磨蹭我們，彷彿想告訴我們這趟出獵很明顯失敗了。又有一次，我們嚇到一隻大猛禽，牠正站在一頭剛死不久的地克小羚羊身上。大猛禽飛走了，我們就把小羚羊送給艾莎，艾莎卻拒收，鼻子又皺起來，牠每次看到不喜歡的東西都會這樣扮鬼臉。還有一次我們在河邊野餐，那一天要在河邊捕魚，我坐著給艾莎畫像。我一開始吃三明治，艾莎就非要分一杯羹，用牠的大爪子，想從我嘴邊把三明治拿走。

有時候艾莎就沒這麼溫和，我們還得小心別中了牠調皮的伏擊，雖然牠只是覺得好玩，但是牠現在畢竟體格健壯，被牠撞那可不是好玩的。

有天早上，艾莎在河裡用一根棍子玩得很開心，那棍子是喬治扔給牠的。牠拿了棍子，又繞著棍子跳舞，跳起來踢踢棍子，用尾巴濺起天大的水花。牠故意把棍子弄掉，就為了有藉口潛入水中找棍子，再得意洋洋拿上來。喬治在水邊給艾莎錄影，艾莎假裝沒看到，老奸巨猾地漸漸靠近，突然把棍子一扔，跳到可憐的喬治身上，好像在說：「拍照的，看招！」喬治打算還以顏色，艾莎就蹦蹦跳跳走掉了，還用迅雷不及掩耳的速度爬上歪歪斜斜的樹幹，誰也抓不到牠。牠坐在那裡，舔著爪子，一副無辜的樣子。

這場表演過後，艾莎之後的兩天只有短暫探望我們幾次，變得非常疏離。到了二十三號，我們早上出去散步，艾莎沒有出現，那天傍晚，我們倒是在營地附近的岩石上看到牠的身影，沒想到牠身邊二十公尺的範圍內竟然有一大群狒狒，而且狒狒絲毫沒理會艾莎，我們看得目瞪口呆。艾莎很勉強地回應我們的呼喚，爬下岩石到我們身邊，只是沒多久牠又馬上閃入灌木叢中。我們跟在後面，一直跟到天黑。後來艾莎回到我們身邊，我拍拍牠牠也沒意見，但是牠很明顯坐立不安，想要離開。牠整個晚上還有隔天都在外頭，只進來一次，匆匆吃了點東西就走了。隔天我們吃完晚飯在聊天，艾莎突然出現，剛剛渡了河，所以濕漉漉的。牠熱情地和喬治跟我打了招呼，但牠一邊吃著晚餐，一邊卻時時停下來聽著外頭的動靜。到了早上，牠又出去了。牠這種奇怪的行為讓我們很疑惑。牠並沒有發情的跡象，我們開始覺得是不是我們待太久，艾莎覺得厭煩啦？自從野放艾莎以來，這是我們跟牠相處最久的一次。

隔天晚上艾莎又在晚餐時間突然從黑暗中現身，尾巴嗖地一下，把桌上的東西全掃了下去。牠有點熱情過頭地擁抱我們，就又消失在黑夜之中，只短暫回來一下下，彷彿是跟我們道歉。

隔天早上我們看到一隻大獅子的足跡，這下子艾莎奇怪舉動的謎底解開了。那天下午我們拿望遠鏡看到很多兀鷲在盤旋，就前去一探究竟。我們看到很多鬣狗和胡狼的足跡，還有一隻獅子的足跡。這些足跡都通往河邊，獅子一定是在河邊喝水，還留下一大灘染血的沙。我們沒看到艾莎的足跡，也沒看到被殺的獵物，不知道那血跡還有兀鷲是哪來的。我們在附近找了六小時，還是沒找到艾莎，只能回到營地。那天晚上艾莎飢腸轆轆回到營地，跟我們一起過夜，天一亮就又出去了。

我們在二十九日看到艾莎在高高的岩石山上。我們叫牠叫了幾分鐘，牠走到我們身邊，一直熱情地呼嚕叫，但是沒多久又回到岩石去了。我們發覺艾莎現在處於發情期，難怪牠最近會有那些舉動。那天下午我們又去看艾莎，牠會回應我們的呼喚，卻不肯下來，我們只能爬上岩石。天色漸漸黑了，艾莎起身，用頭磨蹭我、喬治和背槍的人，彷彿在道別，再慢慢走向牠窩著的地方，只回頭看了我們一次。隔天我用望遠鏡看到艾莎在岩石上休息，牠擺明了就是要我們別打擾牠，牠的意思表達得很清楚，就跟開口說話沒有兩樣。無論我們有多愛牠，牠顯然還是需要跟同類在一起。

我們決定拔營。我們的兩部車經過艾莎的岩石下方，艾莎的身影出現在天際，牠看著我們駛離。

我們下一次是在八月十八日至二十三日之間探望艾莎。牠跟我們在一起還是一如往常熱情，不過五天當中牠有兩天是獨自待在灌木叢中。我們在灌木叢也沒看到獅子的足跡，但是艾莎這兩天就是想獨處，不想跟我們一起生活。艾莎能脫離我們獨立生活，對牠來說當然是最好。

八月二十九日，喬治必須到艾莎那裡巡視野生動物。他在晚上六點到達艾莎的營地，打算在那裡過夜。喬治點燃兩枚閃光彈吸引艾莎的注意力。晚上八點左右，喬治聽到河邊傳來獅子的聲音，又放了一枚閃光彈。獅子叫了一整晚，艾莎卻始終沒出現。隔天早上喬治在營地附近看到獅子的足跡，可能是年輕的公獅或母獅留下的。他有要事在身，只能匆匆離開，下午四點又回到營地。一個小時之後，艾莎從河對岸走來，看起來身體不錯，非常熱情。艾莎肚子不餓，不過還是吃了點喬治帶給牠的羚羊，把羚羊拖進帳篷。天黑之後不久，喬治聽見獅子的叫聲，那獅子幾乎叫了一整晚，艾莎卻置之不理，這倒是讓喬治很驚訝。

隔天一早艾莎大吃一頓，不慌不忙朝著昨夜傳來獅子呼叫聲的方向走去。不久之後，喬治聽見艾莎的聲音，看到艾莎坐在大岩石上，發出低沉的呼嚕聲。艾莎一看到喬治，就下來和他見面。艾莎見到喬治是很開心，但是還是表明了想要獨處。牠用頭磨蹭喬治一會兒，就消失在灌木叢裡。喬治猜測艾莎往哪個方向走，也跟了過去，發現艾莎是跑向河邊。喬治看到艾莎坐在岩石上，幾乎被灌木遮蔽。喬治觀察艾莎一會兒。艾莎先是喵了一聲，接著驚慌地叫了一聲「嗚夫，嗚夫」，竄下岩石，從喬治身邊飛奔而過，跑進灌木叢中。接下來一隻年輕的獅子出現，顯然是在追艾莎，牠沒看到喬治，直直朝喬治的方向跑去。獅子距離喬治不到二十公尺遠，喬治覺得該出手了，就揮舞雙臂大叫。獅子受到驚嚇，轉過身來，循著原路離開。幾秒鐘之後，艾莎又出現了，緊張兮兮坐在喬治身旁，一會兒之後又追隨那隻公獅而去。喬治只好退場拔營。

兩天之後，喬治又得去那一帶。在距離艾莎的營地幾百公尺的地方，喬治同車的一個男人看到艾莎在車道旁邊的灌木下方，顯然是在躲藏。艾莎會這樣實在很反常，通常牠看到車子都會衝出去迎接，跟大家打招呼。喬治想那人應該是把野母獅誤認為艾莎，把車子掉頭開回去。艾莎就坐在灌木之下，一開始動也不動，後來發現自己行跡敗露了，就彬彬有禮走上前來，滿懷熱情迎接喬治，假裝看到喬治很開心，還委屈自己吃了些喬治帶給牠的肉。趁艾莎在進食，喬治沿著車道尋找足跡。他發現艾莎的足跡與另一隻公獅的足跡混在一起，接著他看到那隻公獅就躲在灌木後面偷瞄他，好像就是喬治前幾天看到跟艾莎在一起的那隻。這時河邊的一群狒狒掀起了一陣騷動，這表示獅子即將駕臨。艾莎聽到騷動，匆匆解決午餐，前去迎接老公大人。

喬治繼續往前走，紮了營，把剩下的肉留在帳篷裡給艾莎吃，再開始忙他的工作。喬治後來回到帳篷，發現肉還是原封不動，艾莎那天晚上也沒出現。

艾莎終於找到伴侶了，我們希望有一天艾莎會率領一群魁梧的小獅走進營地，現在這個願望有可能實現。

第二部

十、艾莎與野獅交配

喬治是在一九五九年八月二十九日至九月四日的這段期間看到艾莎和伴侶求偶。喬治很快算了一下，一百零八天的妊娠期，所以寶寶大概會在十二月十五日至二十一日之間誕生。

喬治回到伊西奧洛，告訴我他的所見所聞，我恨不得馬上出發去營地，我好擔心艾莎會追隨牠的伴侶到另一個環境，那我們就再也看不到牠了。

我們到了營地，卻發現艾莎在車道附近的大岩石等我們。

艾莎很熱情，也很飢餓。

我們正在紮營的時候，艾莎的另一半開始呼叫，整個晚上艾莎的伴侶都繞著營地走，艾莎則是在營地裡待在喬治身邊大吃大喝，完全沒理睬苦苦呼叫的伴侶。那獅子一直到黎明時分都還在呼叫，只是離營地遠得多了。

艾莎兩天來都待在營地，早上拚命吃喝，結果都睏到不想動，要到下午才肯跟喬治出去釣魚。

艾莎在第三天晚上的食量實在驚人，我們看了很擔心，不過隔天早上牠還是挺著圓滾滾的肚子跟我們走進灌木叢，先是跟蹤了兩隻胡狼，又跟蹤一群珠雞。當然每次艾莎接近，獵物就落荒而逃，艾莎就坐下來舔舔爪子。我走在前面，看到一隻蜜獾，就猛然停下腳步。要看到蜜獾並不容易，這隻蜜獾背對著我，全神貫注從倒塌的朽木中挖掘幼蟲，渾然不覺艾莎漸漸靠近。艾莎也看到蜜獾了，躡手躡腳前進，直到貼在蜜獾背後。

艾莎差點和蜜獾頭撞頭，蜜獾這時才明白狀況，又是嘶嘶叫又是對著艾莎狠抓，毫無畏懼，攻勢野蠻到艾莎不得不撤退。

蜜獾用盡地利優勢，邊打邊退，不斷進攻，最後毫髮無傷全身而退。

艾莎吃了敗仗回來，一頭霧水。牠吃得飽飽的，當然不需要獵食，跟蹤蜜獾純粹是好玩，這個玩伴火氣這麼大，一點都不好玩。

在艾莎野放初期，我們發現艾莎的下半身有深深的咬痕和抓傷，那時我們就懷疑是蜜獾的傑作，現在發現果然沒錯。我們之所以懷疑蜜獾，是因為其他的小動物都不像蜜獾這麼英勇無懼。

我們打道回府，艾莎熱情洋溢，活力四射，幾次把我撞翻在沙地上。我聽著大象的吼叫聲，好像太靠近我們了，不妙不妙。

那天晚上艾莎睡在我的帳篷前面，就在天剛破曉前，牠的伴侶又在呼叫了，牠就循著呼叫聲走去。

牠們的叫聲很容易分辨。艾莎的叫聲是非常低沉的喉音，吼過一聲之後只會發出兩、三聲「嗚夫、嗚夫」的咕噥聲。艾莎的伴侶聲音沒那麼低沉，吼過一聲後一定會發出至少十到十二次的咕噥聲。

現在艾莎不在，我們拔了營，前往伊西奧洛，希望艾莎有伴侶陪著，因為我們這一趟得去三個禮拜左右。

我們在十月十日回到營地。我們到達營地一小時之後，看到艾莎從河對岸游泳過來迎接我們。牠以往迎接我們都是熱情洋溢，這回卻是慢慢朝我走來。牠肚子不餓，超乎尋常地溫和冷靜。我拍拍牠，發現牠的皮膚變得柔軟極了，又散發異樣的光澤。我也發覺牠五個乳頭的其中四個變得很大。

艾莎絕對是懷孕了，一定是一個月前懷的孕。

一般認為懷孕的母獅無法獵食，必須倚靠一兩隻母獅「阿姨」幫忙。「阿姨」也要幫忙照顧新生的幼獅，因為公獅不會照顧幼獅，而且公獅通常有幾個禮拜的時間都不能靠近幼獅。

可憐的艾莎沒有「阿姨」，所以我們就得當牠的「阿姨」。我跟喬治商量要替艾莎張羅吃的，免得艾莎在懷孕期間因為獵食而受傷。

我想儘量待在營地裡，距離營地最近的野生動物保護區偵查站大約在四十公里之外，我們可以在那裡準備一群山羊，我可以定期用卡車載幾隻到營地。

努魯也會跟我一起在營地照顧艾莎，馬卡狄會拿著步槍當我們的警衛。伊布拉辛負責開車，我會留著一個叫托托的男孩（「托托」〔Toto〕是斯瓦希里語「孩子」的意思）當我的傭人。

喬治只要工作不忙就會儘量來看我們。

艾莎像是聽得懂我們的對話。我的營床一整理好，艾莎就跳上去，好像覺得這是懷孕母獅唯一適合待的地方。

從此我的營床就成了艾莎的窩。隔天早上我身體不太舒服，把營床搬到工作室，艾莎也過來跟我擠。這麼擠實在不舒服，所以過一會兒我就把營床翻過來，讓艾莎滾下去。艾莎受到如此無禮的對待，怒氣沖沖走到河邊的蘆葦叢中，在那裡一直待到傍晚的散步時間。

我呼叫艾莎，牠直直盯著我看，毅然決然走向我的營床，踏上去，蹲坐在上面，翹起尾巴，做了一件牠從來沒有在這麼不合宜的地方做的事情。

完畢之後，艾莎帶著心滿意足的表情跳下營床，走在前面領隊。

牠現在大仇已報，顯然我們又和好如初了。

我發現牠的動作變得很慢，就連聽到附近大象的聲音，也只是豎起耳朵。那天晚上艾莎睡在喬治的帳篷，外頭有隻獅子在呼叫，似乎離帳篷非常近，艾莎卻置之不理。

隔天一早那隻獅子還在叫，我們就帶著艾莎朝叫聲的方向走去，沒想到竟然看到兩隻獅子的足跡。

我們發覺艾莎對足跡感興趣，就留下牠慢慢研究，我們先回家。那天晚上艾莎沒回來，我們卻還是聽到有隻獅子在離營地很近的地方發出咕噥聲，覺得很意外（說真的，隔天早上我們看到牠的足跡，發現牠距離我們的帳篷不到十公尺）。隔天艾莎還是沒回來。喬治打了一隻羚羊，當作臨別贈禮，希望那些獅子能善待艾莎。我們回到伊西奧洛，在那裡待了兩個禮拜之後，我決定回去看看艾莎。

我們在夜間到達營地，不久之後艾莎就出現了。艾莎非常瘦，飢腸轆轆，頸部有很深的抓傷和咬傷，傷口還在流血，背上還有獅子的爪痕。

艾莎吃著我們帶給牠的肉，我一邊替牠在傷口上藥，牠舔舔我，又用頭磨蹭我的頭。

那天晚上我們聽見艾莎把獵物屍體拖到河邊，又拖著獵物涉水而過，後來我們聽見牠回來的聲音。不久之後一群狒狒開始騷動，接著對岸的獅子也用叫聲回應，艾莎也在營地用輕輕的呻吟回應。

隔天一早牠想從圍繞我帳篷的荊棘圍籬的邊門硬闖出去。牠的頭伸出去一半，又卡住了。牠一直掙扎，門就鬆脫了，最後牠就脖子上卡著門回到我身邊，像戴著荊棘枷鎖。我馬上替牠解圍，脫掉枷鎖的艾莎還是坐立不安，需要我安慰，瘋狂吸吮我的拇指。艾莎肚子很餓，通常牠餓了就會去拿牠的「獵物」，不然就是看守獵物，這次卻毫無動靜，只是豎著耳朵聽著獵物所在地傳來的聲音。我們看到牠這怪異的行徑是一頭霧水，喬治就到外頭看看獵物的狀況。他發現艾莎拖著獵物過了河，但是從對岸的足跡看來，另一隻母獅又接手拖了四百公尺左右，吃了一些，又把剩下的拖到附近的岩石堆。喬治認為這隻母獅可能有幼獅藏在岩石堆裡，所以追蹤到這裡就打住，不過他倒是發現陌生的母獅足跡旁邊還有公獅的足跡，而且不屬於艾莎的老公。這表示這隻獅子沒吃肉，卻隔著一段距離跟在母獅後面，把獵物留給母獅。

這是不是代表公獅雖然幫不了懷孕、哺育、不能獵食的母獅，還是會犧牲自己遷就伴侶？懷孕的艾莎飢腸轆轆，身上的傷還沒好，自己都需要「阿姨」幫忙，不過牠是不是跑去當哺育母獅的「阿姨」啦？我們也只能猜測，無法確定。

艾莎現在身體非常笨重，做任何動作都很吃力。

艾莎跟我一起到工作室時，常常躺在桌子上。我看了一頭霧水，桌子也許比較涼快，但是絕對比我的床還有下方的沙地硬多了。接下來的幾天，艾莎有時和我在一起，有時和伴侶在一起。我們在營地的最後一個晚上，艾莎吃了不少山羊肉，帶著沉重的肚子回到呼叫了好幾個小時的伴侶身邊。艾莎這一走，我們就趁機踏上往伊西奧洛的路。

我們在十一月的第二周回到營地。我們在艾莎喜歡窩著的岩石附近發現很多綿羊與山羊的足跡，營地也充滿蹄印。我想萬一艾莎覺得來營地吃草的山羊闖入牠的地盤，就把山羊給宰了以儆效尤，那後果可就不堪設想了。我們又在河邊看到鱷魚的屍體，恐懼又添一層，這隻鱷魚是不久之前才被人用矛刺死的。喬治派出一群偵查員在附近巡邏，追緝偷獵者。我和喬治出去找艾莎。

我們在灌木叢中走了幾小時，一邊呼叫艾莎，每隔一段時間又對空鳴槍，始終沒有回應。天黑之後，大岩石那裡傳來公獅的叫聲，但我們怎麼聽都沒聽到艾莎的聲音。

我們的閃光彈用完了，所以天黑之後我們只能打開震耳欲聾的空襲警報，那是毛毛黨時代遺留下來的，這樣才能讓艾莎知道我們在這裡。之前艾莎聽見空襲警報都會到營地。

回應我們的是那隻公獅。我們又發出一次警報，牠又回應。這個奇怪的叫聲對話就一直持續，直到艾莎出現才停止。艾莎把我們撞翻在地。牠身上濕濕的，剛才一定是游泳渡河，所以牠是從呼叫的獅子的反方向走來的。

艾莎身體狀況不錯，肚子不餓。牠在黎明時分離開，午茶時間又回來了，那時我們正準備出門散步。我們爬上大岩石，坐下來欣賞夕陽西沉，彷彿一輪火球墜落靛青的山丘。

艾莎的體色和岩石微紅的暖色調相配，牠好像是岩石的一部分。接著艾莎的側影映襯著夜幕低垂、滿月升起的天空。我們彷彿置身在大船上，在紫灰色的灌木海洋下錨停泊，露出頭來的花崗岩就像海上的零星幾座島嶼。一切是如此浩瀚、寧靜又永恆，我覺得我彷彿置身魔法船上，漸漸遠離現實，走入人類價值崩潰瓦解的世界。我直覺將手伸向緊靠在我身邊的艾莎，牠屬於這個世界，我們只能透過牠才能一窺我們失去的樂園。我想像著艾莎以後在這個岩石上跟牠的快樂小獅玩耍，小獅的父親是一隻野獅，此時此刻可能正在附近等著呢！艾莎翻過身來仰臥著，抱我入懷。我小心翼翼用手摸摸牠的肋骨下方，想感覺牠肚子裡小生命的震動，艾莎卻把我的手撥開，我覺得我好像冒犯牠了。牠的乳頭已經很大了。

不久之後我們得回到營地，回到有荊棘圍籬保護的安全的窩。我們在夜間用燈和步槍保護自己，艾莎真正的生活則是夜晚才開始。

這是我們分離的時候，各自回到各自的世界。

我們回到營地，那裡聚集了大批被偵查員逮捕的布倫族偷獵者。喬治身為野生動物保護區資深管理員，首要任務就是取締偷獵，因為偷獵會嚴重影響保護區野生動物的生存。

艾莎那天晚上沒回來，隔天也沒回來。我們很擔心，這附近到處都是土著還有他們的牲畜，艾莎還是有我們看著比較好。我們下午到外頭找艾莎。我走近艾莎喜歡的岩石，一邊呼叫，告訴艾莎我們來了，結果沒有回應。我們爬上昨晚坐著看天空的山脊，這才突然聽見恐怖的咆哮聲，接著是碰撞聲和木頭斷裂的聲響，就來自我們下方的大裂縫裡面。我們以最快的速度衝到最近的岩石上面，又聽見艾莎的聲音，距離我們非常近，接著又看到艾莎的伴侶很快從灌木叢裡跑開。

艾莎抬頭看著我們，停頓了一下，又靜靜追隨伴侶而去。看牠們跑去的方向，應該會遇到帶著牲畜的布倫族人。

我們一直等到快要天黑再呼叫艾莎，想不到艾莎竟然走出灌木叢，跟我們一起回營地，在營地過夜，隔天一早才又離開。

喬治帶著犯人回到伊西奧洛，留下幾位偵查員在營地。

灌木叢裡到處都是脫隊的山羊與綿羊。幾隻新生的羔羊咩咩叫，聽起來好可憐。我跟幾位偵查員一起把羔羊一隻一隻找出來，送到牠們的母親身邊。

閃電照亮了夜空，想必馬上就要下雨了。我從未像現在這樣，看到傾盆大雨就鬆了一口氣。只要下起大雨，布倫族人就會回到他們的草原，艾莎就可以遠離誘惑與危險。

還好艾莎不喜歡營地的這些偵查員，所以最後這幾天危險的日子都待在河對岸，那裡沒有布倫族人，也沒有牲畜。

原本乾涸的大地現在每天都浸在豐沛的雨水裡。除非親眼目睹，否則任誰都無法想像雨水帶來的轉變。

幾天之前這裡到處都是灰色、乾燥、劈啪作響的灌木，白色的長荊棘帶來唯一不同的顏色。現在四面八方都是茂盛的熱帶植物，還有滿山遍野、五彩繽紛的花朵予以點綴，空氣中滿是濃濃的花香。

喬治帶了一隻斑馬給艾莎，這是特別的禮物。艾莎一聽到車子的震動聲就出現了。牠看到斑馬，想把斑馬拖下路虎汽車，發覺太重了拖不動，就走到一群男生那邊，把頭往斑馬那邊撇撇，擺明了就是要他們幫忙。他們嘻嘻哈哈把沉重的斑馬拖了一小段路，等艾莎開動。艾莎最愛吃斑馬肉，沒想到這次竟然沒開口大嚼，反而是站在河邊，用最大的聲音吼叫。

我們想牠應該是叫牠的伴侶過來一起吃，可見艾莎很懂得獅子的禮儀，根據文獻記載，雖然獵食多半是母獅出力，母獅還是會等公獅吃飽之後才會開動。

隔天是十一月二十二日，艾莎在早上游過氾濫的河流，走向斑馬，不斷朝著岩石山（也就是我們這邊的河岸）的方向吼叫。

我看到艾莎的一隻前爪有一道很深的裂傷，艾莎不肯讓我上藥。牠吃到再也吃不下之後就走到岩石山。

那天晚上下了八小時的雨，河流成了洪流，雖然艾莎是游泳健將，這時候渡河也實在太危險。因此我在隔天早上看到艾莎是從大岩石走回來，非常開心。

艾莎的膝蓋很腫，牠總算肯讓我治療牠受傷的爪子了。

我發覺艾莎排便很困難，我看看牠的糞便，竟然看到一片捲起來的斑馬皮，打開來跟湯盤一樣大。斑馬皮上面的毛已經被消化了，但是斑馬皮有一公分厚。野生動物竟然能排泄出這樣的東西，又不傷及內臟，真是讓我大開眼界。

這幾天艾莎有時跟我們在一起，有時跟伴侶在一起。

喬治巡邏回來，帶了一隻山羊給艾莎。艾莎通常都是把獵物拖到喬治的帳篷，大概是因為這樣就不必費心看守，這次卻放在車子旁邊，放在從帳篷看不到的地方。艾莎的伴侶在晚上駕臨，飽餐一頓。我們覺得艾莎大概就是在打這個算盤吧！

隔天晚上我們在離營地遠一點的地方放了一些肉，免得艾莎的伴侶距離營地太近。

天黑之後不久，我們聽到牠把肉拖走的聲音，隔天早上艾莎去跟牠會合。

我們現在有個問題要解決。艾莎現在懷孕，行動愈來愈不方便，我們想幫艾莎打理三餐，問題是我們一直出現在營地，又會干擾艾莎和伴侶的關係。艾莎的伴侶應該不會喜歡老是看到我們，不過話又說回來，牠真的討厭我們嗎？我們覺得大致上不會。接下來的六個月，我們沒看到這隻獅子，卻常常聽到十到十二聲的「嗚夫、嗚夫」的咕噥聲，那是牠的註冊商標。我們也看到牠的足跡，顯然牠還是時時陪伴艾莎，所以牠並不討厭我們。

牠始終沒有出現在我們眼前，牠的膽子倒是愈來愈大，還好我們跟這隻獅子之間似乎有著很特別的停戰協定。牠好像知道我們的作息，我們對牠的作息也瞭若指掌。牠得跟我們分享艾莎，我們覺得偶爾應該請牠吃一頓作為補償。

看到牠的態度如此友善，我們再也不會良心不安，就繼續待在營地。

有天下午我們和艾莎在灌木叢中散步，看到一個有裂縫的巨石，艾莎小心翼翼聞了聞，扮個鬼臉，一點都不想靠近。我們聽到嘶嘶聲，想必裡頭有蛇要鑽出來。喬治舉起獵槍，沒想到從裂縫裡鑽出來的竟然是一隻巨蜥寬寬的頭，蜥蜴馬上就鑽出裂縫。牠真是名副其實的巨蜥，大約一點五公尺長，三十公分寬，全身充氣鼓脹到最極限。牠伸長了脖子，分岔的長舌快速動來動去，用尾巴發動攻擊。艾莎看到這麼凌厲的攻勢，覺得還是退為上策。

我們隔著一段安全距離觀察巨蜥，我很佩服牠的勇氣。巨蜥其實沒有防禦的本事，就只有可怕的外表還有揮來甩去的尾巴能拿出來嚇唬對手。牠像鱷魚一樣懂得善用尾巴發動攻勢。即使沒有勝算，牠還是寧願出來面對危機，也不要困在裂縫裡坐以待斃。

接下來的幾天我們很少看到艾莎，倒是常常聽見艾莎丈夫的吼聲，常常看見艾莎丈夫的足跡，所以也不擔心。

不巧的是喬治又得走了，我留在營地，艾莎跟我一起在營地待了三天，沒理會不停呼叫的伴侶。

有天晚上艾莎望著河邊，全身僵硬，衝進灌木叢裡。接著就是狒狒如雷的叫聲，被艾莎的吼聲壓制下來。不久之後艾莎的丈夫就以吼聲回應，牠距離艾莎大概只有五十公尺左右，嗓門足以撼動山河，而且比先前宏亮。艾莎在另外一頭吼回去。我坐在牠們中間有點擔心，萬一甜蜜蜜的小倆口光臨我的帳篷怎麼辦？我可沒吃的東西招待牠們啊！牠們吼來吼去，把嗓子都吼啞了，「嗚夫、嗚夫」聲也平息了，灌木叢除了昆蟲的嗡嗡聲，沒有其他的聲響。隔天晚上喬治回來了，還帶了一隻山羊給艾莎，真是謝天謝地。

十一、幼獅誕生了

現在接近十二月中旬，艾莎的寶寶大概這幾天就要跟我們見面了。艾莎的身體非常沉重，一舉手一投足都很吃力。牠要是在野外生活，一定會有機會活動，所以我費盡心思想帶牠一起出門散步，但牠還是寧願待在帳篷。不曉得艾莎打算在哪裡生產？牠一向認為我們的帳篷是牠最安全的「窩」，會不會就在帳篷生產啊？

我們準備了一個奶瓶，裝了些罐裝牛奶和葡萄糖，我看遍所有我能找到的書籍與手冊，研究動物生產相關情形與常見問題。

我沒有接生的經驗，所以緊張得不得了，還特別請教一位獸醫。我把手輕輕壓在艾莎的腹部，就在肋骨下方的位置，看看艾莎懷孕到了哪個階段。我感覺不到任何動靜，不禁懷疑我們是不是把艾莎交配的日子搞錯啦？

現在河水氾濫，喬治和我決定往下游走五公里，尋找大瀑布。水位高的時候，大瀑布的景色非常壯觀。艾莎在路虎汽車的車頂看著我們離開，也沒跟我們走，一副昏昏欲睡的樣子。我們要經過的灌木叢非常濃密，我們走著走著，我真希望艾莎也跟來了，就可以警告我們前方有水牛、有大象。我們看到一些糞便，顯然附近一定有大象、水牛出沒。

我們眼前的瀑布極其壯麗，泛著泡沫的水順著峽谷傾瀉而下，敲擊岩石隆隆作響，在下游氾濫，形成深深的漩渦。

我們在回程的路上，才剛超出能聽到瀑布聲的範圍，我就聽見熟悉的「哼咯、哼咯」，那是艾莎的聲音。不久之後我就看到牠盡力小跑步來找我們。牠身上都是舌蠅，但牠還是先熱情洋溢跟我們打招呼，才趴到地上翻滾，把舌蠅弄掉。

牠行動不便還來找我們，我看了好感動，何況牠的伴侶昨天一整晚一再呼喚，一直到今天早上九點才停止，艾莎都不為所動，我就更感動了。

有艾莎相伴當然很開心，可是我們也擔心艾莎的伴侶可能不再願意跟我們分享艾莎。我們等了很久，艾莎才找到伴侶，要是伴侶因為我們干擾離牠而去，那我們可就罪過大了。我們希望艾莎的寶寶以野生獅子的方式長大，小獅子需要爸爸才能這樣長大。

我們決定離開三天。這當然很冒險，艾莎可能在這幾天生產，會需要我們照顧，不過我們覺得還是別讓牠的伴侶拋棄牠比較重要，所以就離開了。

我們在十二月十六日回到營地，飢腸轆轆的艾莎正等著我們。艾莎在營地待了兩天，大概是因為最近常有雷雨，所以牠不想離開牠的窩。牠倒是出去散步一兩次，雖然路程不長，還是讓我們很意外。牠每次都是走到大岩石就馬上回來。牠的食量大到驚人，大概是為了未來幾天儲存精力。

十二月十八日晚上，艾莎在黑夜中穿越荊棘圍籬，走進我的帳篷，窩在我床邊過夜。牠很少這樣做，大概是覺得自己快生了才會這樣。

隔天喬治和我出去散步，艾莎也跟來，只是偶爾會坐下喘氣，顯然很不舒服。我們見狀就掉頭，走得很慢。艾莎突然閃入灌木叢，往大岩石方向走去，我們吃了一驚。

艾莎那天晚上沒回來，隔天早上我們聽見牠有氣無力的叫聲。牠應該是生寶寶了。我們循著牠的足跡走，走到岩石附近，這裡的草長得太高了，我們看不到足跡。岩石山大約是一、兩公里長，我們找了很久，還是找不到艾莎的位置。

我們在下午再度出發，總算用望遠鏡看到艾莎。牠站在大岩石上，從牠的輪廓看來，牠還沒生產。

我們爬上大岩石，艾莎躺在巨石附近，巨石坐落在岩石的一道寬寬的裂縫上。附近有一些草，還有一棵小樹可以遮陽。這個地方一向是艾莎最愛的「瞭望台」，我們覺得拿來當寶寶的育嬰室也不錯，因為裂縫裡面有個雨淋不到、非常安全的洞穴。

我們讓艾莎採取主動，牠慢慢走向我們，一步一步如履薄冰，顯然身體疼痛。牠非常熱情跟我們打招呼，我看見有血從牠的陰道滲出來，顯然是開始分娩了。

牠身體不舒服，還是走向站在後面的馬卡狄和托托，用頭磨蹭他們的腿才坐下。

我走近艾莎，牠站了起來，走到岩石邊緣，就一直待在那裡，別過頭去不看我們。我覺得牠刻意選擇這個險峻的位置，是要確定沒人能跟過去。牠每隔一段時間就會回來，非常輕柔地跟我頭碰頭，再毅然決然走回巨石，擺明了就是希望獨處。

我們離巨石遠一些，用望遠鏡看艾莎看了半小時。艾莎滾來滾去，舔著自己的陰部，又不斷呻吟。艾莎突然站了起來，一步一步慢慢走下陡峭的岩石，消失在茂密的灌木叢裡。

我們也幫不了艾莎，只能回到營地。天黑之後我們聽到艾莎的伴侶呼叫，艾莎沒有回應。

我一個晚上都沒怎麼睡，一直想著艾莎。快要天亮時又下起雨來，我就更擔心艾莎。我一心期盼趕快天亮，好出去看看艾莎。

喬治和我一大早就出發，我們先是跟著艾莎的伴侶的足跡走。艾莎的伴侶曾經到過營地附近，把艾莎放了三天動都沒動、現在已經嚴重發臭的山羊屍體拖走，拿到灌木叢裡享用。接著牠走到我們看見艾莎走入的地方附近的岩石。

我們不知道該怎麼做。我們的好奇心可能會害了艾莎的寶寶，因為剛生產完、動彈不得的母獅如果被打擾，可能會親手殺掉寶寶。再說艾莎的伴侶可能就在附近，所以我們決定不要再尋找艾莎了。喬治去打了一隻很大的非洲大羚羊，夠艾莎跟牠伴侶吃了。

喬治忙著打大羚羊，我爬上大岩石，等了一個小時，豎著耳朵聽聲音，想知道艾莎在哪裡。我的耳朵都直了，還是沒聽見動靜。後來我再也忍不住了，呼喚艾莎。艾莎沒有回應，該不會是死了吧？

我們繼續循著艾莎伴侶的足跡走，希望能找到艾莎，一直走到岩石附近乾涸的河道。我們把要給艾莎伴侶吃的東西留在那裡，如果牠來吃，我們應該就能找到艾莎。

那天晚上我們聽見遠處傳來艾莎伴侶的吼聲，沒想到隔天早上卻在營地附近看到艾莎伴侶的足跡。牠沒有拿我們留在營地附近的肉，倒是拿了我們留在岩石附近給牠的獵物。牠拖著獵物至少走了一公里，穿過最難走的地形，越過峽谷、很多岩石露出地面的地方，還有茂密的灌木叢。我們不想打擾牠用餐，就先去找艾莎，還是沒找到。我們回到營地吃早餐，就又出去找。我們用望遠鏡看，突然看到一大群兀鷲盤踞在幾棵樹上，那些樹的位置應該就是艾莎的伴侶吃飯的地方。

我們認為牠現在應該吃完了，就往那個地方走去，快要走到的時候，我們發現每一棵灌木、每一棵樹上都站滿了猛禽。每一隻猛禽都看著乾涸的河道，獵物屍體就這樣攤在炙熱的陽光下。鮮肉就在眼前，兀鷲卻還是停留在樹上，顯然艾莎的伴侶還在看守牠的獵物。我們發覺牠還沒吃獵物，所以艾莎可能也在附近。顯然艾莎的伴侶為了獻殷勤，拖著一百八十公斤重的獵物走了大老遠，拿給艾莎吃。我們覺得還是不要繼續找艾莎比較好，就回營地吃午餐，吃完又出發了。

我們發現兀鷲還待在樹上，就在下風處繞了一圈，小心翼翼從高處接近。

喬治、馬卡狄和我才剛剛經過一簇非常茂密的灌木叢，它長在地面一道深深的裂縫上方，我突然有一種奇怪又不好的感覺。我停下腳步往回看，看到緊跟在我後面的托托專注地看著灌木叢。接下來我們聽見恐怖的咆哮，還有樹枝折斷的聲音。一秒鐘過後又是一片寂靜，艾莎的伴侶走了。我們之前離牠不到二公尺遠，我想我會突然覺得不安，一定是因為牠緊盯著我們的一舉一動。托托蹲下來看灌木叢裡面的東西，牠受不了就走掉了。原來托托和公獅是四目相對，托托也看到獅子巨大的身軀消失在深深的裂縫裡。我們覺得能全身而退真是萬幸，就打道回府，在天黑以前在不同的地方放了三塊肉。

隔天天一亮，我們就到三個地方「視察」，三塊肉通通被鬣狗拿走了。

我們在河邊發現艾莎伴侶的足跡，卻沒看到艾莎的足跡。雨水積成的小水坑早就乾了，艾莎要解渴只能到河邊。我們連艾莎的影子都沒看到，實在很擔心。後來我們總算發現零星的足跡，可能是艾莎的足跡，就在我們三天前最後一次看到牠的地方附近，不過也不能確定就是牠的。我們滿懷希望，在大岩石下仔細尋找，還是沒找到。

現在兀鷲已經走了，我們要找艾莎連線索都沒了。

我們又在岩石附近、營地附近放了肉。隔天早上我們發現艾莎的伴侶把一些肉拖到工作室吃，其他的肉都是鬣狗吃了。

我們上次看到艾莎已經是四天前的事了，最後一次看到艾莎吃東西則是六天前，不曉得牠有沒有跟伴侶一起吃非洲大羚羊。

我們覺得艾莎應該在十二月二十日晚上生下寶寶了。艾莎的丈夫本來幾天都不見蹤影，那天晚上卻又出現，後來就一直待在大岩石附近，這種行為很不尋常，我們認為這不是巧合。

在聖誕節前夕，喬治出去打山羊，我繼續白費力氣尋找艾莎、呼叫艾莎，還是沒聽到回應。

我心情沉重布置著我們的小聖誕樹。我以前都是隨興創作，有時候我會拿一棵小小的燭台大戟，在對稱的樹枝上懸掛閃亮的鏈條，在多肉的纖維插上蠟燭。有時候我用花朵蔓延盛開的蘆薈，有時候用荊棘很多的蒺藜科木幼苗，用來裝飾非常好看，還有壯麗的尖刺，可以掛裝飾品。如果找不到這些植物，我就拿個盤子裝滿沙子，插上蠟燭，再用我在半沙漠地帶能採集到的植物裝飾。

今天晚上我倒是有一棵真正的小樹，有著掛著鏈條閃閃發亮的樹枝、亮晶晶的裝飾品，還有蠟燭。我把小樹放在帳篷外面的桌子上，我也在那桌上放了許多花和綠色植物。我把我帶給喬治、馬卡狄、努魯、伊布拉辛、托托還有廚子的禮物拿來，還有要給男孩子的密封信封，裡面有錢，我在信封上畫了一個聖誕樹的樹枝。我還準備了香菸、棗乾還有幾罐牛奶要送給他們。

我匆匆換上連身裙，這時天色已經暗了，可以點蠟燭了。我把男生叫來，他們一個一個都盛裝慶聖誕，臉上帶著微笑，只是有點害羞，因為他們從來沒看過這種聖誕樹。

坦白說，我看見小小銀白色的聖誕樹在四周一片黑暗的灌木叢中閃著光芒，象徵耶穌誕生，真的很感動。

每年到了聖誕夜，我總覺得我像個小小孩。我向那群男生說明歐洲人用聖誕樹慶祝平安夜的習俗，好化解緊繃的氣氛。我把禮物送給他們，大家同聲歡呼：「艾莎……艾莎、艾莎。」一聲音彷彿迴盪在空中久久不散，我頓時一陣哽咽，艾莎如今是死是活？我馬上請廚子端上我們從伊西奧洛帶來的梅子布丁，請他淋上白蘭地之後用火點燃，結果始終不見藍色的火焰，因為我們的聖誕布丁是濕濕軟軟的一大塊，還有獨特的辣醬油氣味。我們的廚子顯然從來沒執行過這道程序，我之前教他的他也沒聽進去，只是一心一意想著喬治超愛他的辣醬油，所以就連梅子布丁也被他泡在辣醬油裡。

平安夜晚餐砸鍋的也不只有我們。我們把山羊的屍體掛在其他掠食動物拿不到的地方，打算等艾莎出現再放低一些。我們就寢之後，聽見艾莎的伴侶在樹旁邊咕噥咆哮，表演各種特技動作，過了好一陣子才精疲力盡離開。

聖誕節一早，我們出發尋找艾莎。我們循著艾莎伴侶的足跡過了河，再次全面搜查牠拖著非洲大羚羊走進的灌木叢。追蹤了幾小時，還是徒勞無功，只好回去吃早餐。那天早上喬治在營地附近打死一隻具有攻擊性的眼鏡蛇。

過了一會兒，我們再次前往岩石山。我們一直覺得艾莎只要還活著，就一定會在那裡。我們蜿蜒走過茂密的灌木叢，我一看到裂縫就滿懷希望爬進去，儘量不去想艾莎已經死了，只是被無法穿越的荊棘叢蓋住了，所以兀鷲沒來吃牠。

我們走著走著都累壞了，就在岩石的陰涼處坐下休息，討論著艾莎可能的遭遇。我們沮喪到極點，就連努魯和馬卡狄的嗓門都變小了。

我們說起母狗生下小狗之後，五到六天都會寸步不離守在小狗身邊，給小狗保暖、餵小狗吃奶，還要按摩小狗的肚子，讓小狗開始消化，所以艾莎應該也在照顧寶寶，這樣想心情就會好些。我們真的覺得艾莎應該會像母狗一樣照顧寶寶，但是連個蹤影都沒有實在太奇怪了。再說就連母狗生完寶寶之後，偶爾也會去看看主人。艾莎在分娩以前都是跟我們比較親，跟伴侶比較疏遠，若說牠一生寶寶就拋下我們，完全回歸野外生活，這簡直不可能，也不是好兆頭。

我們在中午回到營地，開始一頓非常憂鬱又無言的聖誕大餐。

突然間有個東西快速一閃，我還沒搞清楚狀況，艾莎就入了席，把桌上的東西全掃下去，把我們撞倒在地，坐在我們身上，用歡樂和愛把我們緊緊包圍。

艾莎在搗亂的時候，男孩們也來了，艾莎也跟他們打招呼，只是有點太熱情了。

艾莎的體型恢復正常了，看起來身體很好，只是乳頭很小又明顯很乾。乳頭外圍有大約五公分寬的深紅色圈圈。我小心翼翼捏了捏艾莎的一個乳頭，沒有乳汁溢出來。我們拿了點肉給艾莎吃，牠馬上就吃光。牠吃東西的時候，我們討論了很多問題。艾莎怎麼會在一天最熱的時候來看我們？牠平常這個時候動都懶得動。難道是牠刻意選擇這個時間，因為很少掠食動物會在這麼熱的時候出動，所以這時候離開寶寶最安全？還是牠聽到喬治開槍打眼鏡蛇的聲音，以為是叫牠來的信號？牠的乳頭怎麼會這麼小這麼乾？牠是不是剛給寶寶哺過乳？就算是這樣，牠的乳腺在懷孕時期還很大，應該也不會一下縮小到正常大小。艾莎的寶寶會不會死啦？不管之前發生什麼事，艾莎怎麼會等上五天才來找我們要東西吃呢？

艾莎飽餐了一頓，又喝了些水，熱情地用頭磨蹭我們，沿著河走了三十公尺左右，躺下來打瞌睡。我們暫且離去，好讓牠更自在些。我在午茶時間到河邊找牠，牠又不見了。

我們跟著牠的足跡走了一小段，足跡是通往岩石山，我們沒多久又跟丟了，還是不知道艾莎的寶寶在哪裡，就只能先打道回府。不過現在我們知道艾莎平安，低迷的士氣又恢復了。

那天晚上河對岸傳來艾莎伴侶的叫聲，艾莎倒是沒回應。

隔天我們開始擔心艾莎的寶寶。如果寶寶還活著，艾莎的乳頭那麼乾，能哺乳嗎？我們認為艾莎乳頭外圍會有紅色圈圈，大概是因為哺乳把血管弄破了，這樣想就比較安心，不過我們還是很擔心，因為動物學權威曾經警告過我們，人工飼養的母獅常會生出不正常也無法存活的幼獅。艾莎的一個姊姊就是生出這樣的寶寶。我們覺得一定要知道寶寶的狀況，如果有必要，就要出手救寶寶。隔天早上我們找了五小時，連個糞便或是壓碎的樹葉都沒看見，更不要說能判斷艾莎寶寶所在位置的足跡了。

我們下午繼續找，仍舊徒勞無功。我們拖著沉重的腳步走過灌木叢，喬治差點踩到一隻超大的鼓腹毒蛇，幸好他能趕在毒蛇攻擊之前開槍把牠打死。

半個小時之後，我們聽見伊布拉辛開槍的聲音，這是信號，表示艾莎到營地了。

顯然艾莎聽見喬治打鼓腹毒蛇的槍聲，就走了過來。

我們回到營地，艾莎看到我們好熱情，我們看到牠的乳頭還是小小乾乾的，非常擔心。伊布拉辛倒是說艾莎到達營地的時候，乳頭和乳腺大到低垂下來，還搖來晃去。

伊布拉辛又說艾莎的舉動非常怪異。他到廚房拿槍，廚房的方向正好就是艾莎走來的方向，結果艾莎怒氣沖沖朝他猛衝過來，大概是以為伊布拉辛要去找牠的寶寶。後來伊布拉辛去工作室，要拿掛在陰涼處的肉，這回艾莎又不讓伊布拉辛碰牠的獵物。之後艾莎窩在路虎汽車上，伊布拉辛這才發現艾莎的乳頭和乳腺都縮小到正常大小。伊布拉辛說艾莎把乳頭和乳腺「收起來了」，又說駱駝和牛都能收縮乳頭以保留乳汁。飼主要是非要擠奶不可，就得把動物綁在樹上，繫上幾條止血帶，增加肌肉的血壓，讓乳頭放鬆，就能開始擠奶了。艾莎會不會也是刻意收縮乳頭？母獅獵食的時候是不是也要收縮乳頭？母獅要是無法收縮乳頭，那要拖著沉重的乳頭獵食，一定很不方便，而且乳頭也可能被灌木叢裡的荊棘割傷。

我們思考著這些問題，大吃了一頓的艾莎坐了下來，不打算回到寶寶身邊。

我看了很擔心，因為天快要黑了，實在不該在這個時候撇下寶寶。

我們沿著艾莎的來時路往回走，希望能誘使艾莎回到寶寶身邊。艾莎心不甘情不願跟上來，豎著耳朵聽著岩石傳來的聲音，沒多久又回到營地了。我們覺得牠可能是怕我們跟在牠後面找到寶寶。艾莎又回去吃飯，牠有條不紊地把碎屑都吃得一乾二淨，這才消失在黑暗中，我們大大鬆了一口氣。牠一定是故意等到天黑，確定我們不能跟蹤才肯走。

我們現在相信艾莎會照顧寶寶，不過動物學專家的警告言猶在耳，我們還是不放心，總覺得要親眼看到小獅正常才能安心。

我們在回伊西奧洛前又出去找了最後一次，還是沒找著。我們在伊西奧洛度過十二月的最後三天。我們在回到營地的路上，差點撞到兩隻犀牛，又遇到一小群大象。我們別無選擇，只能衝上前去，希望能順利走過去，沒想到象群的大公象家長生氣了，追著我們走了好長一段路。我覺得一點都不好玩，因為大象是我唯一害怕的野生動物。

我們進營地之前按了幾次喇叭，讓艾莎知道我們到了。我們看到艾莎在巨石上等著我們，就在車道與岩石的盡頭交會的地方。

牠跳上路虎汽車的後座，跟男孩子們一起坐。牠又進入拖車，裡面有隻死山羊，我很少看到艾莎這麼餓。

我馬上發覺艾莎的乳頭還是小小乾乾的。我擠了擠艾莎的乳頭，沒有乳汁，我們覺得這不是好現象。艾莎在營地待了七個鐘頭，又吃東西，又在路虎汽車跳上跳下，我們開始覺得牠會不會是沒有寶寶可以照顧了。牠一直到凌晨兩點才離開。

我們在一大早出發，循著艾莎的足跡走，走向大岩石。我們在大岩石附近看到一個很適合母獅帶著全家居住的地方。這裡有超大的巨石，可以完全遮蔽，周圍還有灌木叢，幾乎是銅牆鐵壁，牢不可破。我們直接前往最高的巨石，站在上面往下看著「窩」的中心。我們沒看到足跡，不過從現場跡象判斷，應該有動物在這裡睡覺。

我們在附近看到舊的帶血的足跡。這裡非常接近我們看到艾莎分娩的地方，所以牠可能是在這裡生下寶寶。不過話又說回來，我們之前尋找艾莎，曾經距離此地不到一公尺，艾莎如果把寶寶藏在這裡，我們不可能不知道艾莎藏身在此處。

我們大聲呼叫艾莎，叫了半個小時，艾莎突然從僅僅二十公尺外的灌木叢中現身，彷彿要證明我們之前的想法錯誤。艾莎看到我們非常驚訝，一聲不吭瞪著我們看，全身動也不動，好像是希望我們不要靠近。

我們應該是非常接近艾莎寶寶的藏身之處，所以艾莎覺得應該現身，免得被我們發現。過了一會兒，艾莎朝我們走過來，熱情地跟喬治、我、馬卡狄和托托打招呼，只是從頭到尾都沒發出半點聲響。我看見牠的乳頭是平常的兩倍長，乳頭周圍的毛還濕濕的，應該是剛哺過乳，我鬆了一口氣。

不久之後艾莎就慢慢往回走，走向灌木叢，背對著我們站了五分鐘左右，仔細聽著荊棘叢裡的聲音。艾莎坐下來，還是背對著我們，彷彿在對我們說：「這是我的私生活空間，請止步。」艾莎表達心意的方式真是無聲勝有聲，點到為止又不唐突。

我們靜悄悄溜走，故意繞個路，爬到大岩石的最頂端，站在上面往下看，艾莎還是坐在原地。艾莎想必是聞到我們的氣味，知道我們在搞什麼名堂，存心不讓我們知道牠的窩在哪裡。

我發現儘管我們之前跟艾莎如此親密，我們對於野生動物的反應卻還是一無所知。現在想起來覺得真好笑，我們當初還以為艾莎會在我們的帳篷生寶寶，還大費周章張羅呢！我們還以為艾莎覺得我們的帳篷是最安全的地方，真是往自己臉上貼金。雖然我們最近發現的足跡都指向比較低的岩石，我們認為艾莎應該是在巨石隱蔽處生下寶寶，後來再把寶寶搬移了三十公尺左右，搬到現在的地方。

如果真是這樣，那艾莎應該是在雨停之後才帶寶寶搬家，因為巨石那裡可以躲雨，新居就不能，除此之外倒也不失為理想的育嬰場所。

我們覺得應該尊重艾莎的意願，除非艾莎主動把寶寶帶來給我們看，否則我們不該去找。我們覺得牠總有一天一定會把寶寶帶來給我們看的。我決定要留在營地，給艾莎張羅食物，這樣艾莎就不用長時間在外替寶寶獵食，撇下寶寶不管。我們也決定把食物送去給艾莎，儘量減少艾莎離開寶寶的時間。

商量好之後，我們馬上付諸實行，那天下午開車到艾莎的窩附近。我們知道艾莎聽到引擎的震動，就知道我們帶吃的來了。

我們靠近上次看到牠的地方，開始大叫「馬基、查庫拉、尼亞馬」，是斯瓦希里語「水、食物、肉」的意思，艾莎都聽得懂。

艾莎很快就出現了，還是像以往一樣熱情，胃口也很好。我們把裝水的盆子固定在地面，免得動來動去，再趁艾莎低頭猛喝的時候離開。艾莎聽到引擎發動的聲音，看了看四周，也沒有要跟在我們後面的意思。

隔天早上，我們把艾莎那天的配糧帶去給牠，牠沒出現，那天下午我們再去，艾莎還是沒出現。那天晚上，一隻陌生的公獅走進我們的帳篷十五公尺之內，把艾莎的配糧拿走了。

我們吃完早餐，循著這隻獅子的足跡走，走到大岩石，從那裡的足跡判斷，顯然還有另一隻公獅與牠同行。我們希望艾莎和牠們相處愉快，也許牠們是在幫艾莎管家。

我們走到河邊，看看有沒有艾莎的足跡，結果沒有。不久之後喬治再去打一隻山羊給艾莎，就在艾莎的岩石附近看到艾莎。艾莎渴得要命，鋁製的水盆不見了，會不會是被別的獅子偷走了？喬治在回程的路上拿東西給艾莎吃，看艾莎的胃口，顯然那兩隻獅子沒有把偷來的食物分給艾莎吃。

喬治那天稍晚前往伊西奧洛，艾莎跟我在營地待到傍晚。之後我看到艾莎躡手躡腳走進灌木叢往上游走，就跟在後面。顯然艾莎不希望有人看見，牠一聞到我的氣味，就假裝在樹上磨爪子。我一轉過身去，牠就撲過來把我撞倒在地，好像在說：「誰叫妳要跟蹤我！」現在該我假裝我只是要帶點肉給牠吃。艾莎相信我的藉口，跟在我後面，又開始吃。吃完以後牠說什麼都不肯回去看寶寶，直到深夜，我在帳篷裡看書，牠才覺得我不會跟蹤牠。

接下來的幾天，我繼續把食物送到寶寶可能的所在地附近。我每次見到艾莎，牠都大費周章隱瞞牠的藏身處。牠常常循著原路折返，當然是要故布疑陣。

有天下午我經過大岩石，看到一隻很奇怪的動物站在上面。在昏暗的光線下，那動物看起來像介於鬣狗與小型獅子之間。牠看到我就溜走了，步伐如貓般輕巧。顯然牠看到艾莎的寶寶了，我頓時擔心無比。後來我帶點食物給艾莎吃，一呼叫艾莎就出現了。我感覺艾莎比平常更提高警覺，對托托很兇。艾莎還在我的卡車車頂吃飯，我就先離開了。我們在晚上都會把肉留在車頂，免得被掠食動物拿走，掠食動物就算能跳上車，也很少會冒險跳上陌生的東西。我不知道該怎麼做比較好。我繼續把食物放在艾莎和寶寶的窩附近，會不會引來掠食動物呢？如果我把肉放在營地，艾莎就得撇下寶寶到營地，寶寶孤伶伶地會不會遇害呢？我也只能兩害相權取其輕，決定還是繼續把食物送到艾莎的窩附近。隔天傍晚我給艾莎送飯，聽見幾隻獅子的咆哮，感覺離我很近，艾莎是又緊張又口渴。

經過這一次，我決定就算艾莎不高興，我還是得知道艾莎到底有幾個寶寶，還有寶寶的狀況又是如何，萬一出現緊急狀況我才能幫上忙。在一月十一日，我做了一件不可原諒的事情。我請一位野生動物保護區偵查員（馬卡狄生病了）拿著步槍待在岩石下方的道路，我和托托（艾莎跟他很熟）爬上岩石，一邊不停呼叫，告訴艾莎我們來了。艾莎沒有回應，我叫托托把涼鞋脫掉，免得發出聲響。我們爬到岩石頂，站在懸崖的邊緣，用望遠鏡掃視下方的灌木叢。我們的正下方就是艾莎第一次出現的地方，就是我們嚇到牠，牠提防著我們的那次。

現在艾莎不見蹤影，不過這個地方倒像是動物經常使用的育嬰場所，也很適合用來照顧寶寶。

雖然我全神貫注在用望遠鏡仔仔細細掃視下方的灌木叢，卻突然有種奇怪的感覺，於是扔下望遠鏡，轉過身來，看到艾莎躡手躡腳走近托托背後。我才大叫要托托小心，艾莎就把托托給撞倒了。原來艾莎神不知鬼不覺靜悄悄爬上我們後面的岩石，托托只差一點點就要摔下懸崖，直達鬼門關。還好他光著腳，才能站穩，沒有從岩石上滑下去。

艾莎又走向我，不帶惡意地把我也給撞翻了，不過牠顯然是在表達不滿，怪我們太靠近牠的寶寶。

艾莎表演完畢，慢慢沿著岩石的頂端走，偶爾轉過頭來，確定我們跟在後面。牠靜靜帶領我們來到山脊的遠端，我們再從那裡往下走到灌木叢。我們一到平地，艾莎就往前衝，一直回頭看，確定我們有跟上。

牠就這樣把我們帶回來時路，只是故意兜了一大圈，大概是要避免從牠的寶寶附近走過。牠從頭到尾都不出聲，我想牠應該是怕嚇到寶寶，或是牠不希望寶寶聽到聲音就出來跟在我們後面。

每次跟艾莎一起走在外面，我都會偶爾拍拍艾莎，艾莎也很喜歡我拍牠，今天牠倒是不要我碰牠，而且擺明了就是很討厭我。就連牠回到營地，在車頂上吃晚餐，看到我走近，牠也會轉過頭去。

牠一直到天黑才回到寶寶身邊。

喬治從伊西奧洛回到營地，我們就換班。艾莎的態度讓我覺得我不能再跟蹤牠了，喬治倒是沒這種經驗，所以沒這麼多顧慮。我對艾莎的寶寶真的太好奇，我想要是喬治「犯規」，我就能趁虛而入了。

十二、與幼獅見面

有天下午，我人在距離營地一百六十公里的伊西奧洛的家，喬治靜悄悄爬上艾莎的大岩石，從頂端往下看。

喬治看到艾莎在給兩隻幼獅哺乳，艾莎的頭被一塊懸垂的岩石擋住了，喬治看不到，所以艾莎應該也看不到喬治。喬治看到了艾莎的寶寶，就回到營地拿了一隻動物屍體。

我們帶了很多山羊到營地給艾莎吃，艾莎就不必撇下寶寶外出替牠們獵食，寶寶也比較不會遭到掠食動物的毒手。

喬治把食物放在艾莎的窩巢附近，守在那裡看接下來的發展。艾莎並沒有來拿肉，這下子喬治可就內疚了。我們放在牠窩附近肉每次都被吃掉，艾莎今天不肯來拿肉，會不會是知道喬治偷看牠？隔天艾莎也沒有來營地，喬治覺得艾莎可能真的在生他的氣。艾莎晚上倒是來了，肚子餓得很，連平常不屑吃的地克小羚羊都吃了。喬治也就只能弄到這個。幾天之後我從伊西奧洛回到營地，沿途買了幾隻山羊給艾莎。

我到了營地，聽見喬治說的好消息，真是興奮到極點！

隔天喬治前往伊西奧洛，我負責提供艾莎哺乳期所需的大量食物。

我很快就發現艾莎雖然還是一如往常熱情，還肯讓我拿著骨頭方便牠啃咬，喬治在的時候牠也是一樣熱情，牠對非洲人卻愈來愈疏離。努魯和馬卡狄看著牠長大，是牠的老朋友，也不能像以前艾莎還沒生寶寶的時候那麼親密了。

有一天艾莎在午餐時間過後不久到達營地，吃完東西也一點都沒有想回到寶寶身邊，我看牠這樣，非常焦慮。等到天黑，我和托托往寶寶們的方向走，希望艾莎看到能跟上來。艾莎一開始還跟著我們走，走了一段又到灌木叢裡去了，超前我們一百公尺，然後背對著我們坐下，擋住我們的路。

艾莎不動如山，我們明白牠的意思，只好回去，希望等我們離開，艾莎就會回到寶寶身邊。

隔天艾莎還是一樣，鐵了心不透露寶寶的藏身處。托托和我下午散步經過大岩石，靜悄悄走著，不敢出聲。艾莎突然出現，用頭磨蹭我的膝蓋，靜靜地把我們帶離寶寶藏身的大岩石，帶往一堆我們稱為「薩姆岩」的小岩石。

艾莎在岩石裂縫裡鑽進鑽出，穿過狹窄的縫隙，好像存心整我們，故意帶我們走最難走的路。我們落後牠也會等我們，牠的頭一直往前伸，好像是要我們跟著牠走。最後我坐了下來，也是要告訴牠我知道牠在耍我。

艾莎看我坐下來，就離開薩姆岩石堆，帶著我們走過荊棘叢和巨石堆，離牠的窩愈來愈遠。有時候牠對著寶寶的「疑似藏身處」煞有介事嗅了好久。牠是故意要我們以為牠帶我們去找寶寶，其實是存心耍我們。我們經過一個地方，我常常在這裡中了艾莎的埋伏。現在我可是精疲力盡，不想再被牠撞翻了，所以我就繞過去，艾莎看穿我的心思，就從藏身之處走出來，表面上平靜得很，其實是很生氣少了個樂子。

喬治只是短暫瞄了兩隻吃奶的幼獅一眼，還沒來得及弄清楚牠們是否正常。當然喬治也不知道是不是還有其他的幼獅被岩石遮住了。所以在一月十四日下午，喬治趁艾莎在營地裡吃飯，偷偷前往薩姆岩，我則是在營地陪著艾莎。

艾莎兩天來都經常在這一帶出沒，我們覺得牠可能是給寶寶搬家了。

喬治爬上中央的岩石，看到裂縫中有三隻小獅，兩隻在睡覺，第三隻在咬著某種百合科植物，抬頭看見喬治。小獅的眼睛還很模糊，是藍色的，喬治覺得小獅可能還沒辦法聚焦，應該看不見他。

喬治拍了四張照片，小獅所在的裂縫光線很暗，所以他也不指望照片會有多清晰。喬治在照相的時候，兩隻沉睡的小獅醒過來，爬來爬去。喬治覺得牠們非常健康。

喬治回到營地，告訴我這天大的好消息，艾莎也在場，還好牠沒起疑心。

我們在傍晚時分開車把艾莎載到薩姆岩石堆附近。我們識趣走開，艾莎聽見我們的聲音愈來愈遠，這才肯跳下路虎汽車，想必是回到寶寶身邊。

喬治回到伊西奧洛。他走後的隔天早上，我聽見艾莎的伴侶在河對岸呼叫，倒是沒聽見艾莎回應。到了下午，艾莎又在營地旁邊大聲吼叫，直到我過去看牠才停下來。艾莎看到我興奮不已，跟我一起回到營地。牠吃得不多，天黑就又離開了。

接下來的兩天艾莎都沒出現，這兩天晚上牠的伴侶都不斷呼叫牠。第三天我吃早飯的時候，聽見河邊傳來好大一聲獅吼。我趕緊跑到河邊，看到艾莎在河裡扯開嗓門大吼特吼。

艾莎一副精疲力盡的模樣，很快又轉過身去，消失在對岸的灌木叢中。牠這種奇怪的行徑弄得我一頭霧水。艾莎在午茶時間出現在營地，匆匆吃了一餐又跑掉了。隔天艾莎沒到營地，我那天晚上倒是被大型動物猛敲我的卡車的聲音吵醒。卡車就在荊棘圍籬外面，我們在晚上都把山羊趕進卡車裡，免得牠們被掠食動物吃掉。顯然有隻獅子想捉卡車裡的山羊吃。我覺得那獅子應該不是艾莎，因為艾莎通常會發出微弱的呻吟聲，那是牠的註冊商標，我想應該是艾莎的伴侶。

我豎著耳朵聽，不敢發出半點聲音，因為野獅子應該就在不遠處。沒想到乒乒乓乓、喀噠喀噠的聲音愈演愈烈，再這樣下去車子恐怕要解體了。我趕緊打開手電筒，沒想到獅子看到燈光敲得更起勁。

突然間我聽見艾莎的伴侶在河對岸呼叫，所以跟卡車過不去的獅子一定就是艾莎。艾莎顯然是火冒三丈，可是現在是晚上，我不想叫男孩子打開圍籬放我出去，再說艾莎狠敲狂打，萬一牠丈夫聽到跑來助陣怎麼辦？我只能大喊：「艾莎！不可以！不可以！」我也很難指望艾莎會聽話，沒想到牠一聽見竟然立刻住手，馬上就離開營地。

隔天二月二日的下午，我在工作室寫作，托托跑來告訴我，艾莎在河的另一頭吼叫，聲音奇怪到極點。我順著叫聲往上游走，穿過營地附近一處林木下方的灌木叢，這裡在乾季在我們這一頭有個非常寬廣的沙洲，在另一頭則是乾涸的水道，順著水道的陡坡往下就是河流。

我猛然停下腳步，不敢相信眼前的景象。

艾莎站在沙洲上，離我只有幾公尺，一隻小獅緊跟在旁，另外一隻小獅剛從河裡爬上岸，抖乾身上的水，第三隻小獅還在對岸來回踱步，可憐兮兮地叫著。艾莎盯著我看，臉上的表情夾雜著自豪與難為情。

我一動也不動，艾莎對著寶寶輕輕呻吟一聲，聽起來就像「嗯—哼，嗯—哼」，接著牠走向剛上岸的小獅，親暱地舔舔牠，又回到河裡，走向困在對岸的小獅。跟著艾莎渡河的兩隻小獅馬上跟著媽媽，勇敢游過深深的河水，一家子馬上又團圓了。

在牠們上岸的地方附近，有棵無花果樹生長在岩石堆中，灰色的樹根像張網一樣緊緊抓住石頭。艾莎在樹蔭下乘涼，金色的毛皮在深綠色樹葉和銀灰色巨石的陪襯下，顯得格外耀眼。小獅子先是躲起來，後來實在太好奇，就顧不得害羞。牠們先是在灌木叢中小心翼翼偷瞄我，不久之後就乾脆跑出來，一臉好奇盯著我看。

艾莎「嗯—哼，嗯—哼」的叫聲讓小獅很安心，牠們放下心來，爬上媽媽的背，想抓住媽媽搖來搖去的尾巴。牠們在媽媽身上親暱地滾來滾去，到附近的岩石走走看看，又把圓滾滾的小肚子從無花果樹的樹根下擠過去，完全忘了我的存在。

過了一會兒，艾莎起身走到河邊，又打算走進河裡，一隻小獅緊跟在牠身邊，顯然是要跟媽媽一起去。

我之前請托托回去拿艾莎的食物，托托不巧就在此時帶著食物現身。艾莎馬上把耳朵壓低，動也不動。等托托把肉放下告退之後，艾莎才快速游泳過河。一隻小獅緊跟在媽媽旁邊，自己好像也絲毫不怕水。等艾莎開始用餐，勇敢的小傢伙又轉回頭，獨自游泳過河，大概是要去找另外兩隻小獅，也可能是想幫牠們的忙。

艾莎一看到小傢伙游到踩不到底的位置，馬上衝入河裡，趕上小獅，嘴巴咬住小獅的頭，把小獅的頭整個按在水裡，我好擔心小傢伙會滅頂。

艾莎這是教訓小傢伙不要太冒進，等到教訓完畢，艾莎把小獅子拉出水面，小獅子就懸在艾莎嘴裡晃啊晃的晃到我面前。

這時候第二隻小獅也鼓起勇氣游過來，小小的頭在布滿漣漪的水面上只浮出一點點。第三隻小獅留在對岸，一副驚恐的模樣。

艾莎朝我走來，仰臥在地上翻滾，表達牠對我的愛。牠好像是想向寶寶證明我也是獅群的一份子，值得信賴。

兩隻小獅比較放心了，就小心翼翼漸漸向我靠近，充滿靈性的大眼睛盯著艾莎和我的一舉一動，走到離我一公尺遠的地方停下腳步。我好想、好想傾身向前摸摸牠們，可是我想起一位動物學家的警告：除非小獅子主動，否則不要摸牠們。這個一公尺的距離彷彿築起了一道無形的牆，一道小獅子不敢跨越的牆。

我和兩隻小獅子培養感情的時候，第三隻小獅子站在對岸，可憐兮兮喵喵叫：誰來救救我啊！

艾莎看了困在對岸的小獅一會兒，走到河邊河道最窄的地方。有兩隻勇敢的小獅依偎在身邊，艾莎呼叫第三隻小獅過來，小獅聽到呼喚就只是緊張兮兮來回踱步，就是不敢渡河。

艾莎看到小獅如此煩惱，只好前去搭救，另外兩隻勇敢的小獅也跟去。牠們好像很喜歡游泳。沒多久一家子又在對岸團圓了，牠們玩得很開心，爬上連接著河流的河床陡峭的河岸，沙地河床十分乾燥；然後牠們再滾下去，滾到彼此的背上。牠們也爬上倒塌的埃及薑果棕的樹幹，當平衡木玩。

艾莎親暱地舔舔牠們，用牠柔和的呻吟聲跟牠們說話，從不肯讓小獅離開牠的視線。要是有一隻小獅離牠太遠，牠也會追上前去，把小小探險家帶回來。

我看著牠們一小時左右，再呼叫艾莎，艾莎用平常的聲音回應，這聲音跟牠對小獅說話的聲音很不一樣。

艾莎走到河邊，等三隻小獅都跟上，再游泳過河。這次三隻小獅都跟牠一起過了河。三隻小獅一上岸，艾莎就一隻一隻舔了舔。艾莎平常從河裡上岸都會朝我衝過來，這次卻是慢慢走過來，輕輕磨蹭著我，又在沙地上翻滾，舔舔我的臉，最後又擁抱我。我看牠這樣盡心盡力想讓小獅知道我和牠的交情，覺得好感動。小獅遠遠走過來，又好奇又摸不著頭緒，覺得還是保持點距離比較好。

接下來艾莎和小獅走到獵物邊，艾莎開始吃，小獅則是舔舔獵物的皮，撕撕扯扯，在獵物上頭翻跟斗，興奮得不得了。這大概是牠們第一次接觸獵物。

從艾莎的分娩日期判斷，牠們應該是六個禮拜又兩天大。牠們身體狀況很好，雖然眼睛還有一層帶點藍色的薄膜，視力完全沒問題。小獅身上的斑點比艾莎少，也比艾莎的姊姊少。艾莎三姊妹在小獅這個年齡，毛皮要比小獅現在濃密多了，不過小獅的毛皮比較細緻，也比較有光澤。我看不出小獅的性別，不過我馬上注意到毛色最淡的那隻小獅比另外兩隻活潑多了，也好奇多了，又最愛黏著媽媽，總是窩在媽媽身邊，一有機會還會窩在媽媽的下巴下面，用小爪子抱著媽媽。艾莎對待寶寶很溫柔，很有耐心，寶寶在牠身上爬來爬去，咬牠的耳朵跟尾巴，牠都不介意。

艾莎漸漸朝我走來，好像是要我和牠們一起玩。可是當我動了動放在沙地上的手指，小獅雖然好奇地偏了偏慧黠的圓臉，卻立刻保持距離。

入夜之後，艾莎仔細聆聽著周圍的動靜，帶著小獅走了幾公尺進入灌木叢。過了一會兒，我聽見哺乳的聲音。

我回到營地，看到艾莎和小獅站在離帳篷十公尺左右的地方等我，開心極了。

我拍拍艾莎，艾莎舔舔我的手。我把托托叫來，我們一起把剩餘的獵物屍體從河邊搬到這裡。艾莎看著我們幹活，好像很開心有人替牠搬運重物。沒想到我們走到距離牠二十公尺的地方，牠突然平貼著耳朵，朝我們衝過來。我叫托托把肉放下，站著別動，我把肉拖到小獅身邊。艾莎看到只有我一個人在處理獵物，就放心了，我一放下獵物，牠就開始吃。我看牠看了一會兒，往帳篷走去，沒想到艾莎竟然跟在後面。艾莎撲倒在地，呼叫小獅過來跟我一起。小獅還是站在外頭喵喵叫。沒多久我和艾莎都回到小獅身邊。

我們一起坐在草地上，艾莎倚在我身上，一邊給小獅哺乳。

兩隻小獅為了爭搶一個乳頭，突然吵了起來。艾莎見狀滾動了一下，換個姿勢，方便小獅吃奶。這樣一來艾莎就靠在我身上，用一隻爪子抱著我，把我也當成自家人。

這天晚上非常平靜，月亮緩緩升起，埃及薑果棕映照著月光。四周靜悄悄的，只有小獅哺乳的聲音。

很多人都跟我說，艾莎生寶寶之後，為了捍衛寶寶，可能會變得兇悍又危險，可是現在的艾莎還是像以前一樣信任我、喜歡我，也希望我能分享牠的快樂，我滿心謙卑。

十三、幼獅遇見新朋友

隔天早上我醒來，艾莎跟小獅都不見蹤影，昨晚下了雨，所以地上的足跡都沖刷掉了。艾莎在午茶時間現身，小獅這回沒跟來。艾莎飢腸轆轆，我替牠拎著肉讓牠啃，好引開牠的注意力。我叫托托循著艾莎的足跡往回走，看看小獅現在在哪裡。

托托回來了，艾莎跳到我的車頂上，看著我和托托沿著牠的足跡走進灌木叢。我是故意要引艾莎回到寶寶身邊。艾莎發現我們要去找寶寶，馬上下來跟著走，帶頭快步沿著牠的足跡走。牠等了我們幾次，我們總算氣喘吁吁地趕上。我想艾莎終於要帶我們到牠的窩了。我們走到「嗚夫岩」（我們有一次在這裡撞見艾莎和牠的伴侶，把牠們嚇了一跳，我們聽見他們嚇人的嗚夫聲也恐懼不已，就把這裡取名叫做「嗚夫岩」），艾莎停下腳步聽了聽，迅速爬上斜坡的一半，又遲疑不前，等到我跟上才繼續往前衝，一直走到岩石的鞍部，大裂縫一直從這裡延伸到遠端。我上氣不接下氣走到牠身邊，正要拍拍牠，沒想到牠卻平貼著耳朵，怒吼一聲，用力打了我一下。顯然牠不要我在身邊，我只好退下。我往下走到半路，回頭看到艾莎和一隻小獅玩耍，另一隻從岩石裂縫爬出來。

艾莎突然發起脾氣，弄得我莫名其妙，不過我還是尊重牠的意願，讓牠和小獅獨處。我跑去找在岩石下方灌木叢裡等待的托托，我們用望遠鏡看著艾莎。艾莎發現我們已經「保持距離」，就比較安心，小獅子也出來跟媽媽玩。

其中一隻小獅子顯然跟媽媽比較親，常常坐在媽媽的兩隻前爪之間，用頭磨蹭媽媽的下巴，另外兩隻則是忙著勘查環境。

喬治在二月四日回到營地，聽到小獅子的好消息很開心。那天下午我們前往「嗚夫岩」，希望喬治也能看到小獅。

我們在路上聽見狒狒憤怒的叫聲，猜想是艾莎引起狒狒騷動。我們走近河邊，呼叫艾莎的名字。艾莎馬上出現，雖然很友善，卻也很生氣，在我們和河邊的灌木叢之間跑來跑去，緊張兮兮。牠好像是竭盡全力不讓我們去河邊。

我們覺得艾莎的寶寶大概在河邊。艾莎竟然不想讓喬治看見寶寶，我們覺得很驚訝。到頭來艾莎繞了個大圈子，帶我們回營地。

兩天後我們在「嗚夫岩」附近看到艾莎。我們一邊接近「嗚夫岩」，一邊故意大聲說話，讓艾莎知道我們來了。艾莎從裂縫口茂密的灌木叢走出來，一動也不動站著，盯著我們看，過了一會兒牠面朝著我們坐下，我們和牠之間還有兩百公尺左右的距離，艾莎擺明了就是不要我們再往前一步。艾莎幾度轉頭看著裂縫，仔細聽著動靜，但除此之外牠堅守「把關」姿態，不肯移動一步。

我們現在知道了，艾莎帶寶寶來看我們是一回事，我們來看牠和寶寶是另外一回事。

兩個禮拜之後，艾莎才帶著寶寶來到營地，介紹給喬治認識。會拖這麼久也不能全怪艾莎，前一陣子我們有事得去伊西奧洛幾天，有天早上艾莎帶著寶寶到營地找我們，我們剛好不在，只有男孩子們待在營地。

馬卡狄告訴我們，那天他走上前去跟艾莎碰面，艾莎用頭磨蹭他的腿，一隻勇敢的小獅也走上前來，跟馬卡狄只有幾步之遙。

馬卡狄蹲下來，想拍拍小獅，小獅卻怒吼一聲跑走，跑到躲在後面的另外兩隻小獅身邊。艾莎一家在營地待到午餐時間就離開了。那天下午艾莎獨自回到營地想拿點肉，那時候山羊肉已經很餿了，艾莎在天黑之後氣呼呼地離去。

我在艾莎離開大約一小時後到達營地。馬卡狄很喜歡那隻勇敢向前的小獅，說一定是隻公獅，還說他幫小獅取了個名字，一個梅魯族很喜歡的名字，聽起來很像「傑斯帕」。我問他們這個名字的由來，他們說是《聖經》，可是每個男生的讀音都不太一樣，我聽不出來是《聖經》裡哪一個名字。我覺得最接近的是「耶弗他」，意思是「神賜予自由」。如果真是出自「耶弗他」，那這個名字再適合小獅不過了。後來我們發現艾莎的寶寶是兩公一母，我們給傑斯帕膽小的兄弟取名「戈帕」，是斯瓦希里語「膽小」的意思，給傑斯帕的姊妹取名叫「小艾莎」。

隔天下午艾莎駕臨營地，見到我非常開心，肚子也餓得不得了。過了一會兒我出去散步，希望艾莎會趁我不在回到寶寶身邊，我回到營地的時候，艾莎已經走了。

隔天早上下著毛毛細雨，我醒來的時候聽見河對岸傳來艾莎呼叫小獅的呻吟聲，我跳下床，剛好來得及看見艾莎帶著小獅過河。傑斯帕緊跟在艾莎身邊，另外兩隻走在後面。

艾莎緩緩走向我，舔舔我，坐在我旁邊，不停對著小獅呼叫。傑斯帕鼓起勇氣走上前來，離我很近，另外兩隻還是保持距離。我拿了一些肉，艾莎馬上把肉拖進附近的灌木叢。接下來的兩個鐘頭，艾莎就跟小獅大快朵頤，我則是坐在沙洲上看著牠們。

牠們一邊吃，艾莎一邊用一連串小聲的呻吟對小獅說話。小獅通常都是喝奶，不過也會吃點肉。艾莎沒有給小獅吃反芻過的肉，不過牠最近獨自來到營地，吃了那麼多肉，也許之後會反芻一部分給小獅吃。我也是猜測而已，我們從來沒看過艾莎這樣做。

小獅現在大約九周大，我到現在才能確定馬卡狄說得沒錯，傑斯帕是隻公獅。

過了一會兒，我走開去吃早餐，不久之後看到艾莎帶著小獅繞了一大圈到車道。我慢慢跟在後面，想拍幾張照片，可是艾莎在車道上猛然停下腳步，平貼著耳朵。我接受艾莎的責難，往回走，轉過身來看牠們最後一眼，看到小獅在媽媽後面蹦蹦跳跳，往大岩石方向前進。現在小獅走起路來可是很有精神，互相追逐、撞來撞去，還不會忘記要跟上媽媽。小獅很亢奮，卻也時時服從媽媽的呼喚。牠們很懂得保持乾淨，排泄的時候一定會走到路邊。

接下來的幾天，艾莎常獨自到營地看我們。牠一直都很熱情，不過自從小獅出生，艾莎的習慣有些改變。牠現在很少伏擊我們，比較不愛玩，比以前正經。

我在想牠出來這麼久時間，都把寶寶放在哪裡呢？是不是叫寶寶不要亂跑，等牠回來再說？有沒有把寶寶藏在很安全的地方？

喬治在二月十九日回來跟我「換班」，我回到伊西奧洛和威廉・派西爵士夫婦碰面，帶他們去看艾莎的寶寶。

我們通常不太願意接待訪客，這次是為老朋友特別破例，因為他們看著艾莎長大，一直很關心艾莎的成長。

我們到達營地，喬治說他見到小獅了。那天早上天還沒亮，喬治就起床，聽見短促的舔水聲，也有長長的舔水聲，聲音是從艾莎的水碗方向傳來。喬治往外看，依稀看見水碗旁邊圍著小獅的身影。幾分鐘之後小獅都走開了。

喬治說他聽見我們車子的震動聲時，艾莎正好要帶著小獅渡河到我們這裡，結果艾莎一發現車子接近，就躲進灌木叢裡。

不久之後艾莎出現了，好像很緊張，不想走入河裡。為了吸引牠過來，我呼喚艾莎，把一具獵物屍體放在河邊。

艾莎始終按兵不動，等到我回到營地找朋友，才快速游泳渡河，拿了山羊，匆匆回到小獅身邊。牠上了岸就把山羊拖到草地上，一家子吃得很開心。我們用望遠鏡看著牠們。

入夜之後，我們聽見恐怖的咆哮聲。藉著手電筒的亮光，我們看見艾莎正在對付一隻來搶奪獵物的鱷魚，鱷魚一看到我們就一溜煙鑽進河裡。

隔天早上我們檢查河邊的足跡，發現鱷魚到頭來還是把山羊偷走了。艾莎似乎一向都知道跟這些爬蟲類打交道的界線，真是聰明。我們知道這條河裡有很多身長四公尺甚至更長的鱷魚，艾莎倒是從來不怕鱷魚。艾莎有自己最喜歡的渡河點，會避開水太深的地方。除此之外，牠一定還能感覺到鱷魚存在，只是我們不曉得牠是如何察覺。我們也有察覺鱷魚的方法。我們知道鱷魚聽到某種聲音一定會有反應，這種聲音有點像是「伊姆、伊姆、伊姆」。我們常常利用這點觀察河裡有沒有鱷魚。

我們如果懷疑河裡有鱷魚，就會遠離河邊，一直發出「伊姆、伊姆、伊姆」聲。如果四百公尺之內的確有鱷魚，鱷魚就會像被磁鐵吸引一樣來到河邊。我們會一直「伊姆、伊姆、伊姆」叫，直到很多醜陋的廣角鼻孔伸出水面。要是我們改變位置，到別的地方發出「伊姆」聲，那鱷魚也會跟過來。

這一招是喬治跟在鱷滿為患的巴林哥湖捕魚的非洲漁民學來的。

隔天爵士夫人開始給艾莎畫像。艾莎一向很討厭人家畫牠，今天倒是很配合。為了小心起見，我還是守在旁邊，免得艾莎當模特兒當到不耐煩就突然翻臉。我看艾莎一副滿不在乎的樣子，所以過了一會兒我就走開了。我一轉過身去，艾莎就像閃電般衝向爵士夫人，逗趣地擁抱她。想想艾莎的體重足足有一百四十公斤，爵士夫人竟能如此冷靜以對，我真的佩服不已。

隔天我們在午茶時間看到艾莎和小獅在河對岸，沒想到艾莎看到我們，就帶著小獅往下游走了一小段路才過河。我們趕快拿了一些肉給艾莎，艾莎馬上拿走，帶給隱身在灌木叢裡的小獅。

後來艾莎一家子都渴了，來到河邊喝水。我覺得很開心，客人能看到艾莎一家子一起喝水的珍貴畫面。艾莎牠們的頭往前伸，伸在彎曲的兩條前腿尖尖的肘部之間。一開始牠們只是大聲開懷暢飲，接著就衝進淺淺的河水，開始玩耍。據說貓科動物都怕水，顯然牠們不會。

小獅子能在如此美麗又有趣的環境生活，真是好命。小獅的出生地岩石山從我們這邊的河岸開始，一路過了河，在河的另外一頭環繞了幾公里。其中有許多裂縫與洞穴，就是蹄兔之類的小動物的家，周圍四面八方都是灌木叢，到處都是野生動物的足跡與氣味。這裡還有河流，烏龜在河流的岩石與沙洲上享受早晨的陽光，從高處看好像岩石與沙洲上的一顆顆大石頭。

其他河段的岸邊長滿無花果樹、金合歡樹和菲尼克斯棕櫚樹，藤本植物與攀緣植物的卷鬚懸垂而下，盤繞著下方茂密的灌木叢，為許多動物提供天敵無法闖越的藏身之處。

這裡是優雅的長尾黑顎猴、逗趣的狒狒，還有青綠色鬣蜥的家。這裡還住著其他形形色色的蜥蜴，有些有亮橘色的頭，有些有鮮藍色的尾巴，另外還有我們的朋友巨蜥。非洲羚羊、小旋角羚和非洲大羚羊都來此喝水，飽經踩踏的平坦地面表示犀牛與水牛也會造訪。灌木叢所有的居民當中，我們最喜歡的就是群聚其中五顏六色的鳥兒，比方說黃鸝、色彩繽紛的翠鳥、斑斕閃耀的太陽鳥、魚鷹、黑白相間、體型超大的棕櫚鷲，還有會呱呱叫的犀鳥，富含節奏的呱呱聲愈來愈大、愈來愈大，降低只是為了再度衝刺。

爵士夫婦就寢之後，我跟喬治回去看看艾莎。艾莎站在河邊，面對著一隻鱷魚，鱷魚的頭伸出距離艾莎大約一公尺的水面。

我們怕嚇到小獅，所以沒有開槍。我拿出艾莎最喜歡的點心，引誘牠離開那裡。那點心有動物的腦、骨髓、鈣質與魚肝油。艾莎懷孕的時候我就開始給牠吃這個，牠一吃就上了癮。

艾莎現在跟在點心碗後面，帶著小獅一起坐在我們的帳篷前面，眼前是明亮的燈光。

小獅子看到燈光也不害怕，大概以為是新品種的月亮吧！

我就寢之後，喬治把「月亮」關掉，在黑暗中坐了一會兒。小獅走到喬治觸手可及的距離，告辭之前又喝了一杯，再一起走向大岩石。喬治馬上就聽到大岩石傳來艾莎伴侶的叫聲。

喬治後來去拿剩餘的獵物屍體，發現已經被鱷魚拖進河裡了。喬治對著小偷開了一槍，把肉搶救回來。

有天早上大家都還沒起床，艾莎就光臨營地。我聽見艾莎的聲音，跟著牠走。我呼叫艾莎的時候，牠已經在河裡，不過牠一聽到我的聲音就馬上回來，跟我一起坐在沙洲上，對著小獅喵喵叫，希望小獅靠近我們。小獅走到距離我們三公尺的地方，擺明了不希望我碰牠們。我倒是很高興，因為我最怕牠們變得溫馴。

艾莎看到小獅到現在還怕我，似乎一頭霧水。到頭來艾莎也不強求小獅能和我打成一片，帶著小獅過了河，消失在灌木叢中。

艾莎在十點獨自回來，慌慌張張地在河邊的灌木叢嗅來嗅去，邊嗅邊沿著牠早上走過的路走著。艾莎慢慢消失在我們眼前，接著我們聽見牠大聲咆哮。牠又沿著原路走回來，還是惶惶不安地嗅來嗅去，最後使盡全身的力氣對著岩石怒吼，又衝進河裡，消失在對岸的灌木叢中。我們也不知道牠的舉動為何如此怪異，大概是有隻小獅走失了。

到了午餐時間，伊布拉辛帶著三位部落土著來到營地，他們說要尋找一隻走失的山羊。他們帶著弓和毒箭，我們覺得我們想得應該沒錯，一定是他們把小獅嚇得亂跑了。

接下來幾天，艾莎都沒有帶小獅到營地來。有天早上，我們帶爵士夫婦去欣賞壯麗的塔納河瀑布，這裡極難通行，所以很少歐洲人到此一遊。

我們回到營地，發現艾莎和小獅在營地。我們喝著飲料，艾莎牠們則是吃著晚餐。我們不發一語，因為我們知道小獅對說話的聲音很敏感。小獅不介意男生在廚房裡的聊天聲，因為廚房離我們很遠。但是我們要是在小獅身旁說句話，就算壓低了聲音，小獅也會溜走。至於照相機快門的咔嚓聲嘛……牠們聽了可是會緊張不安的。

小獅現在十周大了，艾莎開始給牠們斷奶。艾莎如果覺得小獅喝夠奶了，就會趴著蓋住乳頭，不然就是跳上路虎汽車的車頂。小獅如果不想餓肚子，就得吃肉。艾莎咬著獵物，小獅會把獵物的腸子拖出來，像吸義大利麵一樣吸進嘴裡，牙關緊閉著，把不要的東西擠出去，就像艾莎當年那樣。

有天晚上其中一隻小獅鐵了心要多喝點奶，一直在艾莎的肚子下面擠來擠去。艾莎被惹毛了，狠狠打了小獅一下，跳到車子上。

三隻小獅對斷奶一事頗有微詞，牠們用後腿站立，前爪靠在車上，抬頭對著媽媽喵喵叫。艾莎置若罔聞，只坐著舔爪子。

小獅從失望的情緒恢復過來，就跳著走掉了，開開心心到處看看，離開艾莎的視線。艾莎呼叫小獅，小獅要是沒出現，那艾莎就會提高警覺。小獅如果沒有馬上出現，艾莎就會跳下車子，把小獅帶回安全的地方。

接下來的兩晚，艾莎都帶著小獅來到營地。艾莎熱情到了極點，把我們桌上的飲料全掃到地上。第三天晚上牠還是帶著小獅現身，又把我們桌上的東西全掃到地上。我們的晚餐嘩啦啦摔在地上，三隻小獅竟然泰然自若，完全沒受到驚嚇，這倒是讓我們很驚訝。

小獅現在在我們面前也很自在，沒想到接下來的兩個晚上，艾莎竟然把小獅留在大約一百公尺之外的鹽漬地，我們覺得很意外。艾莎就在牠們面前大吃大喝，我們也不知道牠怎麼有辦法讓小獅待在原地不動。

那天下了一整晚的傾盆大雨。這種時候艾莎都會躲在喬治的帳篷裡，這回牠也不例外，也呼叫小獅跟在後面。小獅還是待在外頭，顯然覺得暴雨很好玩。可憐的艾莎認為自己有責任照顧小獅，在帳篷待沒多久就出去陪牠們了。

隔天我和爵士夫婦前往伊西奧洛，喬治留在營地。我們知道現在雨季正式展開，不久之後交通會是個大問題，所以得想想應變之道。

十四、幼獅在營地

兩天後我回到營地和喬治換班。我發現艾莎要是跟小獅子在一起，那我最好別讓那些男生靠近艾莎。就算是馬卡狄靠近牠們，艾莎也會平貼著耳朵，瞇起眼睛看著他，一臉冷酷又殺氣騰騰的樣子。艾莎倒是完全信任我，有時候還會把小獅交給我，獨自到河邊喝水。

這幾天的晚上都有超級大雷雨，閃電打雷密集上演，我害怕極了。大雨傾盆而下，活像從水管流出來的。

喬治的帳篷現在空著，剛好可以給艾莎和小獅躲雨，可是小獅天生就很怕人類，寧願在外頭淋得一身濕。這是小獅最明顯的野性特徵，我們就是希望小獅保留這種野性，就算小獅淋得一身濕，就算小獅沒有按照艾莎的意思和我們做朋友也無所謂。艾莎常常跟小獅鬥智，在我的帳篷外面繞圈子，慢慢靠近，好像想讓小獅不知不覺中走入我的帳篷。

艾莎兩度閃入我的帳篷，站在我後面呼叫小獅。不管艾莎再怎麼努力，小獅就是不肯跨越自己設下的界線。

我們馴養艾莎，小獅卻仍然保有野生動物的本能，不肯靠近陌生又危險的事物。艾莎也把小獅藏了五、六個禮拜不讓我們看見，這也是牠出於本能保護寶寶。

艾莎一心想把我們和小獅都納入牠的獅群，卻一再挫敗，實在大失所望。之所以會失敗，一方面是因為小獅怕人，艾莎一定也認為我們冷酷無情，故意不配合。事情變成這樣，艾莎是百思不得其解，卻也不願就此放棄。有天晚上艾莎來到我的帳篷，故意在我後面躺下，輕輕呼喚小獅，要牠們過來吃奶。艾莎不但想吸引小獅走進帳篷，還要強迫牠們貼身經過我。當然小獅會比較希望我退到牠們的媽媽身後，而艾莎會比較希望我鼓勵小獅進帳篷，但我只是留在原地不動。我要是走開，就辜負了艾莎的好意，而我們已經決定不要馴服小獅，所以我也不想鼓勵小獅進帳篷。我好難過，我好想幫小獅的忙。艾莎用失望的眼神看了我好久，最後只好出去找小獅，我看了好沮喪。艾莎當然不會了解，我之所以不回應，是希望小獅能保有野性本能。艾莎只覺得我冷酷無情，而我其實是為了小獅著想，不得不壓抑所有的感情。

小獅則是看到媽媽跟我打交道就擔心，艾莎每天晚上被舌蠅折磨得水深火熱，只能趴倒在我面前，要我幫牠趕走舌蠅，這時小獅都會很焦慮。

我把舌蠅一隻隻打死，在艾莎身上拍來打去，小獅看了都氣急敗壞。傑斯帕更是忍無可忍，走上前來蹲伏著，擺好架勢，媽媽要是需要保護，牠隨時準備出手。艾莎被我賞了好幾巴掌，竟然感激不盡，小獅看在眼裡八成覺得是咄咄怪事。

有一次艾莎、傑斯帕、小艾莎在帳篷前面喝水，戈帕卻緊張到不敢靠近水碗。艾莎見狀就不慌不忙走到戈帕身邊，輕輕拍了牠幾下，戈帕就鼓起勇氣跟兄弟姊妹一起喝水。

傑斯帕的個性跟戈帕大不相同，又太勇敢了些。有個下午牠們吃飽喝足，肚皮都快脹破了。艾莎動身朝岩石走去，那時天快要黑了，兩隻小獅乖乖跟在後面，傑斯帕卻自顧自繼續狼吞虎嚥。艾莎叫了牠兩次，牠聽了一會兒又繼續吃。最後艾莎走了回來，殺氣騰騰走向愛兒。傑斯帕發覺大事不妙，三兩下把肉塞進嘴裡，兩個嘴角還掛著大塊大塊的肉，就小跑步跟在媽媽後面。

這陣子我得去伊西奧洛幾天，喬治回來看守營地。

現在艾莎可是萬人迷，一夕之間成了巨星。這當然是好事，但我們擔心牠恐怕也得跟全天下的名人一樣，失去隱私。

我們收到來自世界各地的信件，都說想來看看艾莎。我們費盡心思讓艾莎和小獅過著野獅的生活，絕不可能讓艾莎和小獅變成觀光景點。當然我們可以呼籲艾莎的粉絲、愛好打獵的人還有我們的朋友尊重艾莎的隱私，可是我們在法律上沒有權限把別人擋在門外，所以我們很擔心有人會趁我們不在時挑釁艾莎，釀成意外。

小獅長成純正野獅的過程比我們想像還順利，小獅的父親可就讓我們大失所望。當然這也要怪我們，是我們干擾牠和妻兒的關係，可是話又說回來，牠不替妻兒張羅食物就算了，還常常偷牠們的肉吃，而且還給我們製造不少麻煩。有天晚上，牠拚老命要吃我卡車裡面的一隻山羊。還有一次艾莎和小獅在我們的帳篷外面吃飯，艾莎突然聞到伴侶的氣味，緊張到了極點，不斷往灌木叢的方向嗅著，飯也不吃了，匆匆把小獅帶走。

喬治拿著手電筒到外頭去看看怎麼回事，走不到三公尺，就被一聲兇惡的吼聲嚇到，看到小獅的父親就躲在他面前的灌木叢裡。喬治趕緊撤退，還好小獅的父親也撤退了。

隔天又有不速之客上門。馬卡狄說有隻巨鱷在艾莎平常過河的地方酣睡。喬治拿著步槍抵達現場，鱷魚還在，也的確是隻巨鱷。喬治把鱷魚打死之後量了量，發現長三點七公尺，刷新了那條河的鱷魚紀錄。

艾莎要是被這麼個怪獸纏上，那是必死無疑。

我回到營地，找努魯跟我一起去。他才剛剛回來，之前因為生病，回家待了六個月。現在他康復了，卻說都是艾莎害他生病。他一向疼愛艾莎，會這麼說讓我很意外，不過我們之前請他照顧艾莎還有艾莎的兩個姊姊，他好像就是那個時候得了病。他覺得是艾莎邪惡的眼睛看了他一眼，他才會生病。

我現在帶他一起去營地，就是要破除他的迷信。我們在綿綿細雨中等待，我一邊跟他說小獅的事情，他似乎很感興趣。

河水的水位在夜晚降低，所以我們清晨就到了營地。艾莎聽見車子震動，出來迎接我們。我們精疲力盡，對艾莎的熱情有些吃不消。

那天下午我們朝小獅的方向走去，希望能讓努魯看到小獅。我們突然聽見艾莎就在我們面前的灌木叢中跟小獅說話。

不久之後艾莎蹦蹦跳跳地出來，跟我們打了招呼，又對努魯熱情無比。艾莎和努魯這個老友久別重逢，欣喜之情不在話下，努魯也感動不已，拍拍艾莎，什麼邪惡之眼的迷信都拋到九霄雲外了。這次重逢之後，努魯比生病之前還要疼愛艾莎。這次艾莎倒是沒有讓努魯看見小獅，只在入夜之後把小獅帶到營地。

小獅不像媽媽有人造玩具可以玩，卻也不缺樂子，在光亮的燈光下搏鬥，總能找到棍子搶成一團。有時候又會玩躲貓貓、打埋伏。小獅玩著玩著常會扭打成一團，被壓在下面的那一隻四爪朝天。艾莎通常都會跟小獅同樂，牠現在噸位不輕，蹦蹦跳跳還是跟小獅一樣靈活。

我們給艾莎牠們張羅了兩個水碗，一個是堅固的鋁盆，還有一個架在木頭上的舊鋼盔，那舊鋼盔是艾莎從小用到大的。小獅子也比較喜歡用鋼盔，常把鋼盔弄倒，聽見哐啷啷的聲音又害怕。驚魂甫定之後又歪著頭看這個閃亮亮又會動的東西，過了好久才小心翼翼戳了戳。我們用閃光燈拍下小獅玩耍的畫面。

我們比較難拍到小獅白天玩耍的照片，因為牠們白天比較不愛動。最好的拍照時機是傍晚，那時牠們會到最喜歡的遊樂場，就是倒塌在河岸邊的一棵埃及薑果棕附近，距離營地大約兩百公尺遠。這個地方娛樂設施一應俱全，鄰接一塊空地，附近有個茂密的灌木叢，萬一有危險可以隨時躲進去。這裡離鹽漬地也很近，離河流也很近，小獅不愁沒水喝。何況我還常常在附近放獵物給牠們吃呢！

喬治和我會躲在灌木叢裡，拍攝小獅們在倒塌的樹幹爬上爬下的影片，還有牠們如何捉弄一直守在那裡保衛牠們的艾莎。

小獅知道我們就在附近，卻也不介意，不過要是非洲人出現，就算距離還很遠，小獅就會馬上停止玩耍，躲進灌木叢，艾莎則會平貼著耳朵，擺出兇惡的表情迎戰。

喬治在四月二日回到伊西奧洛，我還是留在營地。

日子一天天過去，我發覺小獅愈來愈怕人，連我都怕。現在牠們寧願在草叢裡躡手躡腳繞一大圈去吃肉，也不願意跟在媽媽後面直線行進，因為跟在媽媽後頭就得離我很近。

我開始把獵物從埃及薑果棕拖到我的帳篷附近，再用鐵鍊把獵物跟帳篷拴在一起，免得在夜間被掠食動物偷走。

拖著沉重的獵物走實在很艱辛，這時艾莎都會看著我，顯然很滿意我不辭勞苦保衛牠的肉。

傑斯帕看到我拖著獵物走，可就沒那麼開心。牠先是發動幾次不溫不火的攻擊，後來偶爾會跟我來真的，先蹲得低低的，再全速朝我撲過來。艾莎馬上出手相救，站在愛子和我之間，還吼了兒子一聲，故意拍了牠一下。傑斯帕躺在鋼盔水碗旁邊，頭倚著鋼盔水碗，偶爾懶洋洋地舔幾口水。

艾莎的義氣讓我深受感動，但我也明白傑斯帕的行為是出於本能，看到媽媽不高興，牠一定會感到很挫敗。要是傑斯帕吃我的醋，那可就糟糕透頂。艾莎後來又跟我一起在帳篷坐了很久，理都不理坐在帳篷外面、一頭霧水的傑斯帕。

傑斯帕還太小，搞破壞的本事不大。不過我們都明白，一定要在小獅還要靠我們吃飯、還沒有大到能殺人的時候，跟小獅和解休戰。這實在難辦，我們不希望小獅有敵意，也不希望小獅變得溫馴。艾莎最近好像體察到我們的難處，也會幫忙解決。傑斯帕要是為了保護媽媽攻擊我，艾莎會打傑斯帕；要是我跟牠的孩子走得太近，艾莎也會嚴正抗議。比方說我有幾次靠近正在玩耍的小獅，艾莎就瞇著眼睛看我，慢慢朝我走來，友善卻堅定地抱住我的膝蓋，意思就是我要是再不識相、再不後退，那膝蓋恐怕就要碎了。

十五、幼獅的個性

有天早上我被路虎汽車駕臨營地的聲音吵醒，司機帶來消息：兩位英格蘭記者葛弗雷・韋恩和唐諾・懷斯即將光臨。

我有些擔心，如果小獅在艾莎身邊，牠的反應就很難捉摸，最近牠連看到努魯都不高興。我請司機回去轉告喬治，拜託他先跟客人待在營地外十五公里處，我會在那裡跟他們碰頭。

我已經先打了招呼，萬萬沒想到喬治一行人還是出現在營地。我正在勸客人先別進來，這時聽見艾莎的「嗯哼，嗯哼」聲。艾莎大概是聽見引擎的震動聲而被吸引過來。反正艾莎是來了，還帶著小獅一起，我也就只能隨機應變。

我帶客人到工作室喝茶，喬治把獵物綁在倒塌的埃及薑果棕樹幹上，讓我們可以邊喝茶邊看艾莎和小獅吃飯。我跟韋恩先生說，我不會把艾莎和小獅據為己有，但我真的希望牠們能過野獅過的生活，享有野獅所擁有的隱私。

我們共度了愉快的夜晚，在帳篷旁邊用餐。過了一會兒，艾莎跳上離我們不遠的路虎汽車。

隔天晚上，我們把獵物綁在帳篷附近。艾莎很快就來取餐，費盡心思想讓小獅也過來。牠跳來跳去，左哄右騙，使出渾身解數要小獅別怕，可是就連最勇敢的傑斯帕都不敢走入燈光下。那天晚上，我們聽見小獅爸爸的叫聲，隔天早上艾莎一家子都不在營地了。

喬治在四月八日前往伊西奧洛，我留在營地。有天晚上我拿肉給艾莎吃，牠卻嗤之以鼻。後來男生跟我說那隻山羊有病，顯然艾莎是憑本能知道山羊肉有病菌。小獅也不肯碰山羊肉，牠們平常都是肉類不嫌多的大胃王，吃肉之外還非要喝艾莎的奶才夠。

那天晚上艾莎的頭靠在我的肩膀上，對著小獅「嗯哼，嗯哼」。牠是閉著嘴巴哼，聲音還是渾厚得很。牠又想叫小獅靠近我，還是徒勞無功。

艾莎跟我玩是一個態度，跟小獅玩又是另一種態度，我看了總是很感動。牠跟小獅玩都是比較粗野，會拉扯小獅的皮膚，親暱地咬牠們，把小獅的頭按下去，免得干擾牠吃飯。艾莎要是這樣對我，那我可就老命休矣，還好牠跟我玩總是很溫和。我覺得這應該也是因為我每次摸牠都很輕柔，同時還會對著牠輕聲細語，艾莎也會小聲回應。我要是粗刺刺地對牠，牠一定會不吝展現牠無與倫比的力量。

那天晚上我就寢之後，聽見艾莎伴侶的叫聲。艾莎沒朝伴侶走去，反而是想爬進荊棘圍籬到我的窩裡。我大叫：「不可以，艾莎，不可以。」艾莎馬上作罷，把小獅安頓在柳條門旁邊，就在那裡過夜。

隔天艾莎入夜之後才出現，只帶著兩隻小獅，傑斯帕沒跟來。艾莎坐下來和戈帕、小艾莎一起吃飯。我很擔心傑斯帕，卻又不能在晚上出去找牠，就想辦法哄艾莎去，我模仿傑斯帕尖銳的「掀、掀」叫聲，又指著灌木叢。過了一會兒，艾莎走掉了。兩隻小獅看媽媽不在也不驚慌，又繼續吃了至少五分鐘，才下定決心追隨媽媽的腳步。不久之後艾莎帶著兩隻小獅回來，傑斯帕還是不見蹤影。我重施故技，艾莎又出去找了一回，還是沒找到。我又誘導艾莎出去找了第三回，仍舊徒勞無功。

我後來發現有一根大棘刺深深刺進艾莎的尾巴。艾莎想必很痛，我想把刺拔出來，艾莎卻發起脾氣。還好我還是把刺拔出來了，艾莎舔舔傷口，又舔舔我的手，表達感謝之意。傑斯帕失蹤已經一個小時了。

艾莎和兩隻小獅突然煞有介事地走入灌木叢中，這回完全不用我誘導，不久之後我就聽見傑斯帕的招牌「掀、掀」聲。

傑斯帕跟艾莎牠們一同出現，吃了一些肉，在離我不到兩公尺的地方躺下。看到牠平安回來，我只覺得謝天謝地，牠獨自遊蕩的這個時辰正好是掠食動物最猖獗的時候。傑斯帕年紀太小，連鬣狗都打不過，更別說獅子了。之前艾莎不肯碰的那隻有病的山羊，我請人丟到離營地很遠的地方，我想傑斯帕可能跑到那裡去了。

我拿了一個舊的輪胎內胎，在傑斯帕身邊甩來甩去，給牠玩這個消耗精力絕對安全。傑斯帕看見立刻進攻，不久之後兄弟姊妹也一起來玩新遊戲，又是搶奪，又是拉扯舊內胎，到最後只剩下碎成一條條的橡膠。

那天晚上下著雨，隔天早上我在喬治的空帳篷裡看到艾莎的足跡，還有一隻小獅的足跡，大感意外。小獅子從來不肯踏進帳篷一步，這是第一次破例。

隔天晚上，艾莎發現營地的男生忘記在我的圍場入口前面架設荊棘，就把柳條門推到一邊，走進帳篷，馬上就躺在我的床上。牠在破掉的蚊帳裡睡得好香，我已經預見自己只能整晚坐在外頭。

傑斯帕跟著媽媽走進帳篷，用後腿站立，看著我的床，還好牠沒有躺上去試試看。另外兩隻小獅待在外面。

我們一整晚都忙著吸引艾莎走出我的帳篷，這是個艱鉅的任務，因為我們不敢把門打開，怕小獅們衝進去找媽媽。我們希望艾莎從柳條門爬出來。我們忙了一陣子，始終不見效。我開始繞著營地走又「掀、掀」叫，打開手電筒，假裝在尋找走失的小獅。艾莎和傑斯帕見狀馬上衝出來。艾莎是從門走出來，傑斯帕是怎麼出來的，我就不曉得了。我終於收復帳篷，卻還是沒辦法睡，因為艾莎在攻擊我的卡車，吵鬧得很。這次我還是大叫：「不可以，艾莎，不可以。」沒想到艾莎竟然跟上次一樣，一聽到就停手。我不明白牠為何非要攻擊載著山羊的卡車，河邊明明就還有肉可以吃啊！

小獅現在大約十六周大，艾莎一家子現在應該會自己看守獵物了。艾莎是不是已經懶到不但要我們供牠吃喝，還要我們幫牠看守獵物？

我們是不是在破壞艾莎的野性本能啊？該不該離開艾莎呢？現在離開牠恐怕不太好，因為我們最近發現兩名陌生非洲人的足跡，離營地很近。他們一定是在勘查我們的動向，現在又在鬧旱災，他們大概打算把牲畜帶到野生動物保護區吃草，就算違法也要去。以現在的情況，我覺得我最好繼續給艾莎一家張羅吃的，不然艾莎一定會獵殺路過的山羊。其實我也不用太擔心，雨季很快就要開始，部落土著都會離開，等到下次乾季降臨，小獅就能跟著媽媽一同出獵了。

再說我也好想看著小獅成長。小獅已經會伸展肌腱了，會用後腿站立，爪子在某些樹上（大概是金合歡樹）粗粗的樹皮磨啊磨，露出粉紅色的爪子根部。牠們抓完之後，樹皮都會出現深深的爪痕。

我發覺艾莎的糞便有個怪異之處。我以前常常檢查艾莎的糞便有沒有寄生蟲。艾莎生下小獅之前，糞便總是充滿絛蟲與蛔蟲。我聽說獅子的腸子裡有絛蟲是好事（喬治因為工作的關係，有時不得不射殺獅子，獅子屍體解剖後都會發現大量絛蟲），卻還是偶爾給艾莎服驅蟲藥。不過自從艾莎生了寶寶，我在牠的糞便還有小獅的糞便都找不到寄生蟲。一直到小獅九個半月大，我才在牠們一家子的糞便中發現條蟲。

艾莎的衛生習慣也有改變。以前牠常會尿濕帳篷裡的防潮布，有時候連路虎汽車的帆布車頂也不能倖免，現在牠當了媽媽，可不願意這麼沒規矩，小獅需要方便，艾莎總是會要小獅遠離道路。

獅子的一大特徵是「脊背毛」，三隻小獅都沒這特徵。脊背毛生長的位置在脊椎中央，大約三十公分長，五到八公分寬的區域，這裡的毛生長方向與其他部位相反。艾莎和姊姊「老大」年紀很小就長出「脊背毛」，另一個姊姊拉斯蒂卡卻始終沒有長出來。

三隻小獅的外型很容易分辨。傑斯帕的毛色比另外兩隻淡得多，身材比例勻稱，鼻子很尖，眼睛很斜，所以那張伶俐的臉看起來有點蒙古的味道。三隻小獅當中，牠的個性最冷靜，最膽大好奇，卻也是最深情。傑斯帕要是沒有窩在媽媽身邊，用爪子抱緊媽媽，那就會向兄弟姊妹展現手足之愛。

艾莎吃肉的時候，我常看見傑斯帕假裝吃肉，其實只是在磨蹭媽媽。艾莎走到哪裡，傑斯帕都如影隨形。傑斯帕膽小的兄弟戈帕外型最好看，額頭上條紋顏色很深，眼睛並不像傑斯帕的眼睛又大又亮，而是有點瞇瞇眼，眼神比較黯淡。戈帕比傑斯帕健壯，也比較重，肚子大到不像話，有一陣子我還擔心牠有疝氣。戈帕膽小歸膽小，可是一點都不笨，總是要考慮很久才做決定，也不像傑斯帕那麼愛冒險。牠每次都按兵不動，一定要確定安全無虞才肯行動。

小艾莎是獅如其名，就是艾莎當年的翻版，臉長得一樣，條紋也一樣，細長的身材也一樣，一舉一動也像透了艾莎，我們只能希望牠將來也像艾莎一樣可愛。

小艾莎當然明白牠目前的體格不如兩位兄弟健壯，不過牠以精明的腦袋彌補體格的不足。三隻小獅在要緊的時候都很乖，會立刻服從艾莎的命令，玩耍時倒是從來不怕艾莎，只是萬一太放肆，偶爾也會被媽媽拍打，那時才會怕媽媽。

有天晚上艾莎一家子窩在帳篷前面，我點燃蒂利煤油燈，突然間起火燃燒，我只來得及把煤油燈扔在帳篷外面的地上，結果火勢愈來愈大，我急忙跑去找伊布拉辛幫忙滅火。我們拿了一些舊破布要去撲滅火焰，沒想到回去發現火已經熄滅了。我們在忙亂的時候，小獅子緊緊窩在一起，靜靜看著牠們的「月亮」發瘋。艾莎走上前來看著熊熊燃燒的火，我只得用最威嚴的語氣大叫：「不可以，艾莎。」免得牠的鬍鬚烤焦。那天晚上艾莎和小獅待在我的帳篷外面。

我睡覺之前，聽見好像是犀牛做愛的聲音。真沒想到那麼大塊頭的犀牛交配時竟會發出如此溫柔的聲音。也有可能是水牛做愛的聲音。不管是犀牛還是水牛，還好我的步槍就放在床邊，萬一遇到緊急狀況就能派上用場。我看除了聲音倒也沒其他動靜，就睡覺去了。隔天早上被器皿摔到地上嘩啦啦的聲音吵醒，托托衝進帳篷，手上沒拿著茶盤，氣喘吁吁跟我說他剛才端著我的早茶要進帳篷，差點被一隻水牛撞倒。他趕在水牛之前進了門，正好把水牛關在門外。想想可憐的托托被猛衝而來的水牛追著跑，薄薄一道柳條門竟然能給他這麼大的安全感，還真有意思。

小獅十八周大了，艾莎似乎終於承認，小獅跟我們的關係不可能像牠跟我們的關係一樣。真的，小獅愈大愈害羞，寧願到我們營地光線照不到的地方吃飯，傑斯帕倒是個例外，媽媽走到哪裡牠跟到哪裡，常跟著媽媽一同走進「危險區」。艾莎現在常常站在我們和小獅之間，擔任護衛的角色。

小獅的身體狀況很好，所以我們覺得應該讓小獅跟艾莎一起出獵，至少先試個幾天。小獅的父親最近在附近出沒，艾莎牠們最近只在營地短暫停留，吃飽就走了，所以我們覺得牠們大部分的時間是跟小獅的父親在一起。

營地的男生拔營的時候，我到工作室去，坐在地上，背靠著樹，開始閱讀 *Born Free* 讀者寄來的一大捆信件。信件是路虎汽車送來的，車子也要把我們的東西載走。我想一一回信，卻又煩惱沒有這麼多時間，突然間艾莎壓在我身上。我從牠一百四十公斤的身體下面掙脫出來，信件撒得到處都是。我好不容易站起來，開始撿信，結果一彎下腰去，艾莎就跳到我身上，我們就滾到地上。小獅覺得這真是太好玩了，追著飛來飛去的信件跑。我想艾莎的粉絲要是看到他們的來信如此受歡迎，應該會很開心吧！最後我總算把每一封信都撿回來了，真是謝天謝地。我請人把艾莎的晚餐拿來，艾莎和小獅就沒管信件了。

這時營地的男生已經把行李打包好，放上車，車子在一段距離之外等著我們。

大瀑布的聲音很吵，艾莎卻還是馬上聽見引擎的震動聲。牠豎起耳朵聽了一會兒，抬頭看著我，瞳孔變得很大，眼睛幾乎成了黑色的。我印象很深刻，之前幾次艾莎發覺我們要離開牠，牠的表情好像在說：「你們扔下我跟寶寶，沒吃沒喝的，什麼意思？」艾莎扔下吃了一半的餐食，帶著小獅慢慢往滿是沙子的乾涸河床走去。

十六、艾莎與出版商見面

我們離開五天之後，在四月二十八日回到營地。十分鐘之後，艾莎獨自到了營地，身體狀況很好，看到我們也很開心。不過我們還沒來得及把要給艾莎的獵物綁起來，艾莎就拿走了。

接下來的二十四小時，艾莎都沒出現，然後又獨自來到營地，大吃一頓，隔天早上就離開了。我們沒看到小獅很擔心，看到艾莎的乳頭充滿乳汁沉甸甸的，就更擔心了。隔天下午我們看到艾莎一家子在乾涸的河床玩耍，才鬆了一口氣。艾莎一家子跟著我們回到營地，不久之後大雷雨降臨，艾莎馬上跟我們進帳篷，小獅卻坐在外面，偶爾把身上的水甩掉。一般人又冷又濕的模樣難免難看，可是小獅又冷又濕的模樣卻可愛極了，當然也是可憐兮兮的。小獅淋得濕漉漉的，耳朵和爪子看起來是平常的兩倍大。雨勢一稍有緩和，艾莎就出去找小獅，一起玩得很起勁，大概是想暖暖身子。玩耍過後開始吃晚飯，牠們吃肉拉扯的力道之大，我們看到牠們乾燥蓬鬆的毛皮下面發達的肌肉一動一動。牠們吃完之後，我們頭一次看到牠們把獵物剩下的部分埋起來。牠們小心翼翼挖著沙子掩埋，直到把獵物全部埋起來才罷休。我們不在營地的這五天，艾莎牠們完全過著野獅生活，艾莎大概就是那時候教小獅把獵物埋起來。一切清理乾淨之後，小獅窩在艾莎身邊，喝了好久的奶。

我們這次回來只會短暫停留，所以急著要拍些照片，可是艾莎大部分時間都不在營地，我們希望落空。我們也想在離開之前給艾莎飽餐一頓，所以有天一大早，我們就在大岩石下面呼叫艾莎。艾莎走了下來，傑斯帕緊跟在後，另外兩隻小獅離得遠一些。牠們跟著我們沿著車道走了一段，小獅跳來跳去，玩耍又摔角，艾莎常常得停下來等牠們跟上。那是個晴朗的早晨，涼爽清新。平常即使是最晴朗的日子，肯亞的天空也會布滿美麗的雲朵，現在雲朵卻還沒成形。小獅沿路嬉鬧，你撞倒我我撞倒你，生活充滿樂趣。艾莎轉入灌木叢中，大概是要抄近路到營地。小艾莎和戈帕追在後面，傑斯帕卻還是待在車道上。傑斯帕好像覺得獅群的安危是牠的責任，而我們絕對不算獅群成員，所以要確定我們沒有跟來。媽媽呼叫牠，牠也不理，毅然決然朝我們走來，有時候還會蹲低，再往前衝一小段距離，等到離我們很近了再停下腳步，看著我們歪頭。牠好像很尷尬，不知道接下來該怎麼辦。艾莎回過頭來帶走不聽話的兒子，用力一掌揮過去，傑斯帕機靈地閃過一邊，跟在兄弟姊妹後面快步走去。

我們在工作室度過愉快的一天，艾莎一家子也在工作室大嚼獵物。小獅吃飽了就四腳朝天仰臥著，沉沉睡去。我靠著艾莎的臀部，傑斯帕在艾莎的脛部下方睡覺。三隻小獅午睡醒來，就爬上低垂在河中央急流之上的樹枝玩耍。小獅好像不怕高，也不怕下方的急流，踩在最細的大樹枝上也是一派輕鬆。

將近入夜時分，我把艾莎牠們吃剩的肉拖回營地。我一邊拖著獵物走，傑斯帕兩度對著我衝過來，艾莎賞牠一個超級難看的表情，牠只好停手開溜。

喬治要出遠門巡邏的那天下午，我想拍幾張艾莎一家子的照片。我請托托幫忙拿照相機，在我們口中的「廚房河床」，就是滿地沙子的乾涸河床，發現艾莎一家子睡意沉沉的。我看見牠們，就請托托回到營地。那天非常炎熱，天空倒是雲層密布，還有些烏雲。我把相機架好，艾莎走上前來，在三腳架之間滾來滾去，還好沒把相機弄倒。小獅也過來了，看到亮亮的東西非常好奇，我把袋子掛在牠們拿不到的地方，牠們急著想看袋子。沒多久就下起綿綿細雨，這種雨從來都下不了多久，我就只把相機套上塑膠袋，沒有搬走。

我突然看見艾莎動也不動站著，瞇起眼睛看著我來的方向。

艾莎平貼著耳朵，像一道閃電般衝進灌木叢。我聽到托托大叫一聲，趕緊跟在艾莎後面，大喊：「不可以，艾莎，不可以！」幸好我還來得及控制住艾莎。我叫托托一定要安安靜靜、慢慢走回營地，才不會吸引艾莎追在後面。我後來知道原來托托看到下雨，就不顧我之前交代的，硬要回來幫我搬沉重的相機。他的好心差點被母獅親。

托托離開之後，我安撫安撫艾莎，摸摸牠，用平和的語氣跟牠說只是托托、托托、托托而已，艾莎不是跟托托很熟嗎？我把相機收好，啟程返回營地，這一路走得並不順利，艾莎還是充滿疑慮，一直衝到我前面，非要確定安全才肯放心。結果我就老是處在艾莎和小獅之間，小獅可不喜歡這樣。傑斯帕一直對我衝過來。最後我總算如願走在最前面領隊，因為我不希望艾莎趕在最前面抵達營地。我一路手忙腳亂，為了要看看後頭的動靜，不得不拎著沉重的相機倒退走，還要記得一邊用平和家常的語氣跟艾莎說話，希望艾莎在到家之前能心情平靜。

我看到營地的男生離我不遠，就大喊要他們拿獵物來，我等到獵物拿來了才放艾莎進營地，這樣我們回到營地就相安無事。

喬治回來之後，我們再度踏上拍照之旅。我們早上看到艾莎在岩石那裡，現在到岩石附近呼叫艾莎，艾莎卻沒出現。一直到天色太暗，無法拍照了，艾莎才突然從距離我們只有十公尺的灌木叢悄然無聲地鑽出。

艾莎很鎮定，也許是整個下午都在那裡監視我們。牠用頭磨蹭我們的膝蓋，卻完全不作聲。我們知道艾莎要是不希望小獅跟著牠，就會不出聲。艾莎悄然無聲出現，也一聲不響閃入灌木叢。後來我們看到艾莎伴侶的足跡，所以艾莎一定是跟公獅在一起。

隔天下午我用望遠鏡，看到艾莎在前一天下午待的地方附近。艾莎在山上，背後是天空，專注看著岩石之間的一道小間隙。艾莎看到我也不理不睬。我在那裡一直待到將近天黑，艾莎始終動也不動，似乎在戒備什麼。突然間艾莎又往車道方向看去，大概是聽見喬治巡邏結束開車回來的聲音。

喬治的車子映入我的眼簾，停了下來。我上了車，跟喬治說話。我發覺車子後頭有喬治打的珠雞，非常期待。我們最近吃罐頭都吃膩了，能換個口味真開心。

沒想到艾莎猛然跳到我們之間，跑到珠雞那裡。艾莎跳來跳去，手忙腳亂要拿珠雞，雞毛到處亂飛。這樣下去我們就沒得吃了，喬治趕快拿起一隻珠雞，丟給小獅。艾莎馬上隨珠雞而去，我們逮到機會，發動引擎溜之大吉。艾莎見狀就跳到路虎汽車的車頂上，堅持要我們載牠回家。我們希望車子開了幾百公尺之後，艾莎的母性本能會覺醒，回到小獅身邊。沒想到艾莎的母性本能今天休假，我們只得從車子裡面一直敲打帆布車頂，把牠弄到受不了，跳下車去，和一頭霧水的小獅重逢。

後來艾莎一家子都駕臨營地，和珠雞玩得很開心。我們發現小艾莎現在可精明得很。牠先等兩個兄弟把珠雞扎手的翎毛拔掉，等到毛都拔乾淨了，就馬上把珠雞搶走。

搶來珠雞之後，小艾莎就會怒吼、咆哮、伸爪來捍衛珠雞，還會平貼耳朵，擺出「不要來，很恐怖」的表情，兩個兄弟覺得還是自認倒楣，另外挑一隻珠雞來拔毛算了。有時候小獅子爭搶食物也會拳腳相向，還好事後都不會記仇生悶氣。我們倒是沒想到牠們喜歡珠雞甚於山羊肉。艾莎小時候都是把死掉的珠雞當玩具，很少會想拿來吃。

艾莎一家子在營地附近過夜，隔天早上我們知道原因了，因為到處都是小獅爸爸的足跡，大概是想跟艾莎牠們分享美食。艾莎顯然不願意，把獵物拖進我們的帳篷和河流之間的灌木叢中，那是小獅爸爸絕對不肯去的地方。

接下來的二十四小時，艾莎都和小獅待在這個堡壘裡，聽到喬治開著路虎汽車巡邏歸來，才肯走出要塞。喬治又帶來幾隻珠雞，前晚的歡樂盛宴又再度上演。

我在傍晚時分出門散步，沒想到竟然看見艾莎伴侶的足跡壓在喬治車子的輪胎痕跡上面。喬治才剛回來不久，所以小獅的爸爸剛剛一定在附近。我回到營地，看到艾莎聚精會神聽著外頭的動靜。接下來艾莎馬上就把小獅和獵物搬進堡壘。過了一會兒，我們聽見小獅的爸爸在附近「嗚夫」叫，一叫叫了一整晚。

隔天早上我們得回伊西奧洛八天。艾莎一定聽到了熟悉的拔營聲，倒也沒踏出荊棘遍布的堡壘一步。

我們在回伊西奧洛的路上接到令人興奮不已的消息，前幾天有人從倫敦打了三次電話給我們，現在確定隔天早上要跟我們通電話。

身在偏遠地帶，能跟六千四百多公里之外的英國通上電話，實在太令人興奮了。比利．柯林斯接受我們的邀請，要親自來和艾莎見面。

我們租了一架飛機，把比利從奈洛比載到飛機能降落的距離營地最近的地方。我們在比利抵達兩天之前啟程返回營地。我們決定要找到艾莎，儘量讓艾莎和小獅待在營地附近，這樣艾莎就能和出版商見面。

我們提早到了營地。喬治開了一槍，告訴艾莎我們來了，不久之後我們就聽見艾莎的「哼喀、哼喀」一聲，卻是光聽到聲音沒見著牠。艾莎的聲音是從工作室的方向傳來，我就到工作室去，看見艾莎和小獅在河邊喝水。艾莎看到我，繼續開懷暢飲，隔了八天才看到我，好像一點都不驚訝。

過了一會兒艾莎倒是走上前來舔舔我，傑斯帕待在三十公分之外。艾莎跳上桌子，身體敞開了躺在上面。傑斯帕用後腿站立，跟媽媽磨蹭鼻子。牠們吃了一點點我帶來的肉，似乎是不餓。喬治想拿走剩下的獵物，艾莎卻把獵物從喬治手中輕輕抽走，拿進灌木叢中。那天晚上我們聽見艾莎伴侶的叫聲，喬治在午夜左右醒來，發現艾莎坐在他的床上舔他，小獅則是坐在帳篷外看著艾莎。隔天早上我和伊布拉辛去接比利．柯林斯。

我們在午餐時間抵達小小的索馬利村莊，飛機就是要在這裡降落。我看飛機快要來了，就請當地人把簡易跑道上的牲畜趕走。

這個飛機場本來是為了蝗蟲防治而興建，只清除了少少幾棵灌木就「完工」了。現在很少使用，當地的牲畜經常路過，這裡的景色跟周遭並無二致，從空中很難找到。

大約在午茶時間，我們聽見引擎的震動聲，過了很久盤旋的飛機才降落。突然間全村的村民都跑來簡易跑道，興奮地嘰嘰呱呱。這群回教徒戴著五顏六色的頭巾，身穿鬆垮垮的衣服，看著比利．柯林斯和飛機駕駛費力地從小小的座艙爬出來。比利先是搭乘夜班彗星型客機，三小時之前才抵達奈洛比。比利在奈洛比搭上四人座飛機，顛簸地飛越廣大的肯亞山周圍惡名昭彰的氣阱，跟舒適的客機想必有天壤之別，更別說還要尋找北部邊境省浩瀚的沙地平原上小小的簡易跑道。現在他一下飛機就要動身去看艾莎，真的很有風度。

我想比利從倫敦長途飛行來這裡，現在應該很疲倦，再說我也不想在晚上遇到大象，就提議今晚在這裡紮營，不過跟伊布拉辛和野生動物保護區偵查員商量過後，我們還是決定繼續開車。

我們抵達存放艾莎的山羊的崗哨，負責的人請我轉告喬治明天務必前往最近的行政站，擔任狩獵法律案件的證人。我們開著車子，在茂密的灌木叢中蜿蜒而行兩個小時，終於抵達營地，只想喝杯飲料提振精神。喬治還沒來得及倒飲料，我們就聽見熟悉的「哼喀，哼喀」聲，過了一會兒艾莎就朝我們跑來，小獅跟在後面。艾莎還是一如往常友善地歡迎我們，小心翼翼嗅了嗅比利，也用頭磨蹭他，小獅則是站在不遠處旁觀。艾莎拿了肉，從燈光下一路拖到我的帳篷附近陰暗處，跟小獅一起開動。艾莎一家子忙著吃，我們也吃著晚餐。我們在喬治的帳篷旁邊特別用荊棘圍籬圍出一個地方，架設比利的帳篷，我們帶比利參觀他的家，從外頭用荊棘圍籬把柳條門擋住，比利終於能好好休息一晚了。

艾莎留在我的帳篷圍地外面，我聽見牠輕聲和小獅說話，後來我睡著了，就沒聽見聲音。我在黎明時分被比利的帳篷傳來的聲音吵醒，我聽見比利的聲音，還有喬治的聲音。原來他們在勸艾莎不要睡在比利的床上。天才剛亮，艾莎就擠進編織稠密的柳條門，跳上比利的床，隔著破掉的蚊帳，滿懷愛意撫摸著比利，用沉重的身軀壓得比利動彈不得。比利一覺醒來，發現成年母獅壓在自己身上。他有生以來還是頭一回遇到這種事，竟然還能處變不驚，實在令人佩服。就算艾莎輕咬比利的手臂（這是艾莎表示親暱的方式），比利也只是低聲跟牠說著話。

艾莎很快就玩膩了，跟著喬治走出比利的圍地，牠和小獅就在帳篷附近嬉鬧。接著艾莎一家子走向大岩石，喬治也動身出庭。

喬治在午茶時間回到營地，說他在營地附近遇到一群大象，我們聽到就趕快把茶喝完，開車沿著車道走，拍攝大象的影片。我們經過大岩石時，發現艾莎坐在大岩石上，身影映照著天空，好一個壯麗的畫面。我們忘了大象，走到岩石之下，想拍下艾莎和小獅的影片。艾莎一直聽著附近的巨石後方傳來的聲音，所以小獅可能就在附近。艾莎緊盯著我們的每一步，我們左哄右騙，牠始終動也不動。艾莎無動於衷，小獅也沒出現。我們等了好久，還是沒有動靜，就決定還是找大象碰碰運氣。

我們一回到車裡，艾莎就起身呼叫小獅，一家子擺出最優美的姿態，好像是存心捉弄我們。我們等了一個多小時，就為了等這個畫面。既然艾莎擺明了不想拍照，我們就把車開到喬治遇見大象的地方，除了大象的足跡什麼也沒找到，就又回去找艾莎。

我們到達大岩石，天色已經暗到無法拍照，我們就只拿著望遠鏡看著艾莎一家子。小獅在巨石堆裡追來追去，互相埋伏攻擊，艾莎一直緊盯著我們看。後來我們呼叫艾莎，牠馬上就下來，衝過灌木叢，滿懷熱情跟我們一個一個打招呼，砰的一聲重重跳在路虎汽車的車頂上。我們拍拍牠垂在擋風玻璃上的爪子，牠看著小獅還在岩石上玩耍，絲毫不在意媽媽走了。艾莎很喜歡有我們關注，目光卻始終不離小獅，直到小獅終於吃力地爬下岩石。艾莎跳下車去，消失在灌木叢中，找小獅去了。

我們趁這個機會開車回家，替艾莎一家準備獵物。獵物一準備好，艾莎一家就現身，開始撕扯獵物。我們在幾公尺外喝著飲料。整個晚上我們都看著艾莎一家，牠們好像已經把比利當朋友看了。

我在黎明之前，又被比利的帳篷傳來的聲音吵醒。艾莎又溜進比利的帳篷去道早安。喬治趕來救援，左哄右騙了半天艾莎才離開。喬治把柳條門外的荊棘圍籬加大加重，覺得艾莎絕對不可能穿過這道屏障，就又睡覺去了。艾莎怎麼會被區區荊棘打敗呢？沒多久比利又重回艾莎的懷抱，重溫艾莎壓頂的滋味。比利被蚊帳纏住，奮力掙扎，喬治又來救命，這次費了好大一番功夫才把門外的荊棘搬開，等到終於進入帳篷，看到艾莎緊緊掐著比利的脖子，牙齒叼住比利的顴骨。我們常看到艾莎這樣對待小獅，這是親暱的意思，只是比利的感受恐怕完全不是這麼回事。

艾莎反常的舉動讓我很吃驚。牠從未如此對待客人，只能說牠應該很喜歡比利吧！艾莎要不是在玩耍，就不會這麼客氣了。就算有我陪著比利，艾莎還是第三度擠進柳條門，帳篷外面的喬治跟帳篷裡面的我都沒來得及阻止。比利這回抬頭挺胸迎戰，艾莎用後腿站立，把前爪搭在比利的肩膀上，輕咬比利的耳朵。還好比利又高又壯，沒被艾莎壓垮。艾莎一放開比利，我就把艾莎狠狠打一頓，牠氣呼呼走出帳篷，拿傑斯帕遮羞，一起在草地上翻滾，又咬又抱，把對待比利那套照樣搬過來。後來艾莎一家子邊嬉鬧玩耍，邊往岩石堆走去。我不知道可憐的比利跟我哪個受到比較大的打擊。艾莎對比利如此熱情，只能說牠是把比利當自家人看。牠也只有對我們和小獅如此示愛。話雖如此，我們也不希望艾莎再度用熱情壓倒比利，決定讓比利提早結束行程，吃完早餐就離開營地。

我們走了幾公里，看到距離路邊大約三十公尺處有兩隻大象。大象舉起象鼻聞聞我們的氣味，搖來搖去，拿不定主意，又走開了。伊布拉辛沿著車道走，看看前方的道路是否安全。我們開著負荷沉重的拖車，就算遇到緊急事故也不能快速倒車。還好有伊布拉辛勘查路況，我們才沒迎頭撞上一隻待在車道上的公象。我們等公象離開，拍完照片之後又等了好久，牠才消失在灌木叢中。我們繼續往前走，沒再遇到驚奇了，只是爆胎兩次，讓我們開進溝槽裡。眼看還有兩小時的路程就到伊西奧洛，車子突然不動了。原來是拖車掉了一個輪子，車軸卡進路面。我們只能把車子交給同行的野生動物保護區偵查員，派卡車把車子拖回家。等到我們終於抵達伊西奧洛，早已過了午夜了。

十七、營地付之一炬

我們離開營地大約十天之後，在六月初回到營地，就在日落之前抵達距離營地大約十公里的地方，看到猛禽占據了每棵樹、每棵灌木，就開著車緩緩駛向牠們。突然間我們被四面八方逐漸逼近的大象包圍。一定是最近幾個禮拜都在附近出沒的那群大象，大約有三、四十隻。象群之中有許多年紀很小的幼象，提心吊膽的母象高舉著鼻子、搧動著耳朵靠近車子，對著我們憤怒地搖頭。光是這樣就夠難辨了，伊布拉辛開著我的卡車緊跟在後面，使得象群更加重敵意。喬治馬上跳上路虎汽車的車頂，手拿著步槍站在上面。我們等了彷彿一世紀那麼久，幾隻大象才開始穿越距離我們大約二十公尺的車道。

象群移動的畫面非常壯觀。這些巨獸排成一路縱隊行進，對著我們晃著大頭，一副不以為然的樣子，用巨大的身體掩護著幼象。

象群在表達過憤怒後，多半都已離開，只剩下幾小群還在灌木叢裡舉棋不定。我們等牠們跟上隊伍，到最後只剩兩小群還堅守原地，似乎不打算退讓。

喬治想去看看引來猛禽的獵物，看天色漸漸暗了，就打算跟馬卡狄步行，從兩群大象之間穿過去。伊布拉辛和我則是站在車頂上，密切注意大象的動靜，萬一大象圖謀不軌就能及時警告喬治。喬治發現剛剛被獵殺不久的非洲大羚羊，周圍還有獅子的足跡。非洲大羚羊還沒被啃幾口，顯然獅子的大餐是被象群打斷了。

喬治回來時，天色暗得很快，擋路的大象還沒走。我們也不能開車繞過去，所以決定衝過去，結果兩部車都順利衝過象群。

我們在想非洲大羚羊會不會是死於艾莎之手？可是這裡距離艾莎平常獵食的地方很遠，再說非洲大羚羊有一雙恐怖的大角，體重又比艾莎重（一定有一百八十公斤左右），艾莎要對付牠恐怕沒那麼容易。艾莎要是跟大羚羊比武，小獅的性命恐怕難保。我們覺得艾莎除非飢餓難耐，否則不可能會冒這種險。

我們回到營地的隔天，看到艾莎和小獅在大岩石上。艾莎一看到我們就飛快跑下來，整個身體撲到喬治身上，用熱情把喬治壓扁，接著又把我撞倒，一頭霧水的小獅伸長了脖子越過高高的草，看看是怎麼回事。

我們回到營地，給艾莎一家子張羅一餐，牠們搶食物搶到吼來吼去、打來打去，想必是很餓了。最後小艾莎勝出，拿著戰利品走開，兩個兄弟還是飢腸轆轆，我們不得不再拿一隻獵物給牠們吃。

後來我們在休息的時候，傑斯帕這隻大膽刁獅，竟然嚼起我的涼鞋，還戳戳我的腳趾。牠的爪子和牙齒都已經長齊了，所以我馬上把腳縮回來。我看傑斯帕好沮喪，就慢慢把手伸向牠，表達友善。傑斯帕目不轉睛看著我的手，又看看我，就走開了。

那天晚上艾莎還是一如往常待在路虎汽車的車頂，小獅倒是沒有嬉鬧，就只是癱在地上，動也不動。牠們平常這個時候精力最充沛，現在這樣無精打采讓我們很意外。我在晚上聽見艾莎用微弱的呻吟聲跟小獅說話，還有吃奶的聲音。小獅在二十四小時之內吃了兩隻山羊，竟然還要喝奶，之前一定是餓壞了。

早上我們出去看，艾莎一家子已經不見了，我們沿著牠們的足跡找，一路找到先前那隻非洲大羚羊。那麼可以確定是艾莎兩天前跟蹤大羚羊多時，擊垮這頭巨獸。艾莎出擊成功，正要和小獅共享大餐，沒想到卻殺出一群大象來搗亂，真倒楣。

現在我們明白艾莎牠們到營地的時候又餓又累的原因。

我們拿了非洲大羚羊細緻的羊角，掛在工作室裡，這是紀念小獅第一次跟媽媽出動獵食。現在小獅已經五個半月大了。

有天晚上艾莎和小獅跟我們一起走回營地，艾莎和傑斯帕走在我們前面，戈帕和小艾莎走在後面。這讓傑斯帕很焦慮，牠一直來回跑，想要維持獅群隊伍的秩序。到最後艾莎站在我們和傑斯帕之間，動也不動，先讓我們走過去，這樣一家子就又走在一起了。後來艾莎親暱地磨蹭我們的膝蓋，好像要謝謝我們體察牠的心意。那天晚上，廚房裡一隻煮熟的珠雞不翼而飛。我們在廚房帳篷旁邊發現小獅爸爸的足跡，這下抓到賊了。

隔天早上我醒來，聽見艾莎在附近的灌木叢中對著小獅呻吟。自從小獅出生，我們就沒在營地使用無線電收音機，免得嚇到小獅。今天喬治倒是打開收音機聽晨間新聞。艾莎馬上出現，看著收音機，使出吃奶的力氣大吼一聲，一聲接著一聲吼個沒完，直到我們關掉收音機才停下來，回到小獅身邊。過了一會兒喬治又打開收音機，艾莎一聽到聲音又衝回來吼叫，非要叫到喬治關掉收音機不可。

我拍拍艾莎，小聲和牠說話讓牠安心，艾莎還是不滿意，非要把帳篷裡面搜個徹底才罷休，接著又回到小獅身邊。常有人問我艾莎聽到不同聲音會有怎樣的反應，我一向對答如流，也頗為得意，可我倒是沒料到艾莎聽到收音機會有這種反應。艾莎野放之前都是跟我們過日子，那時我們每天聽無線收音機，剛開始一打開收音機都會嚇到艾莎，就好像我一彈鋼琴艾莎也會嚇一跳，不過艾莎只要搞清楚聲音從哪裡來就不理會了。艾莎能分辨汽車引擎聲與飛機引擎聲。飛機的聲音再大牠都無所謂，但是稍微聽到一絲絲的汽車引擎震動聲也會提高警覺，常常我們都還沒聽見，牠就聽見了。我也會唱歌給牠聽，想試試牠的反應。我一首歌換過一首，艾莎一點反應都沒有。不過有時候我模仿小獅的叫聲，吸引艾莎去找小獅，牠馬上動身，正中我下懷，但我如果純粹學小獅叫逗牠玩，牠就不理我。

艾莎是野生動物，當然認得各種動物的聲音，也能判讀靠近的野獸的心情。牠還懂得從我們的語調判斷我們的心情。我想艾莎比較喜歡低沉的人類聲音，比較不喜歡尖銳的人類聲音，就算不是因為心煩意亂發出的尖銳嗓音，牠也不喜歡。

我們在六月七日回到伊西奧洛，在那裡待了九天，回到營地之後打了一枚閃光彈，半小時之後艾莎現身，也帶著小獅一起。艾莎熱烈歡迎我們，我卻發現牠的頭上、下巴上都有傷，右腳踝腫得很厲害，還有一道很深的裂傷。艾莎非到萬不得已不肯動彈，所以一定痛得厲害。牠也不肯讓我在裂傷處上藥。艾莎一家子都飢腸轆轆，吃了兩隻山羊才飽。

隔天早上我們沿著牠們的足跡走，找到我們抵達前一晚牠們棲息的地方。我們知道這個地方在河對岸，艾莎一向喜歡那裡，我們倒是看不出來河的兩岸有何不同。艾莎喜歡河對岸，我們倒是很擔心，因為那一帶常有偷獵者出沒。艾莎獨自行動倒不怕偷獵者，有三隻小獅在可就不一樣了。

我們當初選了這個地方野放艾莎，是因為舌蠅在河的兩岸幾公里寬的地方都很猖獗。人類和大部分的野生動物都不怕這個品種的舌蠅咬，但是家畜一被咬就小命不保，所以我們很有信心不會有山羊跑到艾莎的地盤來誘惑牠。艾莎的習慣一向很保守，雖然每隔兩三天就會換地方窩，但是活動的範圍很小，所以我們就更安心了。

我們最近看到很多跡象，顯示附近的部落土著擅自闖入這一帶，我們覺得應該要找出艾莎現在最常用的窩，萬一遇到緊急事件就能及時相救。我們順著艾莎的足跡走，離開河流，沿著乾涸的河道，走到距離營地大約一公里，有許多岩石露出地面的地方，一路找到我們口中的「洞穴岩」。這裡有一個可以遮風避雨的洞穴，還有幾個「平台」，是很理想的休息地點，可以看見周圍灌木叢的動靜。除了這些舒適的「設施」之外，附近還有幾棵適合小獅攀爬的樹。這裡應該就是艾莎現在的窩。

我們回到營地，艾莎和小獅正等著我們。艾莎很緊張，對我倒還是很貼心，我把牠當枕頭牠也無所謂，又用爪子擁抱我。傑斯帕一直盯著我們看，顯然是不以為然，媽媽一走開，牠就先蹲低，再朝我撲過來。牠進攻三次，雖然都會在最後一刻急轉彎，假裝對大象糞便比較感興趣，但是我看牠平貼著耳朵，還發出怒吼，一定是吃醋我跟牠媽媽如此親暱。不過牠還會挑媽媽不在的時候下手，倒是挺特別。我拿了幾小片食物給牠吃，讓牠消消氣，又用三公尺長的繩子綁著輪胎內胎，扯來扯去。我跟傑斯帕玩拔河，突然聽見大象的隆隆聲，大象好像也在工作室玩牠們的遊戲呢！

小獅在六月二十日滿六個月大，喬治打了一隻珠雞給牠們當半歲壽禮。這珠雞當然又是被小艾莎拿到灌木叢裡。兩個兄弟怒不可遏，追在小艾莎後面，結果垂頭喪氣歸來，搖搖晃晃走下沙地河岸，撲在媽媽身上。艾莎四爪朝天仰臥著，接住小獅，用嘴巴含著牠們的頭。小獅好不容易掙脫開來，又擰了一把媽咪的尾巴。母子三個大玩大鬧了一會兒，艾莎起身，姿態優雅地走向我，輕輕擁抱我，好像表示牠沒有冷落我。傑斯帕看著我們，百思不得其解。牠會怎麼看呢？牠媽媽如此熱情對待我，那我一定不是壞人，可是不管怎麼說，我也不是同類。每次我背對著傑斯帕，牠都會跟蹤我，我轉過頭去面向牠，牠又會停下腳步，小腦袋左右搖晃，一副不知所措的樣子。接著牠好像知道該怎麼辦了：走開不就結了！牠直接走向河流，顯然是打算過河到對岸。艾莎緊追在後。我大叫：「不可以，不可以。」牠們置若罔聞，另外兩隻小獅也緊跟在後。傑斯帕小小年紀，已經在領導獅群了，家庭成員也承認牠是獅群共主。

牠們回來之後，艾莎頭枕在我的大腿上睡著了，傑斯帕忍無可忍，悄悄走上前來，用利爪抓我的小腿。艾莎的頭壓著我的腿，我也動不了，只能慢慢把手伸向傑斯帕，希望牠停手。牠以迅雷不及掩耳的速度咬我一口，我的食指底部出現一道傷口。還好我隨身攜帶磺胺粉，可以馬上消毒。這樁慘案就在艾莎眼皮子底下上演，牠卻是兩邊不得罪，裝作沒看見，閉上惺忪的雙眼。

我們全都回到營地，傑斯帕對我好友善，我開始覺得牠咬我大概是鬧著玩的。畢竟牠跟牠媽媽咬來咬去都是親暱的表現。

現在我們倒是開始擔心傑斯帕和我們的關係。我們盡可能尊重小獅的本能，讓小獅保持野生動物的生活型態，但是這樣一來難免就無法控制小獅。小艾莎和膽怯的戈帕還是一樣害羞，從來不會闖下需要我們責罰的大禍。傑斯帕的個性可就大大不同，艾莎小時候跟我們玩，我說「不可以，不可以」牠就會收回爪子，這話用在傑斯帕身上完全無效，牠還是用利爪抓個不停。我也不想用棍子教訓傑斯帕，如果用棍子，艾莎會不高興，而且從此絕對不會再信任我。我們只能指望跟傑斯帕當好朋友，不過以牠目前陰晴不定的反應看來，能休兵就不錯了，暫時不敢奢望友誼。

我們在營地待了五天，回到伊西奧洛，回家之後發現喬治再不久就得到北方去，參加為期三周的遊獵。我們不想拋下艾莎這麼久。喬治要開路虎汽車走，所以我就沒有交通工具往返伊西奧洛和營地。我決定這三個禮拜就住在灌木叢裡好了，就算會擾亂小獅的野獅生活也沒辦法。

我在出發之前，獨自在伊西奧洛過了兩個禮拜，我打算跟喬治在七月的第一周在營地會合。那時他就巡邏歸來，會前往伊西奧洛為北方的遊獵之旅做準備。

我快要到營地的時候沒看到喬治，覺得很擔心，心中充滿不祥的預感繼續開車往前走。我離營地更近，四處瀰漫著濃煙，熏得我肺都覺得刺痛，愈來愈覺得不妙。

我到達營地，簡直不敢相信眼前的景象。荊棘叢已經燒成灰燼，樹幹也在悶燒，整個營地已是悶熱難耐，又熱上加熱。兩棵金合歡樹是許多鳥兒的家，又帶來涼爽的樹蔭，現在也付之一炬。觸目所及盡是一片焦黑，帳篷的綠色帆布格外顯眼。我看到喬治在其中一個帳篷吃著午餐，大大鬆了一口氣。

喬治跟我細說從頭，這故事可長了。喬治兩天前抵達營地，看到現場是一片火海，又發覺十二位偷獵者的足跡。原來這些偷獵者不但放火燒樹燒荊棘圍籬，還把看得到的東西都給砸了。連伊布拉辛種的小小蔬菜園都被他們連根拔起。

喬治很擔心艾莎的安危，從晚上七點到十點打了幾發閃光彈，都沒有回應。到了晚上十一點，艾莎突然帶著小獅現身，一家子都餓壞了，不到兩個鐘頭就吃完了一整隻山羊。艾莎對我們很親暱，一個晚上幾次跑去躺在喬治的床上。喬治發覺艾莎身上有幾處傷口。艾莎在黎明時分離開，不久之後喬治順著艾莎的足跡走，看到艾莎坐在嗚夫岩上。

喬治去找找看艾莎昨天晚上是從哪裡來。艾莎的足跡從河邊開始，和偷獵者的足跡混在一起。喬治懷疑偷獵者是想獵殺艾莎跟小獅。

午餐過後，喬治派三位野生動物保護區偵查員去抓縱火的人。他們抓了六名歹徒回來。喬治要他們重建營地，這可是又忙又累的苦差事，想想他們得砍多少荊棘，才能做出我們的圍籬。

艾莎和小獅在營地過夜，天亮後不久就離開了。半個小時之後，喬治聽到大岩石那裡傳來吼聲，艾莎牠們就是往大岩石方向走，所以喬治認為一定是艾莎的吼聲。沒想到不久之後又聽見河對岸傳來艾莎的聲音，令喬治大吃一驚。艾莎濕漉漉地現身，心情非常激動，小獅沒有跟來。艾莎的後半身有幾處流血的傷口。

幾分鐘之後艾莎匆匆離去，往大岩石跑去，大聲呼叫。喬治認為艾莎一定是遇到天敵了，因為牠身上的傷不是獵物弄的。而且艾莎那麼緊張，顯然牠知道剛剛交手的野獸還在附近。喬治現在覺得他先前聽到的吼聲不是艾莎的聲音，應該是某隻攻擊艾莎的兇猛獅子的聲音。艾莎和獅子打架，小獅就跑去躲起來了，大戰過後艾莎就過河逃走。現在喬治跟著艾莎走，去找小獅。喬治和艾莎一起爬上大岩石，到了岩石頂，艾莎用非常焦慮的聲音呼叫。

艾莎突然對茂密的灌木叢很感興趣，待在灌木叢旁邊。喬治發覺小獅不在灌木叢裡，就繼續尋找，還是沒找著。後來他發現艾莎在嗚夫岩下面，還在焦急呼叫著小獅。喬治跟艾莎一起爬上嗚夫岩，每個能躲藏的地方都找遍了。他們發現一隻大公獅和母獅的足跡，艾莎沮喪到了極點。艾莎整個早上都堅持要走在前面，現在倒是願意跟在喬治後面。

他們走到岩石盡頭，靠近小獅出生的地方。艾莎一直嗅著一道裂縫。突然間喬治看到他們上方有隻小獅從岩石探出頭來，沒多久另外一隻也出現了。牠們是小艾莎和戈帕。傑斯帕不見蹤影。

小艾莎和戈帕看到媽媽，就衝下來和媽媽磨蹭鼻子，和媽媽一起走向「廚房河床」。這些事情就在我到達營地不久之前發生，喬治打算一吃完午餐就去找傑斯帕。我當然也要一起去。

大約一小時之後，艾莎出現在大岩石下方，非常熱情歡迎我。我把牠毛皮上的舌蠅刷掉，幫牠的傷口上藥，兩隻小獅隔著六十公尺左右的距離偷瞄我，又跑走了。我把磺胺吡啶藥粉揉進艾莎的傷口，發現牠不只是後半身有割傷，胸部和下巴還有很嚴重的裂傷。

這時小獅待在灌木叢裡，艾莎也沒理牠們。我們退到岩石後面，希望小獅去找媽媽，過了一會兒牠們就朝媽媽奔去。

艾莎和兩隻小獅在大岩石上安全地待著，喬治到薩姆岩附近找傑斯帕，我則在岩石下方尋找。我回頭看艾莎，發覺牠的表情很難看，朝著灌木叢的方向聞著氣味，就是喬治說牠早上很感興趣的那個灌木叢。我叫牠牠也不動。地上都是新的公獅足跡，我終於明白艾莎在怕什麼了。喬治回來之後，艾莎和兩隻小獅到岩石下方跟我們會合。

艾莎走在我們前面，走向牠很感興趣的那個灌木叢。艾莎走過灌木叢之後不久，我突然發現在牠後面泰然自若蹦蹦跳跳的不是兩隻小獅，而是三隻！傑斯帕失蹤了一天之後再度現身，艾莎牠們好像覺得這是再正常不過的事情。我們倒是鬆了一口氣，跟著牠們走到河邊，牠們停下來喝了好久的水。我們先回營地，替牠們張羅一隻獵物。後來我們總算有時間坐下來，好好享用晚餐，說起艾莎奇怪的行為。艾莎為何沒有堅持尋找傑斯帕？艾莎是不是一直都知道傑斯帕躲在灌木叢裡？這可能嗎？傑斯帕為何要在離營地、河邊還有艾莎牠們待的岩石很近的地方獨自待上十二小時，又為何不理會媽媽和我們的呼喚呢？

如果說陌生的獅子還在岩石附近，那艾莎和傑斯帕的恐懼就情有可原，但如果真是這樣，那另外兩隻小獅也不可能躲在岩石裡。

晚飯過後，喬治得回伊西奧洛，準備為期三周的遊獵之旅。現在這麼晚了，野生動物都在這個時候出沒，我實在不希望喬治這個時候走。

喬治離開後不久，大岩石傳來獅吼的聲音，持續了將近一整晚。艾莎一聽到獅吼，馬上帶著小獅儘量靠近我的圍地，一直待到天亮。

有天下午我呼叫在河對岸的艾莎。牠馬上出現，準備要帶著小獅游泳過來，這時牠們突然全都僵住不動，緊盯著河面看。艾莎帶著小獅往河流上游走，出現在「廚房河床」的對面。這裡在乾季的水位很淺，但是牠們耗了一個鐘頭都沒過河，小獅平常喜歡玩潑水、把頭按在河水裡的遊戲，這回也沒玩。這是好現象，表示牠們很謹慎，但是隔天我在同一時間、同一地點呼叫艾莎，牠們卻毫不遲疑，馬上游了過來。牠們的行為總是如此多變。我發覺艾莎的舌頭上有個硬幣大小的傷口，中間還有一道很深的裂傷，還在流血。牠舌頭有傷，還是會幫小獅舔毛，我看了好驚訝。

天色漸漸暗了，我們都坐在河流附近。艾莎和小獅突然看著河面，身體僵直，表情很難看。我看到三、四公尺之外有隻鱷魚。這隻鱷魚肯定個頭不小，因為光是頭部就有三十公分長。

我拿了步槍把鱷魚打死。小獅離我不到一公尺，聽見槍聲倒也不會緊張。後來艾莎走過來，用頭磨蹭我的膝蓋，大概是在感謝我。

艾莎幾乎每天下午都會帶著小獅去沙洲，那裡的賣點包括新的水牛糞便，有時候也有大象糞便。

艾莎和小獅會在糞便裡翻滾到過癮為止。小獅也會在倒塌的棕櫚木上面玩。大家都知道貓咪墜地都是四腳著地，小獅常常摔下棕櫚木，卻絕不可能四腳著地，反而是像墜落的包裹一樣笨拙地摔在草地上，還覺得很意外，怎麼突然跌下來啦？

傑斯帕大概就是這個時候變得比較友善。現在牠有時候會舔舔我，有一次還用後腳站著擁抱我。艾莎絕對不在小獅面前對我太熱情，和我獨處時倒是像往常一樣熱情。艾莎還是一如往常信任我，甚至有時候我覺得應該把牠吃的肉移到比較好的地方，牠也肯讓我拿走牠爪中的肉。牠也肯讓我拿小獅吃的肉。比方說我在晚上想把牠們吃了一些的獵物移開河岸，免得被鱷魚吃掉，艾莎也從未干涉，就算我得從牠身上把獵物拖走，牠也無所謂。更神奇的是就算小獅死拉著獵物不放，跟我拉扯，艾莎也沒有意見。

小獅在傍晚時分總是精力充沛，還會捉弄媽媽，艾莎就很難保持修養。舉個例子，傑斯帕發現只要用後腿站立，抓緊媽媽的尾巴，媽媽要脫身就沒這麼容易。母子兩個就這樣繞著圈圈走，傑斯帕的樣子就像個小丑，到最後艾莎受夠了，一屁股坐在傑斯帕身上。艾莎用這種方式結束遊戲，傑斯帕好像很開心，對媽媽又舔又抱，直到媽媽逃進我們的帳篷。

艾莎就算躲進帳篷也不能遠離傑斯帕多久，因為傑斯帕會跟在媽媽屁股後面進帳篷，很快瞄了帳篷內部一眼，把伸手能及的東西通通掃到地上。我在晚上常常聽見傑斯帕在食物箱和啤酒箱翻翻找找的聲音。瓶子碰撞的噹啷聲對牠來說是其樂無窮。有一天早上，營地的男生發現我的寶貝橡膠坐墊碎成一片片，泡在河水裡。這也不能怪傑斯帕，是我自己笨到前一天晚上忘了把坐墊從椅子上拿起來收好。傑斯帕在帳篷裡很自在，牠的兄弟姊妹倒沒那麼愛冒險，總是待在帳篷外面。

十八、艾莎的戰鬥

有天早上，馬卡狄看見兀鷲盤旋。他往下游走了兩公里左右，看到犀牛屍體，那隻犀牛是前一天喝水的時候被毒箭射死的。

偷獵者留下不少足跡，還在喝水的地方附近的樹上架設狩獵台。

七月八日晚上，這裡上演一場熱鬧的音樂會，艾莎的伴侶「嗚夫」叫，一頭花豹在咳嗽，鬣狗也在嗥叫。隔天晚上艾莎坐在我的帳篷裡，頭枕在我大腿上，我幫牠抓身上的舌蠅。艾莎的伴侶大吼一聲，嚇得我心驚肉跳。艾莎以迅雷不及掩耳的速度往「廚房河床」的方向跑去。小獅追在後面，不過沒多久就回來了，一頭霧水坐在帳篷外面。後來艾莎回來了，在帳篷裡待到牠丈夫不叫了才肯出去。艾莎一走，我就聽到骨頭碎裂的聲音，是鬣狗在用餐。

隔天晚上艾莎帶著小獅來營地。我就寢之後，艾莎三次想要渡河，我覺得沒必要提供免費餐點給正巧在附近的掠食動物，所以三次都把艾莎叫回來，硬要艾莎看守獵物。艾莎乖乖聽話，快要天亮才離開崗位，天亮了就不用看守獵物了。

艾莎接下來的三天都是在入夜很久之後才到營地，到了第四天（七月十五日）只帶了兩隻小獅來，傑斯帕不見了。我很擔心，等了一會兒就一直叫著傑斯帕的名字，一直叫到艾莎帶著兩隻小獅往上游找傑斯帕才罷休。

我聽見艾莎叫了一個多小時，叫聲慢慢消失在遠方。

接著我突然聽見野蠻的獅吼聲，還有狒狒驚恐的尖叫聲。如今天色已暗，我不能到外頭看看是怎麼回事，只能靜待結果，心裡覺得很難過，艾莎一定是被獅子攻擊。

過了一會兒艾莎回來了，頭上、肩膀上都抓傷流血，右耳的底部也被咬穿了。牠耳朵的肉裂開，寬度可放進兩根手指頭。這應該是艾莎受過最嚴重的傷。小艾莎和戈帕跟艾莎一起回來，坐在不遠處，表情極為驚恐。我想在艾莎的傷口上灑點磺胺粉，可是艾莎怒氣沖沖，不肯讓我靠近，我帶給牠的肉牠也不感興趣。我把獵物放在我和小獅之間。小獅猛撲到獵物上，拖到暗處，不久之後我就聽見牠們撕咬的聲音。

我坐在艾莎身邊許久，艾莎的頭偏向一邊，傷口滴著血。後來艾莎起身，呼喚小獅，涉水過了河。

我真希望馬上就天亮，好出去找傑斯帕。隔天早上馬卡狄、努魯和我順著艾莎的足跡走，到了洞穴岩，看到艾莎一家都在那裡，鬆了一口氣。我看到傑斯帕安然無恙很開心，現在可以專心給艾莎治傷了。艾莎耳朵上的傷還在大量出血，艾莎有時會搖搖頭，讓傷口裡的血流出來。艾莎舔不到耳朵上的傷，只是一直抓，免得蒼蠅來襲。搖頭也好，搔抓也罷，都不會讓傷口更乾淨。

三隻小獅都悶悶不樂，不過傑斯帕倒是親暱地舔舔媽媽。

我給艾莎的傷口敷上磺胺吡啶，營地的男生都躲到一邊去，艾莎卻不肯配合，我一靠近牠的頭，牠就很吃力地閃開。我突然聽見說話聲，嚇得要命。我想應該是偷獵者說話的聲音。我得趕快想想辦法。該不該按兵不動？還是不要比較好，艾莎好像不要我們陪，可能會帶著小獅走開，落入偷獵者手裡。我回到營地，艾莎現在一定餓了，希望牠會跟著我到營地。

我們回程的路上繞了個彎，看看前一天晚上的戰場。我們發現戰場在河中央的沙洲上，離營地大約一公里。這裡有許多獅子足跡，還夾雜著狒狒的足跡。我們能看出一隻公獅的足跡，但不確定還有沒有別的獅子。

我焦急地等待艾莎帶著小獅來營地，一直等到傍晚牠們才到。我在給艾莎吃的肉裡加了些磺胺吡啶藥片，艾莎從我手上把肉吃掉。我想如果一天給艾莎吃十五片藥片，牠的傷口應該就不會感染敗血症。艾莎的耳朵低垂，顯然肌肉受了傷。牠一直搖頭，甩掉滲出的液體。

這場大戰的罪魁禍首傑斯帕對我很友善。牠舔舔我，幾度歪著頭，直直看著我好久。

很多人認為貓科動物無法長時間直視一個人的臉，但是艾莎還有艾莎的姊姊和寶寶都不是這樣。說真的，我發現牠們是以各種眼神表達內心的感受，比人類用語言表達來得清楚多了。

艾莎躺下來，準備過夜，一隻公獅卻叫了起來。艾莎好像嚇到了，不久之後就帶著小獅走掉了。

隔天下午艾莎一家都回到營地，我看了很開心。傑斯帕有時用鼻子戳我的背鬧著玩，艾莎看了卻站在我和傑斯帕中間，顯然不喜歡傑斯帕玩鬧。

到了傍晚，努魯把一群山羊往卡車趕。我頭一回看到小獅對山羊感興趣。我們當然儘量不讓小獅接觸活生生的山羊，小獅以前聽到山羊咩咩叫也從來沒反應。

那天晚上我聽見兩隻獅子拉扯喬治帳篷前面的獵物骨頭，一邊發出咕噥聲。牠們這一餐吃了很久，直到黎明時分，營地的男生開始在廚房說話，牠們才離去。牠們在狒狒的狂叫聲中渡河，大聲「嗚夫嗚夫」叫回敬狒狒。後來我們發現一隻大公獅和一隻母獅的足跡。

艾莎這幾天都沒來營地。我想應該是因為這一對獅子還在附近的關係。這一對獅子隔天晚上在裝著山羊的卡車周邊咕噥。

我和營地的男生找了艾莎幾次，都沒找到。我們都已經忙得暈頭轉向了，途中還遇到一隻犀牛和幾隻水牛。

我已經四天沒看到艾莎了，焦急萬分。牠身上有傷，要獵食一定很不方便。我也擔心偷獵者會傷害牠。七月二十日晚上，我看到兀鷲在天空盤旋，心涼了半截。我們到外頭察看，卻只看到偷獵者出沒的痕跡。偷獵者在河的兩岸每個喝水的地方附近都架設了藏身處。我們也發現最近生起的火堆的餘燼，還有燒焦的動物骨頭。

三小時之後我回到營地。資深管理員派兩位偵查員來抓偷獵者，兩位偵查員告訴我，他們看到艾莎和小獅在河對岸的灌木底下，就在往陸地走大約二公里的地方。

艾莎躺在樹蔭下，小獅都睡著了。艾莎看見兩位偵查員走近，卻沒有動彈。這就奇怪了，艾莎除非病得很重，不然豈有坐等陌生人靠近的道理？

馬卡狄覺得我們應該帶點肉給艾莎吃，只是不要讓牠吃飽，好引誘牠回營地。我們接近艾莎的窩，我打手勢要男生留在原地，我呼喚艾莎。

艾莎出現了，慢慢走著，頭往一側低低的彎著。艾莎竟然選擇這個毫無遮蔽、偷獵者很容易就能看到的地方，我看了很驚訝，也覺得不太對勁。我發現艾莎的耳朵已經感染流膿，牠現在想必痛得不得了。牠老是甩頭，一甩起頭來，那聲音聽起來好像牠耳朵裡面都是液體。除此之外，艾莎和小艾莎現在滿身都是綠頭蒼蠅。我把艾莎身上的蒼蠅弄掉，小艾莎太野了，不肯讓我幫牠。小艾莎和兩個兄弟爭搶我們帶來的一部分獵物，沒多久就只剩下光溜溜的骨頭給艾莎，艾莎也只是逆來順受地看著。很多人都說母獅都會自顧自大嚼，讓小獅餓肚子，現在看來純屬無稽之談。傑斯帕用粗糙的舌頭舔舔我的手，謝謝我帶吃的來。我對著艾莎叫「馬基、查庫拉、尼亞馬」，希望牠能跟我們回營地，艾莎卻動也不動。我們只好先回營地。

我拍了很多照片，就到營地拿另外一卷底片。我聽見小獅到河對岸的聲音，就抄近路到河邊。艾莎突然從灌木叢中衝出，把我撞倒。牠顯然是懷疑我從另外一個方向繞回來，又擔心小獅的安危。牠整個下午都很緊張，顯然也很痛，小獅每次不小心碰到牠的耳朵，牠都會怒吼，氣呼呼地拍牠們一下。傑斯帕好像知道媽媽不舒服，一直舔媽媽。

那天晚上我就寢之後（艾莎和小獅不久之後都離開附近一帶），我聽見一隻花豹的咳嗽聲，還有一隻獅子的吼聲。我起床叫營地的男生把我的荊棘圍籬打開，我要出去把剩下的肉放進車裡。我可不想把附近所有的掠食動物都引來分享艾莎的食物，害艾莎不敢來營地。

艾莎耳傷痊癒之後，就可以獵食了，我決定到時候就要離開牠。我已經獨自在營地待了三個禮拜，喬治早該回來了。希望他趕快回來，他的帳篷只要有人，掠食動物就不會靠近綁在他帳篷附近的肉。現在他不在，野獅子每天晚上都在營地附近晃來晃去。當然萬一碰到緊急狀況，馬卡狄和伊布拉辛也有步槍可以用，但是我還是很擔心營地的男生的安全。

喬治總算回來了，迎接他的是陌生的獅吼。他聽說我們已經幾天沒看到艾莎了，就決定去找艾莎，也要把一天到晚弄傷艾莎的那隻陌生的公獅和兇猛的母獅趕走。我們現在很熟悉那對野獅夫婦了，至少很熟悉牠們的聲音，也很熟悉牠們的足跡。牠們沿著河邊走了十五公里左右。當然牠們除了艾莎之外，還有其他的獅子鄰居，但是艾莎是唯一一隻一直在營地附近出沒的獅子。艾莎出現之前，兇猛的母獅已經在這一帶生活了很久，我們也不知道艾莎是如何得罪這隻難搞的野獸。我們很確定艾莎絕對沒有搶母獅的老公，艾莎對年輕的丈夫可是很專情的。也許是艾莎妨礙到牠獵食，或是誤闖牠的地盤，也有可能是母獅本來就脾氣壞。反正我們現在知道牠把艾莎和小獅逼到河對岸，逼向偷獵者那邊，而牠和伴侶已經占領大岩石好幾天了。

我們在河對岸順著足跡走，最後發現小獅的足跡通往我們稱做「邊境岩」的一大堆岩石。之所以叫「邊境岩」，是因為這些岩石位在艾莎地盤的邊境。現在天色太暗了，我們只能回家。我們隔天早上又來這裡，發現一隻公獅和一隻母獅的新足跡重疊在小獅的足跡上。我們本來覺得很有希望找到小獅，後來發現足跡通往好遠的地方，不可能是艾莎的足跡。我們在回家的路上，發現河邊附近有個「落矛」捕獸陷阱，就懸掛在俯瞰野生動物步道的樹上。

「落矛」捕獸陷阱是個致命的裝置。拿一根直徑大約三十公分、長六十公分的圓木，面向地面的橫斷面連接一支有毒的矛。木頭一放下來，就會落在碰巧經過的動物身上。木頭的重量足以讓矛穿透最厚的獸皮。

隔天我們在河對岸往上游找。這裡也有不少獅子足跡，還有一隻母獅帶著三隻小獅的足跡。我們順著足跡走到離營地八公里遠的地方，到了灌木叢中的一處，就我們所知，艾莎從未到過此處。我們走近一棵猴麵包樹，聽見動物受驚逃跑的聲音。托托看到一隻獅子和三隻小獅的背影，可能就是艾莎帶著寶寶。牠們一閃而過，我們一再呼叫都沒有回音。

喬治和我順著牠們的足跡走了一段，真的是一頭霧水。如果牠們是艾莎一家，那看到我們為何要跑掉呢？難道說還有另外一隻母獅帶著三隻跟艾莎的孩子體型差不多的小獅？我們在回程的路上，看到一隻公獅的新足跡，通往我們的來時路。

隔天早上我們又回到這裡，在方圓五百公尺內發現一隻公獅、一隻母獅和幾隻小獅很新的足跡，一路通往乾涸的河道，又通往一堆岩石，不過這群獅子還沒走到岩石又突然掉頭，快跑到河邊過了河。

河對岸的足跡還濕濕的，顯然獅群聽到我們的聲音就跑走了。我們只知道牠們分散開來，跑得很快。

我們又追蹤了兩小時，發現獅群在滿是沙子的河道聚首。我們完全不出聲，直到聽到狒狒不安的叫聲，夾雜著公獅的吼聲。公獅近在咫尺。

公獅的聲音對我們來說並不陌生，因為我們晚上常常聽到。牠的聲音很沙啞，營地的男生說牠一定有瘧疾。

喬治跟在牠後面走，我們靠得好近，牠又吼了一聲，差點沒把我耳朵給震聾。我突然看到牠的後半身，離我只有三十公尺，男孩子們還看到牠的頭和鬃毛。

公獅在早上十一點吼叫是很稀奇的事。這隻公獅顯然是在呼叫母獅，我們聽到母獅的回應從狂叫的狒狒那裡傳來。我們希望這母獅就是艾莎，就繞過公獅，仔細看了看四周，卻什麼也沒看見。

我們又累又渴，總算坐下來泡茶休息。我們覺得艾莎會不見蹤影有兩種可能。牠可能覺得與其留在營地，冒著被壞脾氣母獅襲擊的危險，還不如跟聲音沙啞的公獅一起冒險。我們前一天發現的足跡可能就是沙啞公獅的足跡。這是比較樂觀的假設，悲觀的假設是艾莎因為耳朵感染而死，一對野獅子收養了三隻小獅。

我們在回程的路上，看到「廚房河床」附近有幾群兀鷲，男孩子們先往前走，去看看獵物。我留在原地，心情忐忑，等待他們勘查的結果，不久之後他們就大叫，說發現一隻小旋角羚的屍體，大概是前一天晚上被野狗所殺。

接下來的兩天，我們走遍了艾莎地盤的邊界，有時步行，有時坐車。

喬治在七月的最後一周離開營地，我繼續尋找艾莎。隔天早上，我和馬卡狄沿著車道走向大岩石，順著一隻公獅的足跡走。公獅之前顯然往營地方向走。我還看到尖頭鞋的鞋印，馬卡狄說跟他最近在偷獵者的藏身之處附近看到的鞋印一模一樣。公獅的足跡和偷獵者的鞋印都壓在喬治汽車的輪胎痕上面。

顯然偷獵者在留意我們的一舉一動。他們聽見喬治開車離去的聲音，隔天一早就到營地附近勘查。他們發現我還住在營地，想必是捶胸頓足吧！

兇猛的母獅攻擊艾莎到現在已經超過兩個禮拜了，除了偵查員在灌木叢中看到艾莎那次之外，都沒人看到過艾莎，也沒人知道小獅的蹤影。

我心情跌落谷底，問馬卡狄愛不愛艾莎？他吃了一驚，還是親切地回答：「牠在哪裡呢？我要到哪裡去愛牠呢？」我聽了這話就更沮喪了。馬卡狄看我這樣，怒氣沖沖把我兇一頓：「妳滿腦子想的都是艾莎死了，妳心裡想的、嘴上說的都是死。妳好像認為沒有蒙哥（上帝）守護一切。妳就不能把艾莎託付給蒙哥嗎？」

有他這番鼓勵，我起身繼續尋找艾莎。兩天過去了，還是一無所獲。

艾莎和小獅失蹤的第十六天的晚上，我把燈點亮，給自己倒了杯酒，坐在暗處，豎著耳朵，希望能聽到艾莎的聲音。突然間我看到什麼東西一閃而過，差點被熱情打招呼的艾莎撞下椅子去。艾莎瘦了些，身體還不錯，耳傷外圍正在痊癒，中間還在流膿。艾莎顯然飢腸轆轆，我請男生把獵物拿過來，他們一拿著獵物走過來，艾莎就衝了過去。我大叫：「不可以，艾莎，不可以。」艾莎停下腳步，乖乖回到我身邊，努力克制自己，等到男生把肉用鐵鍊拴在帳篷前面，艾莎才猛撲過去狼吞虎嚥。艾莎好像在趕時間，吞下半隻山羊，又退到燈光照不到的地方，又精明地再離遠一些，最後往工作室方向走去。

看到艾莎安然無恙，我心中一塊大石總算落地，可是小獅在哪兒呢？艾莎來營地只待了半個鐘頭，我一直等到深夜，希望艾莎會帶著小獅回來把山羊吃完。結果希望落空，我把山羊放進車裡，免得被掠食動物吃掉，就上床睡覺了。

八月一日的黎明時分，我被小獅喵喵叫的聲音吵醒，看到牠們偷偷靠近我的荊棘圍籬附近。我叫男生把肉拿來，小獅忙著搶肉吃，艾莎在旁邊看，我走到艾莎身邊。

沒多久我就發現艾莎吃剩的晚餐不夠餵飽四隻飢腸轆轆的獅子，就請馬卡狄再殺一隻山羊，過程當中艾莎也一直保持安靜。艾莎真的很能自制，一直到男生把獵物放在距離牠十公尺處，牠才起身把獵物拖到河邊的灌木叢裡。

小艾莎和戈帕跟在媽媽後面，傑斯帕忙著啃骨頭，沒空管其他的事，落單了好一會兒才去找媽媽牠們，跨在剩下的舊獵物上，把獵物拿到河邊。

我坐在附近的一棵梔子叢下，等時機成熟就要在艾莎要吃的肉裡加些藥，治療牠的耳朵感染。我看艾莎和小獅身上都沒有新的抓傷，鬆了一口氣，卻也大惑不解。牠們這些日子沒來營地，一定都得自行獵食，那身上怎麼都沒傷呢？

小獅互相吼叫、拍打，爭奪獵物少少的精華部分。牠們這段日子生活在灌木叢裡，當然是更像野獅了，現在會隨時注意可疑的聲響，聽見狒狒的叫聲差點嚇到。

戈帕和小艾莎比以前還要害羞，我稍微動一下牠們都嚇得半死。沒想到傑斯帕倒是走向我，頭歪向一邊，擺出一臉疑惑的表情，舔舔我的手臂，擺明了就是想和我繼續當朋友。

豔陽高照，氣溫愈來愈高，小獅吃飽喝足了，在河的淺水處玩得很開心，把彼此按在水裡、玩摔角、互濺水花、翻攪河水。後來終於玩累了，倒在岩石上的陰涼處，艾莎也去跟牠們倒在一起。

我看著牠們四隻爪子垂在岩石邊緣，心滿意足地沉沉睡去，想起馬卡狄斥責我缺乏信心，現在想想真有道理。我看著牠們一家，覺得再也沒有比牠們更幸福的家庭了。

我想知道艾莎一家子這麼長日子沒來營地，都在做些什麼，就請馬卡狄順著艾莎來營地時一路上留下的足跡走。

馬卡狄出發之後，我趁艾莎睡意濃濃、無力抗拒的時候替牠在傷口上藥。入夜之後我回到帳篷，聽聽馬卡狄的報告。

馬卡狄說他順著艾莎的足跡，一路追蹤到艾莎地盤的邊界，那裡有許多岩石露出地面。馬卡狄在那裡不只看到艾莎和小獅的足跡，也看到至少一隻公獅的足跡，也有可能是兩隻。

艾莎和小獅這段時間能有東西吃，還有艾莎看到偵查員和我們的時候會嚇到，這大概就是原因，母獅發情了就是這樣。

也許有人會覺得奇怪，我們怎麼就沒想到艾莎是發情了呢？其實我們是看艾莎還在哺育小獅，就沒想到牠會對異性感興趣。一般認為野母獅每三年才會生一次小獅，因為母獅要用三年教一批窩仔獵食和獨立生活。我們也以為是這樣。會不會是因為我們替艾莎和小獅張羅食物，所以艾莎不到三年就又發情了？小獅現在七個半月大了，當然可以完全靠吃肉生存，艾莎也不可能知道我們留下來只是要給牠治傷，等到牠身體恢復了，能教小獅獵食了，我們就會離開。

十九、灌木叢中的危機

那天晚上九點左右，艾莎和小獅從河邊走來，坐在我的帳篷前面，要我們把晚餐端來。剩下的肉還在梔子叢那裡，我把馬卡狄和托托叫來，請他們幫我把肉拖進營地。我拿了一盞煤油燈，我們走在我們開出的那條狹窄的路上，還得穿越茂密的灌木叢才能到河邊。

馬卡狄拿著一根棍子、一盞防風燈走在最前面，托托緊跟在後，我拿著光亮的煤油燈走在最後面。我們靜靜走了幾公尺，突然聽見恐怖的碎裂聲，馬卡狄的防風燈熄了，一秒鐘之後，駭人的黑影把我撞倒在地，我的煤油燈也碎了。

接下來我只發覺艾莎在舔我。我一回過神來，就坐了起來，叫喚馬卡狄和托托。托托躺在我身旁，雙手抱著頭，有氣無力地應了我一聲。然後他搖搖晃晃起身，結結巴巴說著：「水牛，水牛。」一這時我們聽見廚房傳來馬卡狄的聲音。他大叫他沒事。我們打起精神，托托跟我說他看到馬卡狄突然跳到路旁，拿棍子打水牛。接下來就是托托被撞倒在地，我也被踩過去。我們永遠也無從得知艾莎和水牛面對面是怎麼個情形。還好托托沒有大礙，只是頭上腫了一塊，那是因為他撞在倒塌的棕櫚樹樹幹上。我感覺血沿著我的手臂和大腿流下，也有些疼，可是我想先回家再看看傷勢如何。很多人認為獅子不管再怎麼溫馴，嗅到、嘗到血的氣味就會野性大發，現在證明是無稽之談。

顯然艾莎是知道我們遇上水牛攻擊，趕來救我們的。牠好像知道我們受傷了，非常溫柔可親。

我知道那水牛是哪一隻，這幾個禮拜我們都看到一隻公水牛從工作室穿越河邊的灌木叢，走到沙洲的足跡。沙洲那裡的足跡排成一個三角形，代表那是牠喝水的地方。牠解渴之後通常會繼續往前走。

牠平常都是在三更半夜才出來喝水。

那天晚上牠一定是渴到受不了，很早就到河邊。艾莎大概聽見牠移動的聲響，所以才在晚上九點帶小獅來營地。水牛看到我們點著燈到河邊，顯然是嚇到了，就匆匆忙忙走最近的一條路，要到安全的地方，沒想到我們擋了牠的路。

我被水牛踢了幾下，大腿上有傷痕。我只覺得慶幸，還好不是傷在比較脆弱的地方。

艾莎跟著我們回到營地，小獅在營地等著牠。我很好奇，艾莎怎麼有辦法讓小獅在營地乖乖等，沒有跟去呢？

我很擔心馬卡狄，就馬上到廚房看看他的狀況。沒想到他毫髮無傷，口沫橫飛地在廚房跟朋友說著他是如何單挑水牛，朋友聽了都嘖嘖稱奇。我兩腿還在流血，恐怕有損馬卡狄的英勇形象，不過重點是我們都平安。

我那天晚上很不舒服，傷口一直在疼，身上的腺體也都腫了起來，我怎麼躺都不舒服，一呼吸肋骨就更痛。

隔天下午艾莎小心翼翼，拖著獵物往上游走了很遠，過了河，爬上極為陡峭的河岸，陡峭到任何野獸都不可能追上去。不曉得艾莎是不是跟我一樣，被水牛嚇到了，才會有這種反常的行為。

到了八月初，艾莎愈來愈肯配合我們，牠兒子傑斯帕可不一樣，是一天比一天更桀驁不馴。舉個例子，艾莎從來不會騷擾我們的山羊，偏偏傑斯帕對牠們是愈來愈感興趣。

有天晚上努魯趕著山羊走向我的卡車，傑斯帕朝山羊直奔而去，衝過廚房。那時虔誠的伊布拉辛正跪在墊子上，專心晚禱，傑斯帕就從他身邊溜過，又閃過裝水的容器，繞過火堆，正好在山羊要進卡車之前抵達。

白痴都知道牠在打什麼主意，我拿了一根棍子跑過去，在傑斯帕面前手握棍子，用最兇的聲音大喊：「不可以，不可以，不可以。」

傑斯帕一頭霧水，嗅了嗅那根棍子，開始拍打棍子鬧著玩，努魯趁此機會，趕快把山羊趕進卡車裡。傑斯帕玩夠了，就跟我一起走向站在一旁看好戲的艾莎。艾莎平常都會幫我教訓傑斯帕，我說「不可以，不可以」，艾莎就會一掌打下去加強語氣，不然就是站在傑斯帕和我之間。我覺得就算有艾莎幫著我，總有一天我的命令還有棍子都會失靈。傑斯帕太活潑、太好奇、太搗蛋了，是個氣派的小野獅，也長得很快。我們也應該讓牠和兄弟姊妹過野獅的生活。我想著這個的同時，傑斯帕追著兄弟姊妹跑，不小心把水碗打翻了，灑了艾莎一身的水。傑斯帕這次闖禍被打了一頓，艾莎用還在滴水的沉重身體，把傑斯帕壓在下面。那是個逗趣的畫面，我們哈哈大笑，這麼不識相當然惹毛了艾莎。艾莎瞪了我們一眼，就走開了，乖寶寶戈帕和小艾莎跟在後面。後來艾莎跳上我的路虎汽車車頂，我走過去修補友誼的裂痕，跟艾莎道歉。

那天是滿月，群星在天空閃耀。艾莎的瞳孔張得很大，一雙大眼睛幾乎成了黑色的。牠低頭看著我，表情很嚴肅，好像在說：「我在教孩子，被妳搞砸了。」我跟艾莎一起待了好久，輕輕摸著牠柔軟細滑的頭。

我們聽見鹽漬地傳來兩隻犀牛做愛的嘶鳴聲和呼嚕聲。艾莎提高警覺，看了小獅一眼，發覺牠們全神貫注在吃肉上，就不去理會那對甜蜜蜜的犀牛。接著我們聽見犀牛過河的聲音。喬治帶著反偷獵大隊回到營地。反偷獵大隊負責打擊北部邊境省一帶的偷獵活動。他要他們做的第一件事就是去找河對岸的部落土著，土著只要拿到不錯的酬勞，就會透露有關偷獵者的線報。反偷獵大隊一上手，我們就打算讓艾莎一家子自己照顧自己。艾莎身上的傷已經好得差不多了，我們希望牠們能過野獅的日子。結果偵查員回來之後，我們不得不改變計畫。他們抓了一群偷獵犯，一位線民告訴喬治，偷獵者打算等我們一離開營地，就用毒箭射死艾莎。他還說歹徒縱火燒了營地之後，其中三人還爬上艾莎的大岩石去獵蹄兔，後來有一個被蛇咬，只好放棄。

我們發現乾旱愈演愈烈，偷獵行為也會愈來愈猖獗。我們要是不替艾莎張羅食物，艾莎就有可能到遠處獵食，就有可能遇到部落土著，反偷獵大隊再怎麼厲害也沒用。

顯然我們要是繼續留在營地，小獅就無法開始學習野外生活，大概也會被我們寵壞，不過至少比發生慘劇來得好。

有天晚上舌蠅特別猖獗，艾莎和兩個兒子在我的帳篷裡滾來滾去，想把討厭的舌蠅壓死。牠們滾著滾著，弄倒了兩張靠著牆壁的行軍床。艾莎躺在一張行軍床上，傑斯帕躺在另外一張上，戈帕就只能躺在地上的防潮布。看到兩隻獅子懶洋洋地躺在床上，雖然跟我們理想中艾莎全家回歸野外生活的畫面天差地遠，卻也夠好笑的。只有小艾莎留在帳篷外面，牠還是像以前一樣充滿野性，說什麼也不肯進帳篷。至少還有小艾莎保留野獅本色，我那不安的良心才得以稍稍平靜。

有天下午我們跟艾莎一家在河岸邊，我有機會可以好好看看艾莎的傷口。我發覺我給牠敷了那麼多磺胺，傷口卻還沒癒合。我也利用這個機會看看艾莎的牙齒，發覺有兩顆犬齒斷掉了。艾莎小時候得過鉤蟲感染，牙齒邊緣凹陷，犬齒就是在凹陷的地方斷裂。艾莎獵食主要是用爪子攻擊，但是牙齒斷掉也會有影響。

我們在入夜時返回營地。艾莎一整晚都保持警戒，坐立不安，最後和小獅一起消失在灌木叢裡。我在午夜時分被幾隻獅子的吼聲吵醒。接著又聽見毛骨悚然的打架聲。一陣寂靜之後又是一場打鬥，接著是第三場打鬥。我聽見一隻獅子的嗚咽聲，顯然是打鬥受傷了，我只能希望牠不是艾莎。我又聽見動物過河的聲音，一切又恢復沉寂。

我在天亮時起床，沿著愛打架的訪客的足跡走，發現是那隻兇猛的母獅還有牠的伴侶。顯然艾莎是在牠們靠近營地時跟牠們打起來。我們沿著艾莎的足跡走了六小時，過了河走到邊境岩。艾莎的足跡後來又和小獅的足跡夾雜在一起。

我們整個白天都沒找到艾莎，在日落時分開了一槍。過了一會兒，我們聽見艾莎的叫聲從很遠的地方傳來。後來艾莎出現了，傑斯帕跟在後面。

艾莎走路跛得很厲害，儘管搖搖晃晃，牠卻好像希望儘快走到我們身邊，只是中途停個一兩次往回看看另外兩隻小獅有沒有跟上。艾莎和傑斯帕見到我們，都用身體磨蹭我們的腿，顯然是看到我們很開心。我發覺艾莎的一隻前爪有一道很深的裂傷，還在流血，想必很痛。我只能帶牠回家給傷口上藥。

營地離這裡很遠，天又快黑了，我們看到這麼多水牛和犀牛的足跡，覺得晚上還是別在這裡逗留比較好。所有跡象都顯示我們應該趕路。喬治不耐煩地大吼，要我們加快腳步，我們卻還得常常停下腳步，等走得很慢的小獅跟上。傑斯帕在喬治和落後的隊伍之間跑來跑去，維持隊伍完整，活像隻牧羊犬。

舌蠅這回總算有點貢獻。艾莎全身都是舌蠅，所以一直跟上我的腳步，希望我能幫牠把身上的舌蠅拍掉。傑斯帕也被舌蠅攻擊，第一次用柔滑的身體磨蹭我的腿，要我也幫牠趕走舌蠅。我平常是絕對不碰牠的，但是看到舌蠅又忍不住要拍掉。

艾莎常常停下腳步，對著灌木噴灑尿液。牠是不是又發情啦？

我們回到營地，已經是精疲力盡。艾莎不吃東西，只坐在路虎汽車上，看著小獅拉扯肉，有時又會專心看著暗處。艾莎還沒到九點就帶著小獅離開營地。我們在午夜左右聽見大岩石傳來獅子的叫聲。

接下來的幾天，艾莎每天下午都來營地，我替牠在傷口上藥。

艾莎身體好一些了，就帶著小獅跟我們到河邊獵鱷魚。我們這回又看到艾莎顯然能命令小獅待在原地不動，小獅也乖乖照辦。

艾莎聞到羚羊的氣味，跟在後面，可惜沒能獵食成功。小獅此時一動也不動，好像釘在地面上一樣，絕對不會妨礙艾莎獵食。後來牠們又在水裡嘩啦嘩啦玩水，又爬到樹上，活潑得很。牠們用爪子勾住樹皮，用爪子的力量往上爬，有時候會爬到離地面三公尺那麼高。

這次我們也看到艾莎另一種本能反應。小獅玩耍的地點距離住在深潭裡的鱷魚不到一百公尺，艾莎卻一點都不擔心。牠大概知道鱷魚已經吃飽了。艾莎平常看見水面出現一絲漣漪都會起疑心，現在鱷魚近在咫尺也不怕。我們發現艾莎一向能區別哪些遊戲是無傷大雅，哪些遊戲可能很危險。比方說牠知道傑斯帕和喬治搶獵物拔河就是無傷大雅，喬治把一根棍子丟進河裡，這就有些危險了，艾莎就會馬上站在小獅與河的中間，大概是要阻止小獅跳進河裡，不然就是覺得小獅可能很緊張，要告訴牠們河裡漂浮的只是一根木頭，不是鱷魚的吻部。

我在八月十二日前往奈洛比，停留六天之後在八月十八日回到營地。我們吃著遲來的晚餐，聽見兩隻獅子吼叫，聽那聲音，牠們應該是從河的上游快速接近營地。艾莎匆匆朝聲音的方向跑去，把小獅留在原地。大約過了四十五分鐘，艾莎回來了，那時小獅已經走了。艾莎走遍營地到處找小獅，好像很緊張。

我們聽到震耳欲聾的獅吼，似乎就來自廚房後面，嚇得要命。喬治往那個方向看去，看見獅子閃亮的眼睛映照著手電筒的光線。

艾莎站在我們的帳篷旁邊，也大吼大叫回敬。幸好小獅回到營地了。艾莎馬上帶著小獅離開，不久之後我們就聽見牠們匆匆過河的聲音。

一切又恢復寂靜。我們上床睡覺去了，沒想到半夜一點半左右，喬治被他帳篷附近的聲音吵醒。他點亮手電筒，看到一隻陌生的母獅坐在三十公尺之外。母獅慢慢起身，喬治開了一槍，要母獅趕快走開，結果只招來另外一隻獅子吼叫。

接下來的半小時，吼聲、嗥聲與咕噥聲此起彼落。之後獅子就離開了。

隔天晚上艾莎很晚才到營地，坐在帳篷附近。傑斯帕又是精力充沛，把伸手可及的東西都掃到地上當娛樂，桌上的瓶子、盤子跟餐具唰的一聲全落地。步槍也從槍架拉出來，裝滿彈藥的背包也掉在地上。傑斯帕拿著紙箱得意洋洋地在兄弟姊妹面前晃，再撕成碎片。隔天早上我們發覺艾莎一家還在營地，這倒是咄咄怪事。營地的男生躲在廚房的圍籬裡面，等牠們走。結果艾莎牠們完全沒有要走的意思，喬治走向艾莎，艾莎把他撞倒在地。喬治只好把我從荊棘圍籬中放出來，讓我試試看。我叫著艾莎的名字，一邊靠近牠，艾莎瞇著眼睛看著我，緩緩朝我走過來，所以我保持警覺。後來證明我提防艾莎是對的，牠走到離我十公尺時，突然全速朝我衝過來，把我撞倒，坐在我身上，還要舔我。

艾莎很友善，所以這大概是牠一大早跟我們玩的遊戲，但是牠明明知道我們不喜歡被牠撞倒，自小獅出生以來，這是艾莎頭一回撞倒我們尋開心。

後來艾莎把小獅帶到工作室下面的地方，我們那天下午到那裡找牠們。傑斯帕對喬治的步槍很感興趣，想盡辦法要拿，沒多久就發現只要喬治保持戒備，牠就不可能得逞。牠了解之後就假裝追著兄弟姊妹跑，想引開喬治的注意力，那模樣實在很好笑。喬治放鬆戒備，把步槍放下，要拿起相機，傑斯帕趁機對著步槍猛撲過去，跨坐在步槍上。這回喬治和傑斯帕可是認真拔起河來，艾莎緊盯著戰況。後來艾莎總算助喬治一臂之力，跑去坐在兒子身上，傑斯帕就不得不鬆手。艾莎一坐坐了好久，我開始擔心傑斯帕的生命安全。艾莎總算起身，傑斯帕一臉嚮往看著步槍，又蹲伏在步槍附近，卻也還是很克制，沒有亂動步槍。艾莎看到傑斯帕突然變乖，倒還懷疑了一陣子，不時跑去站在傑斯帕和步槍中間。

艾莎四腳朝天在地上滾，輕聲呻吟。小獅馬上回應，開始喝奶。艾莎的模樣好快樂，只是我還是會想，小獅的尖牙咬牠的乳頭應該很痛吧？我們眼前就是一幅完美的全家福，就在這時候，一隻綬帶鳥飛過上空，白色尾巴像禮服長長的裙裾般拖在後面。那天小獅正好滿八個月大，艾莎絕對有資格引以為傲。

艾莎帶著小獅渡河。第三隻小獅在對岸可憐兮兮地喵喵叫。

三隻小獅都過了河，爬上艾莎的背，玩弄艾莎的尾巴。

右圖：艾莎與出版商比利．柯林斯見面。

下圖：聚集在水坑的象群。

上圖與右圖：磨爪子運動。

上圖：艾莎與傑斯帕

右圖：艾莎一家在付之一炬的營地。

艾莎和小獅渡河。

小獅九個月大，艾莎還在哺乳。

水牛。

小獅的第一個聖誕節。傑斯帕坐著看蠟燭愈燒愈低。

左圖：小艾莎。

下圖：睡午覺囉！

一歲大了。

小獅沉沉睡去，圓圓的肚子都快要脹破了。艾莎起身，彎著背，打了一個好長的哈欠，又朝我走來舔舔我，坐在我旁邊，把爪子放在我肩上一會兒，又把頭枕在我的大腿上，進入夢鄉。艾莎和兩個兒子睡得甜甜，小艾莎負責站崗戒備。牠兩度跟蹤非洲大羚羊都沒成功。

那天晚上我們就寢之後，聽見碎裂聲，一直持續到隔天早上都沒停，顯然艾莎一家是在營地過夜，把獵物吃光。隔天牠們一直都待在帳篷附近。那天晚上我們聽見小獅的爸爸呼叫，想必是因為牠在附近，艾莎才不想離營地太遠。接下來的三天，艾莎一直待在營地。

二十、幼獅與相機

營地周遭的生活真的有伊甸園的感覺。跟我們一起生活在這一帶的動物看到我們都習以為常，常常靠得很近，絲毫不會恐慌。就連魚兒都變得很友善，看到我們還會游過來。

我正用打字機打著你現在看到的這一段，這時碰巧有五十隻狒狒組成的大隊在河對岸走來走去。隊伍中還夾雜著三隻非洲羚羊、一隻公羊、一隻雌鹿帶著幼鹿。牠們加入狒狒大隊好像是為了安全，狒狒與牠們擦肩而過，牠們也無所謂。

很多人認為狒狒會把小動物撕成碎片，我們眼前的景象卻恰恰相反，就是一幅天底下最祥和的畫面。我覺得要不是有偷獵者作怪，野生動物在這裡的生活就完美無瑕。對艾莎來說，就算是那隻兇猛的母獅也沒有偷獵者來得可怕。不管怎麼說，艾莎是灌木叢生態的一份子，獅子之間的爭鬥也是灌木叢的常態。

我們發現艾莎會出去面對天敵了，感覺很欣慰。我們是在八月的第三個禮拜發現的。有天晚上艾莎和小獅在帳篷前面吃晚餐，艾莎突然咆哮著走開，一小時之後才回來。那天晚上我聽見兩隻獅子走近營地，不久之後一場恐怖的大戰爆發。將近破曉時分，我聽見艾莎帶著小獅往大岩石走去。那天下午艾莎去營地的路上，在灌木叢中遇到我們。牠滿頭都是咬傷淌血的傷口，耳朵受傷的部位附近尤其多。

艾莎到家了，我拿出昨晚的剩菜，已經所剩無幾了。艾莎碰都不肯碰，小獅倒是吃得很開心。營地的男生拿來新的獵物，艾莎才開始吃。艾莎明明飢腸轆轆，為什麼不肯吃我拿給牠的剩菜呢？難道牠認為剩菜不夠，想先讓小獅吃飽再輪到自己？

那天晚上伊布拉辛開著我最近買的「防獅」路虎汽車到營地，也帶來信件。我坐著閱讀《倫敦新聞畫報》一篇關於艾莎的文章，內容提到艾莎是聞名世界的動物。艾莎現在名氣可大啦！可惜牠此時傷口痛苦難當，正歪著頭呢！

艾莎隔天到工作室找我們，還是很不舒服，不過教訓起傑斯帕還是絲毫不含糊，傑斯帕聽見我打字機的聲音，覺得很好奇，就捉弄我，艾莎就拿出一連串精準的攻擊伺候。

傑斯帕真可憐，牠還有好多事情要學。牠已經在過野獅生活，這方面倒是不太需要學習。但是牠得學習陌生的人類世界，從牠的行為也能看出牠很想探索人類世界。比方說有天晚上，我聽見牠在喬治的帳篷裡忙翻天。隔天早上，我發覺我的望遠鏡不見了，原來傑斯帕是在忙這個。後來我在帳篷下方的灌木叢裡找到望遠鏡皮套的碎片，上面有傑斯帕乳牙的咬痕。望遠鏡就在皮套附近，竟然完好無缺，真是奇蹟。傑斯帕是個搗蛋鬼沒錯，可是我們都愛死牠了，沒辦法一直生牠的氣。

傑斯帕現在八個月大了，幼兒時期的絨毛消失了，毛皮卻還是跟兔毛一樣柔軟。牠開始模仿媽媽的行為，也希望我們對牠就像對艾莎一樣。傑斯帕有時候會走過來躺在我的手下面，顯然是希望我拍拍牠。我的原則是不會拍牠，可是偶爾還是會如牠所願。傑斯帕常想找我玩，雖然牠從無惡意，我還是會怕牠像對待艾莎牠們一樣咬我抓我。艾莎碰到這種時候都懂得拿捏力道，傑斯帕可不懂這些，牠幾乎是道道地地的野獅。

我們也很想觀察艾莎的幾個孩子跟我們的關係。傑斯帕克制不住好奇心，勇敢跨出第一步跟我們打成一片。牠非常友善，卻也絕不容許我們越雷池一步。

小艾莎是真正的野獅，我們一靠近就吼叫溜走。牠雖然不像兩個兄弟那麼活蹦亂跳，想做什麼事卻也都能安安靜靜迅速完成。有次我看到傑斯帕想把剛死的山羊拖進灌木叢裡，又拉又扯又翻跟斗，死山羊硬是不動。後來戈帕來助牠一臂之力，兄弟倆努力了半天，最後精疲力盡，只得放棄，坐在死山羊旁邊喘氣。本來冷眼旁觀的小艾莎這時走上前來，橫跨著死山羊用力一拉，把沉重的死山羊拖到安全的地方，牠那兩個氣喘吁吁的兄弟馬上跟過去。

戈帕幾乎都是在舌蠅最猖獗的時候進帳篷，我也是在牠來的時候才發現牠有多愛吃醋。舉個例子，我要是坐在艾莎身邊，戈帕就會一臉不滿，用質疑的眼光和我四目相對好久好久，擺明了要我明白艾莎是牠的媽媽，要我離艾莎遠一點。有天晚上我坐在帳篷的入口，戈帕在遠處的附屬棚屋裡，艾莎躺在我們中間看著我們。戈帕開始啃咬帳篷的帆布，我儘量用嚴肅的語氣說：「不可以，不可以。」沒想到戈帕雖然對著我吼叫，卻也不嚼帆布了。過了一會兒牠又咬起帆布，我又說了一次「不可以」，牠又吼了一聲，又停下來了。

我們從來沒拿出棍子之類會讓小獅害怕的東西威脅，只要說聲「不可以」，三隻小獅都會回應。

艾莎和小獅在營地附近過了平靜的一天一夜，隔天一早離開營地又過了河。沒想到不久之後，馬卡狄告訴我他看到一隻母獅的足跡，母獅前一晚從河的上游一路走到廚房，再循著原路走回去。會不會就是那隻兇猛的母獅？艾莎並沒有特別戒備，只是接下來的一天半都沒有到營地來，再來的時候已經是晚上了。牠把小獅藏在遠一點的地方，馬上把肉拖走，一直跟小獅待在我們看不到的地方。隔天早上艾莎一家都過了河。幾天之後的一個晚上，艾莎一家子在營地待了很久。接近黎明時分，我們聽見兩隻獅子從上游處走來。艾莎馬上把小獅帶走，我從濛濛的晨曦中看見艾莎牠們快速跑向工作室。不久之後艾莎獨自歸來，毅然決然朝著兩隻獅子的方向走去。我和營地的男生豎著耳朵聽，什麼也沒聽見。半個小時之後，艾莎回來呼叫小獅，小獅沒回應，艾莎焦急地跑來跑去，一再呼叫。我一解開荊棘圍籬走出來，就跟著艾莎一起找，艾莎卻只是對著我吼叫，一路一直嗅來嗅去，往大岩石走去。過了一會兒，我們聽到大岩石傳來許多「嗚夫」聲，不過想到那兩隻獅子可能就在附近，我們還是沒跟過去。到了下午安靜下來了，我們就往大岩石走去，在路上看到艾莎的足跡，也看到另外一隻母獅的足跡，都是通往大岩石。

艾莎那天晚上沒有來營地，隔天下午喬治從伊西奧洛回來的兩小時之後，艾莎帶著小獅現身，一家子都很健康，只是很緊張。艾莎在營地周圍的灌木叢巡視了幾遍，半夜就離開營地。

我們在九月初接到消息，朱利安．赫胥黎爵士參加聯合國教科文組織贊助的代表團，最近就要到這裡研究非洲東部野生動物保育的問題。我們收到赫胥黎爵士來信，請我們帶他看看北部邊境省的一些地方，我們高興極了，因為可以跟他說明這一帶的一些問題，也讓他知道目前缺乏解決問題的資源。

我們覺得赫胥黎爵士這趟來，對所有對野生動物保育有興趣的人而言都是很大的鼓舞。我們也知道他想見艾莎。除非有足夠的正當理由，否則我們不輕易讓別人見艾莎。赫胥黎爵士當然有正當理由見艾莎，我們也很高興他願意抽出時間見艾莎。

我們在九月七日至九日帶赫胥黎爵士看看北部邊境省，有天傍晚我們造訪艾莎的地盤。

我們照例開了幾槍，告訴艾莎我們到了，二十分鐘之後我們聽見狒狒的叫聲，覺得很開心，因為狒狒一叫就表示艾莎和小獅快要到了。艾莎熱情迎接我，差點把我撞倒在地，接著又跳上路虎汽車的車頂，小獅則是忙著把我們帶來的獵物拖到安全的地方。我們看了半小時就離開了。艾莎聽到車子這麼快就開走了，一副丈二金剛摸不著頭腦的模樣。

後來我又去看艾莎，喬治開著車子，後面還跟著一台卡車。艾莎和小獅聽見引擎的聲音，不久之後就現身。喬治告訴我大衛．亞騰柏和傑夫．穆利根從倫敦出發，明天早上會到這裡，我們要到最近的簡易機場接他們。我們之前和亞騰柏通了一陣子的信，商量拍攝一部有關艾莎和小獅的影片，由BBC放映。

之前也有人找過我們拍艾莎的影片，我們擔心拍攝團隊一大群人到這裡，艾莎會不高興，所以就拒絕了。這次只有兩個人要來，我們就放心多了，不過就算只有兩個人，我們還是得時時保護他們。我們想安排一位客人晚上睡在我的「防獅」路虎汽車裡，這輛車將停在有荊棘圍籬圍住的大空地；另外一位客人晚上睡在卡車上臨時搭建的帳篷裡，卡車也停在大空地裡。我們另外還會搭一個帳篷給他們當更衣間、浴室、研究室與器材儲存室。

我們就寢後不久，聽見一隻獅子在上游吼叫，發覺艾莎馬上離開營地了。隔天（九月十三日）一大早，喬治要我去他的帳篷，我看到艾莎在帳篷裡，樣子糟透了，頭上、胸前、肩膀還有爪子都是深深淌血的裂傷。艾莎身體很虛弱，我跪在牠身旁看看牠的傷勢，牠只是看著我。這對我們來說真是晴天霹靂，我們一個晚上都沒聽到吼聲，也不知道原來有打架事件。我幫艾莎在傷口上藥，艾莎掙扎著站起來，拖著腳步慢慢走向河邊，顯然疼痛難忍。我馬上在牠的食物裡摻了一些磺胺吡啶藥片，免得艾莎得敗血症。現在只能用內服藥治療，因為從外部治療一定會弄痛牠、惹毛牠。一切就緒之後，我找艾莎找了二十分鐘，連個影子都沒看到。我得出發去迎接訪客了，只能請喬治去尋找失蹤的小獅。訪客來得真不巧，偏偏撞在這個時候，何況這訪客還是影片製作人。我想這回他們恐怕是白來了。我把艾莎受傷的消息告訴他們，很快就發現我們真的很幸運，能認識大衛和傑夫這麼愛護動物的人。

我們在午餐時間抵達營地，喬治才剛回來，他去找小獅，可惜沒找到。兩位客人在營地安頓下來，我去找艾莎，發現牠在工作室附近茂密的灌木叢下。艾莎呼吸很急促，我把牠傷口上的蒼蠅趕走，牠動也不動。我回到營地拿水，把磺胺吡啶藥片混在要給艾莎吃的肉裡。大衛看到我在忙，也想幫忙，就拿著水盆跟我一起走到工作室。我請他把水盆放在艾莎附近，就由我來接手。

可憐的艾莎，我從來沒看過牠這麼痛。牠痛到連頭都抬不起來，還要我幫牠把頭抬起來，牠才能喝水。牠開懷暢飲了好久，然後開始吃肉，不過表明了不想要人陪，我們就離開了。

艾莎暫時不用我們照顧，所以我和喬治就到河對岸去找小獅。我們一邊走，一邊叫著我們對艾莎的所有稱呼，也呼喚傑斯帕。後來終於在灌木後面找到一隻小獅，只是我們一接近牠就跑開了。我們決定還是回家好了，免得又嚇到小獅，希望小獅會自己回去找媽媽。傑斯帕第一個回到媽媽身邊。晚上六點左右，傑斯帕過了河，跑到媽媽身邊。接著我們又聽見另一隻小獅在河對岸喵喵叫，艾莎也聽見了，拖著腳步走到河岸，開始對著小獅叫。原來是戈帕。戈帕看到媽媽，就游泳過來。我拿了一些肉，小獅狼吞虎嚥，艾莎卻動都沒動。傑斯帕和戈帕吃著晚餐，我帶兩位客人沿著河岸散步，想不到回來時卻發現艾莎待在我們的帳篷前面的路虎汽車車頂上。我們在離艾莎幾公尺的地方喝了飲料、吃了晚餐，艾莎完全沒理睬我們。我們還是很擔心小艾莎的安危。我們就寢之後又過了一會兒，喬治看到小艾莎來到營地，這才鬆了一口氣。

艾莎一家子在午夜過後不久離開營地，過了一會兒，我們聽見那隻兇猛的母獅的吼聲。隔天艾莎沒出現，喬治看到兇猛的母獅在大岩石上，我們就明白艾莎為何不見蹤影。那天晚上我們又聽見母獅吼叫。我們好擔心艾莎，喬治天一亮就到上游去找牠，我和馬卡狄、努魯還有一位偵查員往反方向找。我們身上帶著水，萬一找到艾莎就可以拿給牠喝。我們在超過邊境岩八百公尺處找到艾莎的足跡，這是我們所知艾莎走得最遠的一次。艾莎看看這一帶，確定一切安全，接著小獅出現了。小獅渴得要命。我倒水的速度都趕不上牠們喝水的速度。牠們又是抓我，又是搶我手裡的塑膠水碗，我擋都擋不住，差點被牠們抓傷，水碗也幾乎被搶走。

我們啟程回家，跟留在後頭的男生會合，艾莎和傑斯帕嗅了嗅偵查員，一副懷疑的模樣。這位偵查員依照我的建議，動也不動站著，他故作輕鬆，表情卻還是很緊張。我一逮到機會，就讓他和馬卡狄一起回營地。

艾莎的傷勢好些了，只是還是需要上藥。我得左哄右騙，艾莎一家子才肯跟我們走，我們慢慢走回營地。努魯跟我走在一起，替我拿槍。我以為快到營地了，就請他先回去告訴大衛我們來了，大衛就可以拍下艾莎一家子過河的畫面。努魯走了以後，我有點惶惶不安，後來我發現我對距離估算錯誤，在灌木叢中迷路了，真的是六神無主。那時是正午，非常炎熱，艾莎一家子每到一個灌木就要停下來乘涼喘氣。我知道現在應該要找距離最近的乾涸河床，沿著河床走，就一定能走到河流，我就能弄清楚東南西北了。不久之後我就找到一處狹窄的乾涸河床，在兩邊陡峭的河岸中間走著。艾莎跟在我後面，小獅在艾莎後面隔著一段距離蹦蹦跳跳走著。我轉過一個彎道，突然發現自己正對著一隻犀牛，在這種情況應該「機靈地跳到一邊，讓猛衝過來的犀牛走過去」，但是現在根本不可能。我只能轉過身去，沿著原路拚了命往回跑，哼哼叫的犀牛氣喘吁吁跟在後面。後來我終於看到河岸有個小小的開口，我還沒回過神來，就已經跑到開口，跑進灌木叢裡。這時犀牛一定是看到艾莎了，就突然轉彎，往對面跑去。艾莎一動也不動，看著我和犀牛。我這次真走運，艾莎平常看到犀牛就會追上去，這次卻沒有，我真開心。

過了一會兒，我看到努魯朝我走過來，這才放下心中一塊大石頭。我正想謝謝他趕來救我，還沒來得及開口，努魯就說他也遇到一隻犀牛，也跟我一樣被犀牛追趕，才會跑到這裡。我們想起剛才的驚魂記，哈哈大笑，一起走回營地。

我們發覺營地沒人，原來是之前馬卡狄回到營地，告訴大家我找到艾莎了。喬治、大衛和傑夫聽到消息就出發，要去幫我的忙。我請一位偵查員去找他們，跟他們說我們已經平安到家了。這時艾莎和小獅在河裡玩，大熱天走了這麼久，現在要泡泡涼水舒服一下。接著牠們拿著獵物走進灌木叢，一直待到午夜左右，才過河到對岸去。

我們想大概要等到明天稍晚才能拍攝艾莎一家子，早上就先拍攝岩石上的蹄兔。我們又熱又累回到營地，吃了頓延遲午餐之後到工作室去，那裡的行軍床已經架設好了，我們可以睡個午覺。行軍床排成一排，我的在外側，大衛的在中間，喬治的在大衛的後面。傑夫隔著一段距離裝設攝影機。我很快就睡著了，猛然醒來，發現濕漉漉的艾莎坐在我身上，親暱地舔著我，沉重的身體牢牢把我壓住。這時大衛從喬治身上跳過去，跑去找傑夫了。他們很快就合力把攝影機弄好開始拍攝。艾莎朝喬治跳過去，熱情地跟他打招呼，又以最優雅的姿態走向帳篷，坐在其中一個帳篷裡面。艾莎瞧都不瞧咱們的訪客，到了晚上我們喝飲料，牠也還是沒理睬大衛和傑夫。牠和傑斯帕一起待在帳篷裡，出來的時候經過傑夫身邊，距離傑夫僅僅十五公分，卻絲毫沒注意到他。艾莎好像是把傑夫當空氣。

隔天早上我們循著艾莎的足跡走，發現牠睡在嗚夫岩的半山腰上。我們不想吵醒牠，就回營地去，等過了午茶時間才來。這次我們帶了不少攝影機，要從每個角度捕捉艾莎的倩影。

我們這次運氣很好，艾莎和小獅全程配合，在岩石的鞍部擺出各種好看的姿勢。後來艾莎從岩石走下來，跟我們一個一個打招呼，也沒漏掉大衛和傑夫，這回是用頭輕輕磨蹭我們的膝蓋。艾莎一直陪伴我們到天黑，又跟我們一起回營地。小獅大概是看到陌生人很緊張，待在岩石上不肯下來。

雖然艾莎看到人家拍攝也沒生氣，不過我倒是不確定牠會不會來營地吃晚餐。最近牠一直遠離營地，就算看見牠最喜歡的男生也不肯來。早知道我也不用擔心這些。我正要跟兩位客人說艾莎今天大概不會出現了，艾莎就衝過來打招呼，差點把我撞倒。我以前就覺得牠對非洲人愈來愈防備，對歐洲人卻毫無疑心，現在更是證明我的想法正確。

我把牠最愛吃的肉摻了一些魚肝油，正要拿給牠吃，就中了傑斯帕的埋伏，那盤肉就送給傑斯帕舔了。

我忙著跟傑斯帕混戰，傑夫在測試錄音器材，剛好播放了一段那隻兇猛母獅的吼聲。傑斯帕豎起耳朵，頭歪向一邊，聚精會神聽著那討厭的聲音，拋下牠心愛的餐點，跑去告訴媽媽仇家上門囉！

隔天下午我們又拍攝在岩石上的艾莎，這次艾莎又對大衛和傑夫更友善了些，因為艾莎帶小獅跟我們一起玩。我發現傑斯帕的反應就跟艾莎小時候一模一樣，也是一下子就知道人家是喜歡牠、有點怕牠，還是很怕牠，知道如何應對，我覺得這好有意思。傑斯帕挑上大衛當作跟蹤、伏擊的好對象，實在不妙。大衛大部分的時間都忙著閃躲傑斯帕。可惜當時天色太暗，不然錄下大衛大戰傑斯帕的過程一定很好玩。

兩位訪客要離開的前一天晚上，跟坐在路虎汽車上的艾莎道別，握著艾莎的爪子搖了搖。我發覺艾莎對他們來說已經不只是拍攝的對象而已。我非常感謝大衛和傑夫在這段期間對待艾莎如此友善、如此圓融。

二十一、艾莎教育幼獅

喬治、我還有托托在九月二十一日下午在灌木叢中遇到艾莎一家。艾莎一如往常和我們打招呼，傑斯帕舔了舔我和喬治，正要去舔托托的時候，艾莎卻一臉不高興站在傑斯帕和托托中間。牠原本很喜歡努魯和馬卡狄，但是小獅出生之後，艾莎對他們的態度就變了，不准小獅接近他們這幾個非洲人，他們要接近小獅也會遭到艾莎冷眼相向。艾莎本來也很喜歡托托，現在顯然連托托也不入牠的眼。

隔天下午我們看到艾莎一家在河裡玩。小獅嘩啦嘩啦濺著水，爭搶漂浮在河面上的木頭。艾莎待在托托附近，待在一個可以盯著我們所有人的地方。

我們往回營地的路上走，傑斯帕對托托的步槍很有興趣，一直跟蹤托托，不時伏擊。艾莎幾次給托托解圍，一屁股坐在兒子身上，坐了好一會兒，托托這才擺脫傑斯帕的糾纏，快步往前走去。

那天晚上舌蠅特別猖獗，艾莎走進我的帳篷，癱在地上喵喵叫，要我幫忙趕走舌蠅。我走到帳篷幫忙，沒想到戈帕和傑斯帕先我一步衝到媽媽身邊，滾來滾去把舌蠅壓死。我一靠近艾莎，牠們就對著我吼，我開始對付舌蠅，艾莎就舔舔小獅，想必是要牠們別吃醋。通常艾莎都肯乖乖讓我幫牠抓舌蠅，還會感謝我幫忙。沒想到隔天早上我看著小獅跟媽媽玩，艾莎卻打了我兩下，還朝我撲過來，真是莫名其妙。

那天晚上我們就寢之後，艾莎只在營地短暫停留就匆匆離開了，一直到隔天晚上才又帶著小獅現身。牠來是來了，只是態度冷淡，拿了肉，拖到我看不到的地方，沒多久就又走了。

我隔天出去散步，一路上看到很多新的大象足跡，傍晚回到營地發現傑斯帕忙得不亦樂乎，把我那一百零一頂遮陽帽打扁。我很不高興，沒有遮陽帽，我在大熱天要怎麼出去呢？艾莎那天對我格外熱情，大概是想替搗蛋的兒子賠罪。我們在河邊坐了好一會兒，看著一隻翠鳥。翠鳥離我們很近，似乎是不怕人也不怕獅子。

我就是在這時候發現戈帕到底有多愛吃醋，不但會吃我的醋，也會吃傑斯帕的醋。戈帕看到傑斯帕跟媽媽玩，會硬是擠到中間。艾莎走到我身邊，戈帕就會蹲伏怒吼，直到媽媽走到牠身邊才罷休。

喬治離開營地之後，我睡在路虎汽車裡面，就在晚上被鐵鍊鎖著的獵物附近，希望這樣一來剛好路過的掠食動物就不會動歪腦筋。

有天晚上我被樹枝折斷、大象吼叫的聲音吵醒。象群就在河邊，在工作室與帳篷的中間，現在愈走愈近。我心裡是七上八下，萬一大象跑到帳篷來，我該怎麼辦啊？艾莎和小獅坐在我的「臥鋪」旁邊，也聽見大象的動靜，大概也跟我一樣六神無主。我們全都豎著耳朵聽，我突然看見巨大的身影在河岸上移動，又停了下來，站著一動也不動，感覺有一世紀那麼久，又消失在暗處。艾莎和小獅都跟我一樣靜悄悄不出聲，停留在「警戒」狀態，直到樹枝折斷的聲音平息下來才放鬆心情。我好像看到艾莎走開了。

不久之後，我手電筒的光線映照著一雙逐漸逼近的綠眼睛。我想應該是潛伏在外的掠食動物，就走到車外，想用荊棘蓋住獵物。我還沒來得及把一大束荊棘拖到獵物上面，艾莎就跳到我身上。我爬回「臥房」，等艾莎和小獅吃完獵物走開了，我又走出車外。我可是鐵了心不給胡狼免費的晚餐吃。這回艾莎又跳到我身上，捍衛牠的獵物。我和艾莎就這麼你看我我看你，看了一個晚上。艾莎是「看贏」我了，但是應該也硬吞了不少肉。

到了十月，比利・柯林斯和我都覺得應該碰個面，討論一下*Born Free*續集的出版計畫。我去奈洛比接他。我們在晚餐時間抵達營地，看到艾莎一家子在帳篷前面吃東西。我有點緊張，還好艾莎熱情洋溢地跟我和比利打完招呼，就又回頭吃晚餐。那天晚上我們只離艾莎幾公尺，牠卻理都沒理我們。

隔天烈日當空，灌木叢曬得乾枯。我們早上去工作室幹活，發現連平常很涼爽的工作室都炙熱難當。雖然一直有狒狒、羚羊和形形色色的鳥兒干擾，我們還是做了不少事，過了午茶時間才去找艾莎。我們出去的時候沒有看到艾莎，後來沿著野生動物走的小小步道往營地走，突然就感覺到艾莎和傑斯帕在磨蹭我的腿。

艾莎對待比利就跟對待我們一樣，傑斯帕看到比利的白襪和網球鞋倒是大感好奇。傑斯帕蹲得低低的，看到適合躲藏的草叢就躲在後面，打算殺比利個措手不及。我們一再破壞牠的詭計，後來傑斯帕氣急敗壞，就跑去找兄弟姊妹去了。那天晚上艾莎待在路虎汽車的車頂上。

隔天早上艾莎隔著破掉的蚊帳舔我，我就被牠舔醒了。牠是怎麼進來我的帳篷的？我想牠恐怕已經拜訪過比利了，就大聲叫比利。比利說艾莎剛剛才離開他那邊。這時托托端著我的早茶來了。艾莎看到托托，慢慢走下我的床，走到荊棘圍地的柳條門。等托托幫牠把門推開，才鎮定自若地走出去，召集了小獅，全家一起走向大岩石。

我趕快穿好衣服，帶著些許忐忑不安的心去看看比利的狀況。比利說艾莎是突破我們裝設的荊棘圍籬，硬擠進比利的圍地的柳條門，又跳上路虎汽車，後來發現整不到比利，就來看我。之前大衛和傑夫睡在比利現在睡的地方，艾莎卻完全沒理他們。牠只會來我和喬治的床上擠。

那天下午我們在嗚夫岩看到艾莎一家。艾莎和傑斯帕一看到我們，就走下來盛大歡迎我們。馬卡狄也跟我們在一起，艾莎也跟他打招呼，卻又飛快地擋在馬卡狄和傑斯帕中間，擺明了不要傑斯帕用頭磨蹭馬卡狄的腿。戈帕和小艾莎待在岩石上沒有下來，我們往灌木叢裡走了幾百公尺之後，艾莎呼叫牠們，牠們是下來了，卻又遠離我們的視線範圍。一直到我們到了河邊，牠們才又出現，行為舉止文靜得很，坐在河水裡涼快涼快，緊盯著我們看。傑斯帕過來跟艾莎在一起，對我們和善得很，在回營地的路上卻是一路耍寶，害我們走得很慢，天黑才到。比利現在不穿白襪了，傑斯帕還是對他很有興趣，四平八穩坐在比利腳前，抬頭看著比利，一副要流氓的德行，讓他沒辦法往前走。比利左繞右繞都繞不過去，因為他一動傑斯帕就跟著動。艾莎出手一兩次，把傑斯帕翻倒在地，結果只是更堅定傑斯帕搗蛋的決心。喬治走在前面，突然覺得被兩隻爪子從背後抱住，差點摔倒在地。這一晚傑斯帕玩得可開心了！好不容易到了營地，傑斯帕開始吃晚餐，這才放過我們。

十月十二日是比利待在營地的最後一天，所以這一天我們說什麼也要找到艾莎一家。結果還是沒找到，回到營地卻發現艾莎和傑斯帕就在營地。比利拍了拍躺在路虎汽車上的艾莎，又摸摸牠的頭，平常艾莎只允許我拍牠的頭。

喬治在十月的第二個禮拜回到營地，接下來的幾天都很平靜，直到有天晚上，大岩石傳來恐怖的獅吼，那隻兇猛的母獅偕同伴侶大駕光臨了。艾莎明白那母獅的意思，馬上帶著小獅過河。

隔天一早，喬治看見那隻兇猛的母獅站在大岩石上，身影在天空的襯托下非常清晰。母獅看喬治走近，本來無動於衷，等到喬治距離牠四百公尺，牠才走開。

那天晚上艾莎在營地匆匆吃了一餐，接下來的四十八小時都沒出現。這段時間我們換班站崗。我沒看見艾莎很擔心，到外頭找牠，卻也沒看見足跡。隔天早上我們發覺營地到處都是艾莎和小獅的足跡。牠們竟然沒有出聲告訴我們牠們來了，這真是奇怪！我們循著足跡走，發現牠們的足跡還夾雜著犀牛和大象的足跡。

那天晚上艾莎一家子出現在營地，只是艾莎的脾氣有些反常，對我、對戈帕、對小艾莎一點興趣都沒有，一心一意只關注傑斯帕。戈帕一直想吸引媽媽注意，每次媽媽經過牠身邊，牠就會四爪朝天滾來滾去，結果媽媽只是從牠身上跨過去，走到傑斯帕身邊，我覺得戈帕好可憐。

晚上八點半左右，兩隻獅子開始吼叫。艾莎一家子都豎著耳朵聽，不過只有艾莎和傑斯帕快步往工作室走去。戈帕和小艾莎跟著牠們走了一小段，又折回來把晚餐吃完，一直狼吞虎嚥，後來聽到一聲近在咫尺、毛骨悚然的吼聲，才拚老命朝媽媽跑去，媽媽已經過了河了。

我把牠們吃剩的獵物拿到安全的地方，還好我這樣做，因為獅子二重唱上演了一整晚。隔天傍晚天色漸漸暗了，馬卡狄和我看到母獅爬上大岩石，又坐在上面，一定就是那隻兇猛的母獅沒錯。我拿出望遠鏡，頭一回仔仔細細看著牠。牠的皮膚比起艾莎要黑得多，身體也比艾莎沉重許多，長得挺醜的。我發覺牠瞪著我們看，坐在岩石上一直吼叫。那天晚上我們覺是睡不成了，艾莎當然也躲得遠遠的。

隔天早上我們循著兇猛母獅還有牠伴侶的足跡走，發現牠們往上游走，回到我們認為牠們平常居住的那一帶。艾莎顯然也知道，所以那天晚上才帶小獅到營地吃晚餐。艾莎不怎麼理睬我，直到小獅開始吃飯，牠才像以前一樣對我熱情無比。這顯然是牠想出的新計策，免得小獅吃我的醋。

那天晚上非常悶熱，閃電頻頻劃破夜空。我就寢之後不久，外頭就颳起強風。樹木嘎吱作響，帳篷的帆布也啪啪揮舞。第一道雨水降下，不久之後我就彷彿置身海上龍捲風之中。傾盆大雨下了一整晚。我們沒想到會下起這樣的暴雨，所以沒有把帳篷短樁釘入地面，結果帳篷的支柱塌了下來，我一直忙著把支柱抬到至少能讓帳篷遮住我的頭的高度。我感覺好像踩在一條河裡。

我出了帳篷，看見喬治的帳篷也塌了，我聽見艾莎在帳篷裡面低聲呻吟。艾莎不久之後帶著傑斯帕和戈帕現身，都是一身泥濘，倒也還乾乾的。下著這樣的大雨，小艾莎也沒有進帳篷躲雨。後來我在荊棘圍籬外面看到全身濕透的小艾莎。

我開始整理我們被雨水浸濕的東西，搬到車子裡，免得被獅子弄壞。傑斯帕也來「幫忙」，每次我想拿一個箱子牠就擋在前面搗蛋。我搬完以後，就跟艾莎、傑斯帕和戈帕擠在帳篷裡。小艾莎只進來一些些就不肯再往前走，至少能遮雨就好。

接下來的四天都下著雨。

艾莎的家雖然地處半沙漠地帶，還好附近有個山脈，上面的幾條小溪流向乾旱地區。距離營地最近的一條小溪現在水位漲得很高，我從來沒見過這麼高的水位。一道紅色激流從小溪的兩岸漫出，工作室的水位淹到桌子那麼高，洪水留下許多殘骸，還有一棵連根拔起的埃及薑果棕。真是謝天謝地，還好艾莎和小獅都跟我們在河的這一邊，我們也有充足的食物給牠們吃。

營地周圍原本是一片焦黃，不到三天已是綠意盎然，乾燥脆弱的灌木叢也是一片欣欣向榮。但是灌木似乎耗盡了全力才綻放出如此璀璨的花朵，因為不到三、四天，地面上已鋪滿凋落的花瓣。

灌木叢裡的動物看到乾旱貧瘠的大地搖身一變成為茂盛豐沛，行為也馬上起了變化。一個禮拜之後雨停了，我看到有很多幼獸出現。有些色彩鮮豔的小巨蜥在河邊曬太陽，我一靠近就會潛入湍急的河水裡。兩隻體型跟硬幣差不多大的小烏龜在工作室附近游泳。小烏龜就是成年烏龜的縮小版，大烏龜的體型大約有一個大湯盤那麼大，我常在河對岸的岩石上看見大烏龜。有天早上我沿著河走，這才發現最奇怪的「育嬰室」。在艾莎最喜歡的渡河點附近有個深水坑，我在那裡看到像是超大蝌蚪的動物，用狗爬式賣力游泳，整個身體呈垂直。我靠近看，發覺原來不是超大蝌蚪，是鱷魚寶寶，身長不到十八公分，大概才出生兩三天。

喬治一看路況可以行走了，就到營地來，也帶來五位偵查員。他們要在這裡常駐巡邏，取締偷獵。他們住的地方一定要跟我們的營地還有艾莎隔一段距離，喬治就開始監督他們架設崗哨，又從這裡挖了一條車道通往崗哨。

我們希望工程會在兩個禮拜之後大致完成，之後我們跟艾莎分開的時間就會愈來愈長，好強迫小獅跟艾莎一起獵食，展開真正的野獅生活。我們沒想到這次會在營地待這麼久，搞得小獅都太習慣營地生活了。小獅並不會聽我們指揮，但傑斯帕現在跟我們相當親近，幸好除此之外也還是保留了野獅的本性。至於戈帕和小艾莎之所以容忍我們，是因為牠們的媽媽非要拿我們當朋友看。

小獅想攻擊我們是輕而易舉，不知道是艾莎不准小獅傷害我們，還是小獅學習媽媽的榜樣，才不肯傷害我們？尤其是傑斯帕，牠跟我們玩也好，吃醋的時候也好，如果沒有刻意自制，那我們是非死即殘。傑斯帕總能控制自己的行為，就算心情不好，也會給我們明確的警告。

戈帕不如傑斯帕友善，不過只要我們不去煩牠，牠也不會挑起事端。

小艾莎還是一樣害羞，不過也不像以前那麼怕我們了。艾莎有時會跑到路虎汽車的帆布車頂，躲避小獅的捉弄，小獅會滿臉失望抬頭盯著媽媽看，卻從來不會爬上車頂，這倒是讓我們很意外。牠們爬樹都沒問題，所以大可先跳上引擎蓋，再跳上車頂，艾莎小時候就是這樣，只是牠們不知為何，好像把路虎汽車當成禁地。

喬治不在的這段時間，傑斯帕和戈帕把喬治的帳篷當成「窩」。結果喬治回來之後就覺得晚上帳篷有點擠。我有點擔心，喬治喜歡睡在低低的輕便折疊床上，有艾莎、傑斯帕和戈帕在床邊，我看喬治大概沒有一晚能睡好，沒想到牠們還真循規蹈矩。傑斯帕一開始玩喬治的腳趾頭，喬治就大喝一聲：「不可以。」傑斯帕就立刻住手。

從一件事即可看出艾莎牠們在喬治的帳篷有多自在逍遙。有天晚上艾莎在帳篷裡滾來滾去，把喬治的床弄倒了，害喬治摔在傑斯帕身上。結果沒有引起任何騷動，戈帕就睡在喬治的頭旁邊，也絲毫沒受到影響。

一天之後，我們在回營地的路上發現艾莎牠們在大嚼獵物，傑斯帕倒是不見蹤影。不久之後，我們發現傑斯帕在帳篷後面享用從桌上偷來的烤珠雞，傑斯帕的表情俏皮到不行，我們也只能對著這個小壞蛋哈哈大笑。我們倒是沒想到牠比較喜歡吃煮熟的肉，反而比較不喜歡吃新鮮的肉。隔天我們在灌木叢遇到艾莎一家，發現艾莎在給小獅哺乳，就更意外了。小獅現在已經十個半月大了，應該不需要喝奶了，再說艾莎好像已經沒有乳汁了，小獅要喝也喝不到多少。

小獅雖然還在喝奶，我們倒是發覺傑斯帕和戈帕出現青春期的初步跡象。牠們的臉和頸部周圍已經長出細毛，看起來有點像留著鬍子，卻也真的很討喜。艾莎熱情地跟我們打招呼，就在這時傑斯帕硬是站在艾莎和我們中間，也要我們拍拍牠。艾莎看著我們，舔舔兒子，似乎是認同兒子的行為。

我們一起走回營地。艾莎牠們昨晚吃剩的獵物就在營地前面，艾莎看到卻連嗅都不肯嗅，要我們拿隻新的給牠。河對岸傳來花豹的咕噥聲，艾莎一聽見就撇下小獅匆匆離去，小獅過了大約十五分鐘才追隨媽媽的腳步而去。我們覺得很開心，艾莎現在會採取主動，也會捍衛自己的地盤。

那天晚上我們聽見公獅的吼聲，後來沿著公獅的足跡走到大岩石。艾莎在十一月二十四日游泳過來找我們，小獅不肯跟牠一起來，艾莎得兩度回頭鼓勵小獅，小獅才肯游過來，顯然是有事情嚇到小獅。牠們一上岸就玩得很開心，艾莎把傑斯帕像包裹一樣滾來滾去，傑斯帕也覺得很好玩。可憐的戈帕在牠們中間笨拙地跳躍，希望牠們能注意到牠。我靠近牠們拍照，戈帕對著我咆哮，傑斯帕狠狠打了牠一下，戈帕被打之後是目瞪口呆。牠們都是鬧著玩，卻也能看出兄弟不同的個性。不過牠們只要一開始吃晚餐，之前再怎麼爭風吃醋都拋諸腦後，這次也不例外。

喬治打了一隻珠雞，我把珠雞藏在背後拿出去，因為我想拿給小艾莎。我等了一會兒，等到只有小艾莎抬頭的時機，才把珠雞拿給牠看。小艾莎一看就明白了，雖然還是繼續和兄弟一起吃晚餐，卻緊盯著我，看我走遠了一些。我等到傑斯帕和戈帕專心吃肉，只有小艾莎在注意我的動靜，才把珠雞丟在一棵灌木後面。我趁只有小艾莎在看我的時候，一直指著小艾莎，又指著珠雞，過了一會兒，小艾莎像一道閃電般衝了過來，拿了珠雞跑進荊棘叢中，可以獨自好好享用。

隔天我們看到艾莎一家坐在工作室對岸平坦的岩石上，岩石下面有個深水池，以前有隻大鱷魚住在那裡。小獅似乎很緊張，只有艾莎游過去。我們帶了一隻獵物來，艾莎拿了獵物過了河，這次牠避開水池，游到更上游的地方，那裡河岸雖然陡峭得多，至少我們從未見過鱷魚出沒。

艾莎一家子沒有吃獵物，反而玩起爬樹遊戲，顯然肚子不餓。小獅站在懸垂在河上的傾斜樹枝，一心一意要讓兄弟姊妹摔進河裡。後來艾莎也加入戰局，好像是在示範怎樣在樹枝上轉身，怎樣從一根樹枝跳到另一根樹枝。

夜幕低垂，艾莎一家還是沒碰獵物。我們不希望把獵物留給其他動物，也不希望艾莎跟剛好路過的掠食動物爭搶獵物，所以喬治決定要把獵物拿回來。

拿回獵物的第一步就是要讓艾莎一家到我們這邊來，不然牠們看到獵物被拿走會不開心。喬治往上游走，離開艾莎一家子的視線範圍，開始涉水渡河。我把手中的珠雞舉高搖了搖，吸引牠們過來。這招有效，艾莎牠們朝我走來。等到喬治走到獵物那邊，偏偏艾莎就看見了，趕緊游回去捍衛獵物。喬治左哄右騙，好不容易艾莎才肯讓他把獵物運過來，還滿臉狐疑地游在喬治旁邊。這時候小獅在河岸跑上跑下，顯然是氣得要命，卻也沒有去河裡找艾莎。我倒覺得奇怪，小獅平常並不怕河，再說以現在的水位，要渡河也很容易。不過小獅之後就扳回顏面。天黑之後不久，我們聽見聲音，好像有一隻犀牛在鹽漬地，艾莎朝犀牛飛奔而去，小獅也跟過去。之後我們聽見哼聲，犀牛想必是落荒而逃。

小獅敢跟兇猛的大塊頭犀牛對決，真的很勇敢。

傑斯帕有心情玩樂的時候喜歡扮小丑。有一天牠特別活潑，看到人就要捉弄，想找人玩。我在懸垂在河上的樹枝上放了一個木頭圓茶盤，看看傑斯帕會怎樣。傑斯帕爬到樹枝上，想用牙齒咬住茶盤二點五公分厚的邊緣，用一隻爪子穩住搖搖晃晃的茶盤。牠把茶盤橫著抓牢了，就小心翼翼地下來，幾次停下腳步，確定我們在看牠才又往前走。牠上了岸，拿著戰利品到處晃，小艾莎和戈帕追著牠跑，這才結束傑斯帕的個人秀。

喬治的假期快結束了，我們也該離開這裡了。偷獵者似乎已經離開了。艾莎現在能保衛自己的地盤了，孩子們也成了身強力壯的年輕獅子，應該要跟媽媽一起獵食，過野獅正常的生活。何況小獅現在愈來愈會吃我們的醋，我們覺得還是不要太關心牠們的媽媽，免得激怒小獅做出不好的事情。

我們決定把不在營地的時間隔開。我們第一次打算只離開營地六天就回來，沒想到因為滂沱大雨，我到九天之後才能回來。

我們開了幾槍，艾莎並沒有回應，營地附近也沒有足跡，不過這幾天河水氾濫，就算有足跡也沖掉了。過了一會兒，我往大岩石走去，遇到艾莎跟小獅走在一起。牠們喘著大氣，大概是聽到我的槍聲之後走了很遠來和我相會。牠們看到我很開心，傑斯帕硬是擠到我和艾莎中間，也要我歡迎牠。戈帕和小艾莎則保持距離。牠們身體都很健康，跟我們上次看到牠們的時候一樣胖。

我帶了一隻獵物，艾莎就吃了起來，小獅倒是不急著吃，又玩了一會兒才去跟媽媽一起吃。艾莎吃飽了，朝我走過來，對我相當熱情。小獅忙著吃，也沒留意，所以也沒表現出吃醋的樣子，艾莎大概就是希望這樣。

隔天我們就看出艾莎到底有多想避免小獅跟我們起衝突，或是對我們不高興。我拿了隻珠雞給小獅，看著小獅爭搶珠雞。戈帕對著傑斯帕、小艾莎和我吼得很兇。艾莎聽見就馬上跑過來，看看怎麼回事，發覺沒發生什麼大事招惹戈帕，就又回到路虎汽車的車頂。

幾分鐘之後，小獅還在吃肉，我走向艾莎，艾莎對著我吼，還打了我兩下。我嚇了一跳，覺得莫名其妙，就馬上退開。不久之後艾莎從車上跳下來，熱情地磨蹭我，顯然是在為剛剛的壞脾氣道歉。

我摸摸艾莎，艾莎坐在我身邊，一隻爪子放在我身上。後來小獅走過來，艾莎就滾到另一邊去，把我當成空氣了。

艾莎一直表現出很急著要小獅跟我們做朋友的樣子。有天晚上，傑斯帕狼吞虎嚥完我們給牠的肉，就走進帳篷。牠吃得太飽玩不動，四腳朝天躺在地上，因為肚子鼓鼓的，這樣比較舒服。牠看著我，顯然是要我拍牠。我看牠很溫馴，就比較不擔心牠那揮來揮去的利爪，摸摸牠絲般柔滑的毛皮。傑斯帕閉上眼，發出吸吮的聲響，想必非常滿足。艾莎本來在車頂看著我們，現在也下來舔舔傑斯帕和我，表示看到我們相處融洽很開心。

一團和氣的場面碰到戈帕就嘎然而止。牠偷偷走上前來，坐在艾莎身上，擺出一副宣示主權的表情，很顯然我是多餘的，所以我就告退了。

艾莎雖然很愛小獅，一旦覺得小獅做了我們不允許的事，還是會處罰小獅，就算小獅是出於本能不小心闖禍也一樣。

我們在晚上通常會把山羊鎖在我的卡車裡，不過有一小段時間我們得把山羊放在堅固的荊棘圍場裡，因為卡車得送修。傑斯帕有一次不斷攻打圍場，我們很擔心山羊的安全。我們使出渾身解數想引開牠的注意力，卻是徒勞無功。這時艾莎又來解圍了。牠在兒子身邊跳來跳去，想把兒子引開，沒想到傑斯帕看都不看牠。艾莎又一直打傑斯帕，傑斯帕也打回來。看到這對母子鬥智鬥法實在太逗趣了。到後來傑斯帕把山羊拋諸腦後，跟著艾莎走進帳篷，牠們的晚餐在帳篷裡等著呢！

傑斯帕想拿山羊尋開心是不可能了，所以吃完晚飯之後又去找其他的樂子。傑斯帕找到一罐牛奶，在帳篷地上的防潮布上把牛奶滾來滾去，弄得防潮布黏黏髒髒的。牠又拿了喬治的枕頭，被羽毛弄得很癢，就扔下枕頭找別的玩具。我還沒來得及阻止牠，牠就拿了我在用的針線盒，衝到外頭的暗處。我好怕針線盒被牠一咬會打開，萬一牠把裡面的針吞下去怎麼辦？我連忙抓了我們的晚餐，就是一隻烤珠雞，追在牠後面。還好牠一看到烤珠雞就禁不起誘惑，扔下針線盒，裡面的縫衣針、大頭針、刮鬍刀刀片還有剪刀散落在草地上。我們小心翼翼一個一個撿起來，免得小獅受傷。

二十二、又是新的一年

我們現在該回伊西奧洛，讓小獅過一陣子野獅生活。

我在十二月三日拜訪艾莎生活區域的地區行政長官。他說因為我們的關係，現在取締偷獵取締得更嚴格了，當地的土著都怪罪艾莎，偏偏最近又有一位女性在坦干伊喀死於馴服的獅子之手，土著就拿這件事情說艾莎的壞話，所以艾莎可能得搬家才行。

四天之後我們聽到消息，兩名土著在艾莎的營地二十三公里之外的地方被一隻獅子弄傷。喬治立刻動身前去調查。他到營地時已經太晚，來不及問話。那天晚上艾莎和小獅在帳篷四周快樂玩耍，東西吃了不少，還好身體狀況不錯。牠們自理生活七天，看樣子還挺會照顧自己的。天一亮喬治就到偵查員的崗哨站，結果發現沒人聽說土著被獅子弄傷的事情。喬治派偵查員到「事故現場」看看，自己就回到營地。

喬治拿了一隻獵物給艾莎一家，好讓牠們待在帳篷附近。牠們把獵物拖到附近的灌木叢裡，就在那裡待到晚上。

一天之後我到達營地，那時已是夜幕低垂，營地的男生已經累到沒力氣把卡車上的東西卸下來，把我帶來的山羊運上去，所以我們就把山羊關在荊棘圍場裡。

我們有兩部車，開到營地的時候當然是吵吵鬧鬧的，艾莎一定聽見我們來了，只是沒有出來迎接我們。這是牠頭一回不出來迎接我們。

我就寢之後，聽見小獅攻擊關著山羊的圍場，聽見木頭折斷、獅子咆哮、動物驚逃咩咩叫，不用看也知道是怎麼回事。我們趕緊衝出去，艾莎、戈帕和小艾莎已經各殺了一隻山羊。傑斯帕用爪子壓制著一隻山羊，那隻山羊幸好及時遇到喬治，才毫髮無傷躲過鬼門關。

我們花了兩小時，才把驚慌失措、到處亂竄的山羊集中起來，關進卡車裡，吵吵鬧鬧的聲音引來了鬣狗圍觀。

艾莎帶著獵物過了河。喬治跟在艾莎後面，看見一隻大鱷魚朝艾莎游過來，就對著鱷魚開槍，只是沒打著。喬治怕鱷魚會再出現，一直在艾莎身邊坐到半夜兩點。小獅看見自己跟獵物在河的這一邊，艾莎卻在河的那一邊，非常沮喪，焦急地喵了半個鐘頭，自己殺的山羊連吃都沒吃，就去找媽媽了。

偵查員在下午時分回到營地。他們還是沒發現土著被獅子弄傷的證據，倒是發現土著在偷獵者和唯恐天下不亂的政治狂熱份子煽動之下，愈來愈仇視艾莎。我們知道土著恐怕會要艾莎的命，就商量該怎麼辦。

我們在營地待了六個月，比原先打算的久得多，因為要防止偷獵者打艾莎和小獅的主意，但是這樣一來難免干擾牠們的正常生活。我們要是繼續留下來，牠們就會變得非常溫馴，不太能適應將來在灌木叢裡的生活。

何況我們要是繼續在保護區紮營，只會讓土著更仇視我們。我們現在也不能扔下艾莎和小獅不管，唯一的解決之道只有儘快給艾莎牠們找個新家，儘快搬過去。

要找個合適的地方野放艾莎已經很困難了，要找個適合艾莎和小獅的地方就更困難了。我們知道現在有艾莎教小獅獵食，保護小獅不受天敵傷害，小獅可以在灌木叢生活。現在我們發現原來人類才是獅子最危險的天敵，小獅要到哪裡才能避開野生動物、避開人類呢？

喬治把營地交給我，隔天早上回到伊西奧洛，希望能解決這個問題。

那天下午我跟努魯走到嗚夫岩，在那裡看到艾莎。艾莎馬上下來迎接我們。我沿著岩石的鞍部往上爬，想看看沉睡的小獅，艾莎就一屁股坐下，擋在我面前，一直到我們踏上回家的路，牠才呼喚小獅。我用望遠鏡看到傑斯帕和戈帕爬下岩石，小艾莎卻像站崗一樣待在岩石上。

入夜之後艾莎一家子光臨營地，吃完晚餐後，艾莎和兩個兒子在帳篷歡樂玩耍，後來抱成一團睡著了。我把這一幅母子天倫圖畫下來，小艾莎在帳篷外看著我們。那天晚上我們聽見公獅的叫聲，那隻獅子接下來的三天都在營地附近。這段時間艾莎都在附近。一直到那隻獅子離開這一帶，艾莎才敢把小獅帶到大岩石，到了午茶時間，艾莎又回來了，好像是想趁另一隻獅子還沒出現之前提早吃晚餐。

我通常是在艾莎一家子前往營地的路上碰到牠們，傑斯帕的舉動常讓我覺得很感動。艾莎和我互相打招呼，傑斯帕不想被晾在一邊，不過我想牠大概知道我怕牠的爪子，所以就背朝著我，全身動也不動，像是跟我保證我可以放心拍拍牠，不用擔心會被牠不小心抓傷。後來牠每次希望我摸摸牠，都會擺出這種姿勢。

十二月二十日是小獅的一歲生日。現在河水漲得很高，我們沒辦法過河找小獅。所以我在午茶時間看到艾莎一家子出現，高興極了。牠們全身濕漉漉，身體狀況倒是不錯。

我準備了一隻珠雞，切成四份，給牠們一家子當生日宴。艾莎狼吞虎嚥吃完大餐後，跳上路虎汽車，小獅則撕咬著一些我們準備的肉。

我看艾莎一家子都忙著享受，就叫馬卡狄陪我出去散步。我們一出門，艾莎就從車上跳下來，跟在我們後面。傑斯帕看到媽媽不見了，就停下不吃了，追在我們後面。我們還沒走多遠，我就看到戈帕和小艾莎走在我們旁邊，在灌木叢裡互相追逐。

我們走到步道最靠近大岩石的地方，艾莎一家子坐下來，在沙地裡打滾。我等了一會兒，看著夕陽下的岩石一片鮮紅。我看艾莎好像懶洋洋的，就打算自己走回營地，覺得艾莎一家子應該是要在大岩石過夜，沒想到艾莎竟然跟著我走。牠靠得很近，我就能幫牠趕舌蠅。傑斯帕像個很有禮貌的小孩一樣走在我們身邊。戈帕和小艾莎好整以暇慢慢走，落後我們一大段路，蹦蹦跳跳地走，我們得一直停下來等牠們。

艾莎跟過來，似乎只是想跟我一起散步。這也是小獅出生以來，牠第一次陪我散步。我覺得這樣慶祝小獅的生日真的很棒。

我們抵達營地，艾莎走進我的帳篷，癱在地上，兩個兒子也過來用鼻子磨蹭媽媽，用爪子擁抱媽媽。我把牠們畫下來，後來艾莎跑到路虎汽車的車頂上，小獅開始吃晚餐。我趁小獅沒在看我，走到艾莎身邊摸摸牠，艾莎也熱情回應。我想謝謝牠在小獅出生的第一年讓我們跟小獅相處，這段期間對任何年幼的動物來說都是危機四伏，我也要謝謝艾莎跟我們分享牠的焦慮。過了一會兒，外頭突然傳來獅吼，艾莎豎著耳朵聽了一會兒就離開了，彷彿是在提醒我，雖然我們是摯友，終究屬於不同的世界。

隔天早上我們在上游看到母獅的足跡，卻沒看到艾莎的足跡。艾莎那天一整天都沒出現。到了第二天晚上，我們聽見兩隻獅子在吼叫，就知道艾莎為什麼沒到營地。隔天早上九點左右，我看到艾莎在嗚夫岩使盡渾身解數大吼，非常訝異。我呼喚艾莎，艾莎沒理我，繼續吼了一個鐘頭。牠大清早是在叫誰呢？

那天晚上艾莎帶著小獅到營地吃晚餐，一聽到獅吼就馬上離開，過河到對岸去。

艾莎和小獅在十二月二十三日晚上待在營地過夜，吃完早餐後，我在路上漫步，要看昨晚的訪客在沙地留下的足跡。艾莎和小獅也跟在我後面。我把馬卡狄叫來，我們一起走了三公里左右。

傑斯帕那天特別友善，緊靠著我走，我幫牠拿掉牠眼睛旁邊的蝨子，牠還會一動也不動站著。我們看到兩隻胡狼在曬太陽。我之前散步也在同樣的地方遇到這兩隻胡狼，牠們看到我們走近，一點都不害怕。我們距離牠們只有三十公尺左右，牠們卻完全沒動，是後來艾莎朝牠們衝了一小段，牠們才開溜。艾莎一轉頭，牠們就在灌木叢左看看右看看，好像一點都不害怕。

我們繼續走到雨水積成的水坑，艾莎牠們停下來喝水。這時候陽光愈來愈強，艾莎要是想在這裡待上一天，我也不會覺得意外。沒想到艾莎這麼乖巧，我們一掉頭，牠也跟著我們慢慢往回走。

我覺得我們活像是一家子在周日出門散步。現在是聖誕夜的早晨，艾莎對節日當然沒有概念，卻挑中一個我想紀念的日子陪我散步，還帶著小獅一起，這是奇妙的巧合。

我們走到剛剛看見胡狼的地方，兩隻胡狼還在那裡。艾莎一家懶得玩遊戲，所以胡狼看我們走過去也懶得起身。

氣溫愈來愈高，艾莎和小獅也覺得難受，常常停下腳步在樹蔭下休息。只是我們一靠近大岩石，牠們又突然加足馬力衝過灌木叢，三兩下跳上大岩石，坐在巨石堆裡。我拚老命往上爬，艾莎卻擺明了要我告退。艾莎總是很清楚該對兩個世界付出多少，我就只拍了些牠守護小獅的照片。

喬治在午茶時間左右抵達營地，帶來一整個手提箱的信件。我們在外頭邊散步邊摘了些聖誕節裝飾用的花朵，喬治跟我說著他幫艾莎和小獅找新家的經過。他覺得魯道夫湖應該是獅子最不受人類干擾的地方，也已經得到官員許可，一有需要就可以帶艾莎一家搬到那裡。他馬上就要到那一帶勘查環境，找個最合適的地方。

肯亞那一帶環境非常惡劣，不太適合居住，所以我一想到要搬到那邊去就頭疼。更糟的是艾莎偏偏挑這個時候跟我們一起走回家，小獅在牠身後一路快樂玩耍。我不忍心去想牠們在魯道夫湖四周颳著大風、滿地熔岩的沙漠遊蕩的畫面。

我們回到營地，艾莎一家忙著吃我們張羅的晚餐，我忙著布置聖誕晚餐的餐桌。我用花和金屬箔飾品布置餐桌，把去年的銀色小聖誕樹放在餐桌中央，前面又放了剛從倫敦寄來的更小的聖誕樹。我把要給喬治和男生的禮物拿出來。

傑斯帕密切注意我的準備工作，我一轉身過去拿蠟燭，牠就衝上前來拿走一個包裹，裡面是要送給喬治的襯衫。傑斯帕帶著包裹蹦蹦跳跳走進荊棘叢，戈帕立刻跟上去，兩兄弟就跟襯衫玩得很開心。後來我們總算把襯衫救回來，已經不能拿給喬治穿了。

這時天快要黑了，我把蠟燭點燃。傑斯帕一看到燭光就過來「幫忙」。我好不容易才沒讓牠把桌布連同裝飾品跟燃燒的蠟燭一把扯下來，披在自己身上。我還得又哄又騙，才能勉強把其他蠟燭點燃。

一切就緒之後，傑斯帕走上前來，歪著頭看著閃閃發光的聖誕樹，坐下來看著蠟燭愈燒愈短、愈燒愈短。每燒完一根蠟燭，我都覺得又少了一天在營地的快樂日子。蠟燭全燒完了，取而代之的是鋪天蓋地的黑暗，彷彿象徵我們黑暗的未來。幾公尺外，艾莎和小獅在草地上悠閒休息，我在一片昏暗中幾乎看不見牠們的身影。

聖誕晚餐過後，喬治和我閱讀信件，一看就看了好幾小時，看信就像是飛到全球各地，跟所有祝福艾莎、艾莎的家庭還有我們幸福快樂的人相聚。

我打開最後幾個信封，收到一份非洲地區議會的命令，要艾莎和小獅遷離保護區。這個命令我們最後才看到，也算是老天垂憐我們。

第三部

二十三、驅逐令

地區議會驅逐艾莎的理由是艾莎習慣有我們陪伴，所以可能會攻擊其他人。這簡直莫名其妙，當初就是這些官員幫我們選了這個地方野放艾莎，他們也一向把艾莎當成保護區的珍貴資產。

現在驅逐令發下來了，我們也只能帶著艾莎牠們離開，儘量不影響到牠們，替牠們找個新家。我們寫信給在坦干伊喀、烏干達、羅德西亞和南非的朋友，問他們有沒有適合艾莎一家居住的地方，不過喬治想在艾莎一家搬離肯亞之前，勘查一下肯亞北部魯道夫湖東岸。

我並不喜歡這樣，那一帶環境很惡劣，而且那裡的野生動物可能很稀少，艾莎和小獅得靠我們張羅東西吃。再說那裡非常偏僻，萬一出了緊急事故，也只能請老天保佑有人幫忙。

在搬家之前，我們要先造一個斜坡，再把五噸重的卡車抵上去，讓車底與斜坡的頂端一樣高。卡車裡放著艾莎一家的晚餐。等到小獅習慣新的用餐地點，我們會在卡車四周架設堅固的金屬線圍籬，在圍籬開個活板門。小獅吃飯的時候我們會把門關上，卡車就變成一個活動的箱子。

我們在工作室附近的鹽漬地挖了斜坡，我看著小獅，心情沉重。牠們看到遊樂場出現不尋常的動靜，覺得很興奮，好奇地嗅了嗅新挖掘的土壤，覺得在鬆軟的土壤滾來滾去真好玩，好像認為我們忙裡忙外就為了娛樂牠們。

喬治在十二月二十八日前往勘查魯道夫湖。那天下午我在河附近遇到艾莎一家，照例跟艾莎、傑斯帕打了招呼之後，我們一起走到河邊。小獅馬上跳到河裡，互相追逐，把彼此的頭按在水裡。艾莎和我站在岸上看牠們。小獅在河裡，艾莎就優雅地看守牠們，小獅渾身濕答答從河裡出來，艾莎就會跟小獅一起玩耍，幫小獅找新遊樂場。附近的一棵樹正好符合小獅的需求。小獅賣力爬上樹幹，艾莎三兩下就爬得比牠們還高出許多，小獅馬上被打敗。艾莎愈爬愈高，我倒抽一口涼氣，高處的細樹枝被牠一壓都快斷了，艾莎總算爬到樹頂。牠這是幹嘛呢？是要教小獅正確的爬樹方式，還是純粹炫耀？艾莎發覺大樹枝支撐不了牠的重量，很吃力地轉過身來，小心翼翼試了試每個樹枝，開始往下走。到最後總算是下來了，只是有點狼狽。牠一跌下來，馬上就起身在小獅身旁跳來跳去，好像要告訴小獅剛才摔下來是鬧著玩的。小獅追著艾莎跑，在回家的路上玩著捉迷藏和埋伏遊戲，我常常變成牠們埋伏攻擊的對象。

隔天午茶時間，我發現艾莎真的是小獅的好母親、好同伴。艾莎一家出現在工作室對面的河岸，我之前看到一隻兩公尺長的鱷魚往牠們溜過去，所以看到小獅在河邊的岩石上緊張地跑來跑去也不驚訝。牠們顯然是不敢跳入下方的深水坑。

艾莎把牠們一隻一隻舔了舔，全家一起跳下去，靠得很近安全游到對岸。小獅放鬆心情，互相追著跑，要把身體弄乾，艾莎也跟小獅一起追著跑，用嘴巴咬住傑斯帕的尾巴，跟牠一起兜圈圈，顯然跟傑斯帕一樣愛搞笑。

後來傑斯帕坐在我身邊，背對著我。牠每次要我拍拍牠就這樣，牠好像知道我一直都有點怕牠不小心抓傷我。牠媽媽知道跟人類玩耍把爪子縮進去，牠還沒學會這個。

我下午出去散步，艾莎一家也隨行。我很高興看到牠們現在習慣全家出來散步，我可以觀察小獅沿路的反應，也可以跟艾莎多相處一些。自從小獅出生，我跟艾莎相處的時間就少了許多。我們走到大岩石，戈帕和小艾莎停下腳步不肯跟上來，我想哄牠們跟上來，牠們不肯。艾莎繼續往前走，好像認定牠們不會有事。牠最近比較不會緊盯著小獅，小獅想獨立牠也無所謂。傑斯帕倒是很焦慮，在我們之間跑來跑去，後來才心不甘情不願跟在牠媽媽和我後面。

我們走了三公里左右，氣溫下降了一些，艾莎和傑斯帕開始玩耍。看著牠們母子鬥智，像小貓一樣跳躍嬉戲，實在很逗趣。

我在回家的路上，看到戈帕和小艾莎在主山脈岩石露出地面的地方，壯麗的夕陽映照著牠們的側影。我從牠們下方走過，牠們冷淡地看著我。艾莎和傑斯帕爬到大岩石頂，輕聲呼喚。戈帕和小艾莎懶洋洋地伸懶腰、打哈欠，這才回到媽媽身邊。我準備了獵物整晚等著牠們光臨，牠們卻不見蹤影。那天深夜我聽見小獅父親嗚夫嗚夫叫，難怪牠們沒來營地。隔天早上我和努魯到岩石那裡，想看看艾莎牠們是否安然無恙，在岩石下方看到大獅子的足跡。

接下來的兩天，艾莎和小獅都沒來營地，我老是聽到小獅的父親吼叫。再看到艾莎，已經是深夜時分，只帶著兩個兒子。小艾莎不在，艾莎倒也不在意。牠們大吃一頓之後都回到岩石。

隔天一早我循著牠們的足跡走，看到戈帕和小艾莎在岩石上。我想牠們的父親應該在附近，就回家去了。

那天下午我在路上看到艾莎全家。戈帕和小艾莎喘著大氣，牠們之前追著一隻胡狼跑，我聽見遠處傳來那胡狼的叫聲。艾莎跟我打招呼，我一邊跟努魯打手勢，要他先回營地準備一隻獵物。傑斯帕認為努魯應該要跟牠玩捉迷藏才對，結果努魯得費盡心思閃躲小獅，還要艾莎出手才得救。艾莎接管小獅，跟小獅玩，讓努魯好好把事情做完。艾莎常常在我們忙碌的時候把小獅帶開，實在讓人不得不認定牠是刻意這樣做。我們抵達營地，小獅撲向晚餐，艾莎倒是很緊張，短暫巡視了幾次，就拋下小獅走進灌木叢中。

一月一日到了，我緊張得不得了。新的一年我們的命運將是如何？傑斯帕朝我走來，擺好「安全姿勢」（就是我絕對不會被牠抓傷的姿勢），要我跟牠玩，好像是希望我開心一點。我熱情地摸摸牠，牠突然開始翻滾，我直覺把手抽回來。牠似乎是一頭霧水，又滾回安全姿勢，歪著頭。顯然牠不明白我害怕牠那沒縮回的爪子。牠一直要我跟牠玩，我真希望能讓牠明白，我教過艾莎控制自己的爪子，所以才能毫無後顧之憂跟牠媽媽玩，跟牠就不行了。

同樣的戲碼隔天又上演。傑斯帕想玩遊戲，我也想跟牠玩，可是一進入牠的「爪力範圍」又不得不打住。艾莎坐在路虎汽車上面看著我們，好像知道傑斯帕看我戰戰兢兢很難過，就下來舔舔抱抱兒子，等兒子心情好了才停下來。小艾莎則是緊張兮兮地在附近東溜西竄，躲在草叢裡，顯然是怕我怕到不敢出來。艾莎朝牠走去，跟牠一起滾來滾去，小艾莎就自在多了。傑斯帕和戈帕也來同樂，艾莎則是回到路虎汽車車頂，那是牠的避難所。我朝艾莎走去，想摸摸牠，算是為了之前對牠兒子不友善陪個不是。沒想到我一靠近牠就打我，牠那天整個晚上都不愛理人。

在一月二日，附近的兩位野生動物保護區資深管理員肯恩．史密斯與彼得．索爾開著卡車駕臨營地。他們是經過狩獵部允許，來幫忙艾莎和小獅搬家。肯恩要把政府的四輪傳動貝德福卡車借給我們用，又量了量尺寸，看看斜坡能不能和卡車配合。他要幫我們訂做一個大小適中、獅子破壞不了的金屬線圍籬，還要把我們舊的泰晤士卡車先送過來，等貝德福卡車準備就緒再換著用。這樣我們就能儘快開始讓小獅適應在卡車裡吃東西。

當年就是肯恩和喬治一起出去抓獅子，才把艾莎帶進我們的生命裡。肯恩後來看過艾莎兩次，不過他從未見過小獅。我們量完尺寸之後，一起去找艾莎一家。我們在工作室的乾涸河床找到牠們，只是小獅看到兩個陌生人就一哄而散。艾莎跟老朋友肯恩打了招呼，卻理都沒理彼得。我們拍照艾莎也無所謂，不過兩位客人一靠近艾莎，傑斯帕就在葉叢中緊張兮兮盯著看，顯然準備隨時出手捍衛媽媽。後來傑斯帕也出來了，只是跟肯恩和彼得保持安全距離。

我們不想惹小獅不開心，就回到營地，把卡車開到一兩百公尺遠。過了一會兒，艾莎獨自來到營地。牠看著我們，看了一會兒，用爪子緊緊抱住肯恩的膝蓋，還是不搭理彼得。我們覺得艾莎的意思是說肯恩該走了。肯恩心領神會，就跟彼得一起離開。他們前腳才走，小獅後腳就蹦蹦跳跳進營地，開始玩耍。我們發覺牠們愈來愈怕陌生人。傑斯帕現在對我、對喬治是沒有疑心，可是牠還是不信任其他人。

隔天傑斯帕就展現了牠對我的信任，讓我拿掉牠眼皮上的蝨子，還有牠身上的幾隻蛆。野生動物身上常有不少蛆，蛆雖然不會直接傷害宿主，卻會影響宿主的健康，讓宿主容易罹患疾病。

我幫傑斯帕把身上的蛆拿掉時，牠一動也不動，拿掉之後牠舔舔傷口，擺好「安全姿勢」，要我拍拍牠。牠還破天荒第一次讓我碰牠絲般柔滑的鼻孔，大概是想表達牠很感激我幫忙。

那天晚上傑斯帕獨自來到帳篷，擺出安全姿勢蹲坐著，動也不動，直到我摸摸牠才罷休。牠非要人家喜歡牠，這問題可大了。我當然不想讓牠失望，但是話又說回來，我怕牠的爪子，而且我們希望小獅能成為真正的野獅，傑斯帕對我們這麼友善，牠的未來堪慮。戈帕和小艾莎就不像牠這樣，牠們對人類的反應就是野生動物的標準反應。

傑斯帕是三隻小獅的領袖，有天下午我發覺牠苦惱不已，獨自坐在河對岸。艾莎和另外兩隻小獅剛剛才渡了河。牠來回踱步，一臉焦慮看著河面，顯然是看到鱷魚嚇得半死。我把木棍和石頭丟進傑斯帕得游過的深水坑，牠卻只是對著那隻看不見的鱷魚擺臉色。過了一會兒，傑斯帕下定決心，跳進水裡拚命游，故意翻騰河水。艾莎站在幾公尺外站著不動，看見我剛才丟東西想把鱷魚嚇跑。等到傑斯帕安全上岸，艾莎走上前來熱情地舔舔我。傑斯帕那天整個下午也是特別友善。

後來我們走在通往帳篷的窄路上，戈帕對我發動伏擊，野蠻地對我咆哮。我嚇得六神無主，不知道是什麼事情惹得牠怒火中燒。後來我看見牠的晚餐在這裡，這才知道原來是我距離牠的獵物只有幾公尺，牠要捍衛獵物。

泰晤士卡車隔天抵達營地。我們把卡車從裡到外清洗乾淨，停靠在斜坡上。洗是洗了，車子卻還是有汽油、油和非洲人的氣味，小獅說什麼都不肯靠近。我使盡渾身解數，想吸引艾莎跟我進去，我想牠一進去小獅就會有樣學樣，沒想到連牠都不肯進去。現在我們束手無策，只能等到艾莎牠們對卡車的疑慮消除再說。我也只能告訴自己，小獅從來沒坐過車子，要牠們一下子進入卡車也太強「獅」所難。

一月八日午餐時間過後，我聽見工作室的對岸傳來狒狒激動的吱吱叫聲。通常聽到這種聲音就表示艾莎一家在附近，所以我後來拿著寫生簿到工作室的乾涸河床去。我在那裡看到艾莎和牠的兩個兒子昏昏欲睡，這正是寫生的好時機。可憐的艾莎全身都是蛆，我想把蛆擠出來，艾莎卻平貼著耳朵對我咆哮，我只能告退。

眼看夜幕低垂，還是沒有小艾莎的身影，我好擔心，牠媽媽倒是一點都不擔心，所以我也就甭瞎操心了，因為我發現艾莎的直覺比我的直覺可靠。只要附近出現危機，艾莎總有辦法察覺，還能用外人察覺不到的方式把牠的心意傳達給小獅。我們常常仔細觀察牠和小獅之間會不會用我們看得見、聽得到的方式溝通，卻從來也沒看過。但是在各種迥異的狀況下，艾莎都有辦法讓小獅待在原地不動。艾莎能察覺到隱身在水裡的鱷魚，還有藏身在暗處、可能會對小獅不利的野獸。就算身在遠處，艾莎還是能夠察覺我們到營地了。就算我們很久沒來營地，一出現艾莎還是會知道。牠的直覺神準，不管別人如何對待牠，牠都很清楚人家到底是不是真心喜歡牠。

像艾莎這樣的高等野生動物到底有什麼天賦異稟的生理機能？我覺得這應該是心電感應，人類在發展出語言能力之前，應該也有心電感應。

我畫完之後，我們都回到營地，拿晚餐給艾莎一家吃。吃完飯之後，艾莎突然起身，豎著耳朵聽河邊傳來的聲音，往河邊走去。我隔著一點距離跟在後面。我們沿著河岸走了一會兒，艾莎突然轉身，穿越工作室的乾涸河床，在灌木叢裡潛行，直到水邊。我跟上牠的腳步，天色漸漸暗去，我只看到小艾莎在遠處的河對岸踱來踱去，顯然不敢下水。這時水位很高，而且我在這裡不止一次看過大鱷魚。艾莎低聲熱情呻吟著，快步往上游走，目光緊盯著小艾莎。小艾莎在對面的河岸也同樣快步走著。牠們走到淺水位的地方，艾莎停下腳步，叫聲也不一樣了，小艾莎總算鼓起勇氣游泳渡河。

這時已是夜晚將至，我啟程返家，免得小艾莎又受驚嚇。沒想到我一從茂密的灌木叢出來，就看到傑斯帕和戈帕，牠們顯然是在等媽媽和姊妹回來。我抄近路回家，這樣牠們全家會合時我就不會在場。後來艾莎到我的帳篷，熱情地磨蹭我，好像要告訴我牠全家團圓很開心，又很高興牠和我之前擔心的事情順利解決。

沒想到艾莎今天還有一場驚魂記。牠本來還在磨蹭我，突然全身僵住，頭低到與肩膀等高，往暗處小步奔去。牠沒多久就回來，只是馬上又匆匆離開。牠這樣來回跑了幾次，後來總算跟小獅一起吃晚餐。不久之後我被小獅爸爸的吼聲嚇了一跳，牠距離這裡想必只有二十公尺左右。我數了數吼聲之後的嗚夫嗚夫聲，有十二次。牠在嗚夫嗚夫叫的時候，艾莎牠們打住不吃了，一動也不動地站在小獅的爸爸和晚餐之間，等到小獅的爸爸離開，才又繼續吃。那天晚上牠們一直都在營地附近，不過隔天一早就離開了，接下來的二十四小時都沒出現。牠們再次光臨營地，我們給牠們一些肉吃，小獅把肉拖進灌木叢，卻一口都沒吃，反而是到鹽漬地找我跟艾莎。

我們把卡車停靠在鹽漬地的斜坡旁邊已經六天了，我看這一帶的足跡，這六天來應該是沒有獅子靠近。我走進開著門的卡車，呼喚艾莎。艾莎遲疑了一會兒，還是跟了過來，卻是側面對著入口，搞得我出不去，跟著牠一起走過來的傑斯帕也進不來。過了一會兒，艾莎回到帳篷，跳上路虎汽車的車頂。小獅開始吃飯，我走到艾莎身邊，開始跟艾莎玩。我玩著玩著，發覺艾莎身上兩處生蛆腫脹的地方已經腐爛了。我想幫艾莎清理乾淨，可是我一碰牠牠就往後退，隔天我再試一次，牠卻比上次還敏感。

我身邊總會帶著一點磺胺粉，遇到昆蟲咬傷或抓傷就能消毒。喬治覺得磺胺粉用在人的身上是很有效，可是最好還是別用在動物身上，除非能證明動物的抗體太弱，無法自然痊癒。所以我沒給艾莎服用磺胺粉，讓牠自然的抵抗力發揮作用，再說牠自己也能把傷口舔乾淨，牠之前傷口長蛆也常常是自己舔乾淨。

艾莎牠們隔天待在廚房乾涸河床，努魯和我下午在那裡遇到牠們。我請努魯回營地準備一隻獵物，小獅現在對我們的山羊愈來愈有興趣，是艾莎管著牠們才不敢造次。要不是艾莎這麼配合，我們跟小獅才不可能一直和平免戰。今天艾莎看到小獅開始對我埋伏攻擊，仍然一如往常手段圓滑、講求公平。小獅只想和和氣氣玩遊戲，可是牠們的爪子利得很。艾莎過來替我解圍，掌摑小獅，也輕輕打了我一下。小獅看我不願意跟牠們玩當然很訝異，艾莎這麼做也是避免小獅對我心懷怨恨。

艾莎當然希望我和牠們一家都能相處融洽，這點無庸置疑。隔天下午我又看到一個明證。努魯和我在嗚夫岩看到艾莎牠們。我一呼喚艾莎，艾莎就過來找我們，對我很熱情，真的，艾莎都會好好把握我和牠獨處的少許時光。傑斯帕一出現，艾莎就變得冷漠。很顯然牠不想讓小獅吃醋，在傑斯帕面前總是很謹慎。要是有戈帕和小艾莎在，那我跟艾莎都有默契，絕對不能把感情表露在外，因為牠們比傑斯帕愛吃醋多了。

我們穿越茂密的灌木叢，走到河邊。努魯被傑斯帕整得很慘。傑斯帕一找到掩護就躲起來，再朝努魯猛撲過去，要拿努魯的步槍。這次又是艾莎幫忙解圍，站在兒子和努魯中間，努魯才能繼續往前走。

我們到了河邊，我叫努魯抄近路回家，替艾莎牠們準備晚餐。努魯用最快的速度溜走，傑斯帕才不肯放過這個樂子，就偷偷跟在努魯後面。我喊了一串「不可以」，一點用都沒有。還好我知道努魯很聰明，一定有辦法擺脫傑斯帕的糾纏。努魯對動物很有一套，而且總是對動物很好。小獅搗亂的時候，我常看見努魯使出渾身解數引開小獅的注意，而不是用暴力手段處罰。這些年來他和艾莎牠們每天相處，從未被牠們弄傷，連抓傷都沒有。他也是真心喜歡艾莎牠們。如果要請人照顧艾莎牠們，努魯絕對是我的首選。

努魯往回家的路上走，我則是帶著艾莎和兩隻小獅回到河邊。我們走到工作室的乾涸河床，傑斯帕也跟我們會合。我看牠歡天喜地跳來跳去，想必是跟可憐的努魯玩得很開心。我們走到營地，小獅撲向晚餐，艾莎則是小心翼翼爬上路虎汽車的車頂。牠身上長蛆的傷口好像很痛，可是牠不肯讓我碰腫脹的地方，更不用說讓我把蛆擠出來了。

二十四、艾莎生病了

喬治去勘查魯道夫湖已經兩個禮拜了，肯恩．史密斯以及當地的野生動物保護區管理員也跟他同行。我想他們這幾天應該就會回來了，又很不想聽見汽車的聲音，因為他們一回來，艾莎的快樂時光恐怕就要結束了。艾莎到了新家，命運將會如何？牠要擊敗多少母獅，才能跟小獅共享安全的地盤呢？艾莎喜歡現在的家，至少也在這裡建立了地盤。現在牠和小獅得忘掉美好的家園，忘掉熟悉的一切，才能在另一個地方展開快樂的生活。人類這麼理智，被放逐往往都是悲劇收場，那又怎麼能指望個性更保守、更依賴自己地盤的野生動物適應完全陌生的環境呢？

現在艾莎一家在工作室的乾涸河床，兩旁是茂密的灌木叢，還有大樹遮陽，這是牠們最喜歡窩的地方，是躲避豔陽的涼爽去處，還可以躺在柔軟的沙地上打盹，享受河邊吹來的輕柔微風。艾莎一家子今天一早就到這裡來，我在午茶時間拿著寫生簿來找牠們。我畫著畫著，聽著許多鳥兒啁啾叫，還有能撫慰心靈的汩汩流水聲。環境如此寧靜安詳，我們真是心滿意足。

氣溫下降一些了，艾莎醒過來，伸個懶腰，走過去舔舔傑斯帕。傑斯帕仰躺在地上，用爪子擁抱艾莎。艾莎又走向我，用臉磨蹭我的臉，也舔舔我。之後牠又走過去舔舔戈帕和小艾莎。牠跟我們一個一個打招呼，從離牠最近的開始，一直舔到離牠最遠的。這表示牠覺得現在該回家了。牠往營地方向走，每走幾公尺就會回頭看，確定我們跟上來了。我們沒那麼快動身，因為傑斯帕想先看看我所有的隨身物品，我連忙搶救我的畫簿和相機，收進袋子裡，掛在傑斯帕搆不著的樹枝上。戈帕和小艾莎已經先出發了，我走上前去，牠們很精明地擋住我的去路，我只能坐下來，假裝對牠們的把戲沒興趣。那時已是黃昏時分，蚊子大軍非常猖獗，我跟兩隻小獅對峙也快撐不下去了。幸好艾莎發覺我的困境，過來救我。牠打趣地掌摑兩隻小獅，小獅就忘了我的存在，跟著媽媽走去，互相打來打去、追來追去，我總算能踏上回家的路。

那天晚上，我頭一次看到戈帕表現出性衝動，先是牠跟艾莎玩的時候，後來是牠跟傑斯帕玩的時候。牠們只是鬧著玩，戈帕當然也只是受到前所未有的本能影響，牠也還不明白性衝動是怎麼一回事。我倒是很訝異牠小小年紀就有性衝動。小獅現在才十二個半月大，乳牙都還沒掉呢！

那天晚上我聽見艾莎一家在營地附近的聲音。牠們早餐時間過後才蹦蹦跳跳前往鹽漬地後面的埃及薑果棕木，艾莎站在那裡打量著卡車。牠馬上小心翼翼地踏上駕駛座的車頂，坐了下來。我等了十天，就等這一刻，可是現在我看著牠如此放心地坐在要把牠帶離家園的卡車上，覺得一陣悲傷襲來。

我走向艾莎，想把牠身上的蛆擠出來，還是沒能成功。牠在舔傷口，我發覺牠有七處腫脹，倒也不會太擔心，因為牠以前曾經有多達十五處腫脹。

過了一會兒，小獅走進灌木叢裡，艾莎也跟上前去。下午牠們又回來，開始在木頭上玩耍。艾莎對小獅很不耐煩，到頭來跑到卡車駕駛座車頂，躲避小獅的捉弄。小獅要爬上去繼續捉弄媽媽當然很容易，但是牠們每次經過卡車都要繞個大遠路。

整個下午艾莎都窩在車頂上，看著小獅和我。我去散步一會兒，牠也沒跟來。我回來看到牠還在原地。天黑之後，艾莎走來我帳篷前面的草地躺著，這次倒是不像往常跳到路虎汽車的車頂。我走向艾莎，卻被在附近高草叢裡休息的戈帕和傑斯帕撲倒在地。

隔天一早我就聽見艾莎以輕柔的呻吟聲「嗯哼、嗯哼、嗯哼」呼叫小獅，這聲音聽起來好祥和，我聽了總能鎮定情緒。

不久之後，艾莎牠們全都往工作室的乾涸河床走去，下午我拿著寫生簿到那裡去。艾莎溫柔又熱情地歡迎我，連戈帕都友善起來，歪著頭看我。我們又一起度過了美好的下午。我一邊畫，小獅一邊玩。要不是心裡憂慮，我還真是愜意。我一想到要把牠們硬生生帶離天堂，就覺得煩惱。除非奇蹟出現，不然搬家是搬定了。希望艾莎不會看穿我的憂愁與焦慮，牠身上長蛆腫脹，已經夠難受了。

艾莎覺得該回家了，就像往常一樣，把我們一個接一個舔過一輪。不知道艾莎能讓我們五個和睦相處多久？牠們還會把我當成獅群的一份子多久？我們如果真能讓小獅過野獅的生活，那我們跟小獅的關係總有結束的一天。我們之所以能和獅子共同生活那麼久，是因為有偷獵者作祟，我們不得不在這裡保護艾莎一家。可是話又說回來，艾莎一家要是不搬去魯道夫湖，那又得等上一段時間才能展開真正的野獅生活，也許甚至一直沒辦法過野獅的生活。我們難免會影響到艾莎牠們過野獅生活，不過僅僅為了我要繼續做獅群的一員，就剝奪艾莎牠們的野獅生活，那代價也未免太高了。

艾莎一直在舔牠的傷口，我希望這樣一來傷口很快就會癒合。那天晚上艾莎又待在我帳篷外面的草地上，不肯吃東西。我看著艾莎，戈帕朝我走來，想跟我做朋友。這倒是稀奇，我也想回應，但是牠跟傑斯帕一樣，都不知道跟人類玩要把爪子縮起來，所以我縱然萬般無奈，也只能拒絕。我蹲坐在牠身邊，看著牠的臉，叫牠的名字，希望牠能明白雖然我不能跟牠玩，我還是很愛牠。傑斯帕跳到兄弟身上，結束了尷尬的局面。牠們兩個的鬃毛最近多了不少。戈帕的鬃毛顏色比傑斯帕深得多，長度幾乎是傑斯帕的兩倍。戈帕的吼聲很低沉，有時聽來挺恐怖的。牠已經十足像個威武的年輕公獅。

隔天下午我又在工作室的乾涸河床遇見艾莎一家。我帶著寫生簿，想想還是覺得坐在艾莎身邊，摸摸艾莎的頭，安撫一下艾莎比較好。艾莎一動也不動地躺著，讓我拍拍牠，可是我一碰到牠的背，或是我的手一靠近牠腫脹的地方，牠就會咆哮，擺明了就是不要我插手。艾莎的鼻子濕濕冷冷，鐵定是生病了。牠身上有兩處傷口在化膿，膿都流出來了。我希望膿會流乾。我還是沒給艾莎吃磺胺粉，免得牠自然的抵抗力變弱。我覺得牠不舒服一定是蛆在作怪，從來沒想過要拿牠的血液樣本分析看看是不是還有其他感染。

天黑之後，艾莎走進距離乾涸河床幾公尺的灌木叢中。我啟程返回營地，牠還是跟小獅待在那裡。我等了一會兒，艾莎還是沒出現，我很擔心，開始呼喚牠，還好牠馬上就出現，慢慢走向我的帳篷，輕輕舔舔我。之後艾莎走入黑暗之中，那天晚上我沒再見到牠和小獅。

隔天早上我循著牠們的足跡走，看到艾莎一家在嗚夫岩上。我不想打擾牠們，就隔著一段距離把岩石畫下來。後來下起豪雨，我就沒法子畫了。

那天下午我又回到嗚夫岩，用望遠鏡看到兩隻小獅在嗚夫岩上。我沒看到艾莎，以為牠跟傑斯帕應該在附近，就呼喚牠們，結果沒有回應。那天晚上艾莎牠們沒有到營地，這當然也不奇怪，但是艾莎的身體狀況讓我有些擔心，所以隔天天一亮我就到嗚夫岩去，看到艾莎一家都在嗚夫岩上，總算放了心。我呼喚艾莎，艾莎聽見就抬起頭來，小獅倒是沒動。

我在午茶時間帶著努魯回到嗚夫岩。艾莎馬上從岩石下方的灌木叢鑽出來，傑斯帕跟在後頭。艾莎熱情地跟我們打招呼，我發覺牠呼吸很急促，一舉一動似乎都很吃力。傑斯帕在牠身邊像個保鏢一樣，我很難摸艾莎。我坐在艾莎身邊，後來戈帕和小艾莎也過來，我們一起往回家的路上走。艾莎對小獅很不耐煩，顯然很怕被碰到。小獅輕輕碰到牠，牠都會平貼著耳朵咆哮。艾莎倒是不介意我走在牠旁邊，把牠身上的舌蠅彈掉。一隻小獅要衝撞牠，牠可就勃然大怒。我從來沒看過牠這種反應。從灌木叢到車道短短的路上，牠坐下來好幾次。我們走到車道，路就好走多了。我們抵達營地，艾莎逕自走向路虎汽車，小心翼翼在車頂躺下，唯恐壓到身上的瘡。艾莎一整晚都維持這個姿勢。我拿了些骨髓給牠吃，牠很喜歡吃骨髓，這次卻只看了一眼就轉過頭去。我想摸摸牠的爪子，牠卻把爪子縮回去。

隔天早上我被小獅繞著帳篷追逐的聲音吵醒，倒是沒看到艾莎。我等著牠那熟悉的呻吟聲，卻只聽到傑斯帕尖銳的「掀」聲。我看到傑斯帕隔著圍地的大門偷瞄，我走出圍地，看到戈帕站在河岸邊，正準備渡河到對岸去。牠看到我，嚇得「嗚夫」了一聲，跳進河裡，很快我就聽見艾莎牠們跟牠打招呼的聲音。

我們接到驅逐令馬上就要滿四個禮拜了，喬治去魯道夫湖勘查到現在也三個禮拜了。喬治出發之前，我們打算在一月二十號開始搬家。今天已經是十九號了。泰晤士卡車小獅連一次都沒進去過；貝德福卡車也還沒送回來；艾莎又生病了；我們還沒替小獅找到新家，也不知道該怎麼給牠們搬家。總之就是我們進度嚴重落後。

二十五、艾莎與世長辭

那天晚上喬治回來了，卻沒帶來好消息。

他和肯恩·史密斯開著兩台路虎汽車和一台卡車，先是到阿利亞灣，就在隆貢多提山脈的北方。我在書裡提過，我們之前帶艾莎步行去遊獵，就到過阿利亞灣。一些隱蔽的山谷從山脈一直延伸到魯道夫湖，喬治就是希望能從這些山谷中找一個適合艾莎和小獅的新家。到目前為止，從未有人開車到過山谷，所以喬治得先找條能通往山谷的路。

喬治把那一帶勘查得很仔細，他認為只有莫伊特有希望。他還得找個能通往那裡的車道，還要拿到許可，在那裡租一塊地才行。

喬治回到伊西奧洛之前，跟馬薩比特的行政長官商量在莫伊特附近租地的事情，也請行政長官協助蓋一條一百公里長的路，以及整地做臨時飛機跑道。行政長官答應了，當然經費得由我們提供。這次要花的錢不是小數目，所以喬治說要先跟我商量再做決定。

他的勘查報告到此結束。

我實在很不想把艾莎一家安置在魯道夫湖附近。喬治在回營地的路上收了一些信，我們看到來自羅德西亞、貝川納蘭和南非的回音，都說有地方可以容納艾莎一家，我大大鬆了一口氣。

我們並不知道這些地方的生態環境適不適合艾莎牠們，喬治覺得我應該馬上到奈洛比請教伊恩·

格林伍德少校，他是我們的野生動物保護區總管理員，對這些地方很熟。如果他認為這些地方不合適，那我就發電報給馬薩比特的行政長官，請他立刻開工鋪路，並整出一塊地來建臨時飛機跑道。我不在營地的這段時間，就由喬治訓練小獅在貝德福卡車裡吃飯。加裝金屬線圍籬的貝德福卡車幾天之後就要送來了。

眼看搬家的日子就在眼前，我想只要艾莎身體狀況夠好，不需要我照顧，我就可以出發。那天晚上我們沒看到艾莎牠們，倒是聽見河對岸傳來牠們的聲音。隔天一大早，我們涉水走到對岸，看到艾莎一家在距離河水幾公尺的地方。艾莎從茂密的灌木叢鑽出，熱情地用頭磨蹭我。我抓抓牠的頭和耳後。牠的毛皮跟絲絨一樣，身體結實又強壯。我摸了牠好久，牠跟喬治和努魯打招呼，又回到小獅躲藏的灌木叢中。

艾莎之前身上也長過蛆，喬治覺得牠這次的情況並沒有比之前糟，我聽了就比較放心。可是艾莎已經兩天沒有吃東西了，所以在我出發之前，我們在河岸上放了些肉，艾莎站在河對岸看著我們放肉。喬治看艾莎沒有走過來拿肉的打算，就把肉放在水上漂過去。喬治得把肉拿到艾莎面前，艾莎才起身，拖著肉走上陡坡，拿進小獅藏身的荊棘叢裡，自己連一口都沒吃。

這是我看到艾莎的最後畫面，牠在幫小獅的忙。我心不甘情不願離開營地，前往奈洛比。我在奈洛比接到喬治的電報：艾莎惡化，發高燒，最好帶金黴素來。

訊息是肯恩在伊西奧洛用電話說的，他還請格林伍德少校跟我說，他已經把金黴素送去給喬治了。

我擔心到快發狂，不過回頭想想，既然藥已經送去了，我們又得趕快張羅搬家的事，我還是決定在奈洛比住一晚。

格林伍德少校跟我說，羅德西亞和貝川納蘭的生態環境都不適合艾莎和小獅，他覺得還是把艾莎牠們搬到魯道夫湖比較好。他也建議我們把卡車裡的金屬線圍籬分隔開來，因為如果把艾莎一家子通通關在一個籠子裡，萬一其中一隻恐慌，就可能會傷害到其他獅子。

我發電報給馬薩比特的行政長官，請他開始進行喬治之前跟他談過的工程。

隔天我起了個大早，因為在離開奈洛比之前還有一些急事要辦。我走下樓，發覺肯恩在等著我。他才剛從伊西奧洛趕來，全身又累又髒。喬治要他告訴我，艾莎現在情況危急。喬治在午夜已經發出求救信號，要我回到營地，也請獸醫立刻前來。肯恩已經聯繫上伊西奧洛的一位獸醫約翰．麥當諾，他馬上就出發前往營地。肯恩後來又開車走了二百九十公里的路到奈洛比，捎給我喬治的口信。我對肯恩真是感激不盡。

我租了一架飛機，不久之後我跟肯恩就往索馬利小村莊出發，那是距離營地最近的飛航跑道。我們到了那裡，應該可以租一台車到營地。我們運氣不錯，租到一台老爺路虎汽車，又開了一百一十公里的路趕到營地。

我們在午茶時間抵達營地，故意把車停得離營地遠一些，免得驚動艾莎。我衝進工作室，喬治一個人坐在那裡，看著我，一句話也沒說。他的表情寫滿了我承受不了的打擊。

我心情稍微平復一些之後，喬治帶我到艾莎的墳墓。

艾莎的墳墓在帳篷附近的一棵樹下，俯瞰著河流和沙洲，艾莎當初就是在沙洲把小獅介紹給我。小獅學會利用這棵樹粗糙的樹皮磨爪子，艾莎一家子也常常在這棵樹下乘涼玩耍。艾莎的伴侶去年也是在這裡想偷吃聖誕晚餐，只是沒有得逞。

喬治告訴我我不在營地這段時間發生的事。接下來是他所說的經過：

妳離開營地之後，我把我的帳篷搬到斜坡附近，等艾莎一家子出現，但是那天晚上牠們並沒有出現。隔天早上我得到河流比較上游的地方巡視狩獵站，一直到下午才有時間去找艾莎。我看到小獅在河對岸玩耍，看到艾莎躺在稍微上游一些的灌木底下。艾莎起身，跟我和馬卡狄打招呼。小獅也走過來在媽媽身邊玩耍。

我回到營地，那天晚上艾莎牠們還是沒出現。隔天吃早餐之前，我去找艾莎，牠獨自躺在我昨晚見到牠的地方附近。我呼喚艾莎幾次，牠都有回應，但是沒有起身迎接我。牠呼吸很困難，身體好像很疼痛，顯然是生病了。我回到營地，馬上派泰晤士卡車去伊西奧洛，送電報告訴妳艾莎的病情惡化，請妳寄金黴素來。我也寄了一封信說明整個情況。

我帶著水和一盤肉和腦去找艾莎，在肉和腦裡面摻了些磺胺。牠喝了一點水。牠平常很喜歡吃腦，這回卻一口都沒吃。所以我把磺胺加在水裡，牠卻不肯喝。

我回營地吃了午餐，之後又回到艾莎身邊，發覺牠移動了一些，躺在高草堆裡。我覺得事情不妙，艾莎愈來愈虛弱。我帶來的食物牠看都不看，只喝了一點我裝在盆子裡的水。

我不可能留牠單獨過夜，牠現在這麼虛弱，萬一碰上鬣狗、水牛和母獅就慘了，所以我決定陪牠一起過夜，請營地的男生把我的床、吃剩的山羊還有煤油燈從營地帶過來。我在灌木叢過夜，一直點著煤油燈。小獅從河邊走過來，把山羊吃掉了。傑斯帕還想把我床上的毛毯抽走。艾莎的身體狀況好像好一點了，兩度走到我的床邊，熱情地用頭磨蹭我。

我在晚上醒來過一次，發現小獅提高警覺，專心盯著我背後的東西看。接著我聽見響亮的哼氣聲，我點亮手電筒，一隻水牛嘩啦一聲閃進灌木叢。艾莎躺在我的床邊，小獅玩心大發，想找媽媽一起玩，可是小獅一靠近，艾莎就咆哮。

在黎明時分，我看艾莎的狀況不錯，就回到營地吃早餐，打了一些文件。

早上十點左右，我開始覺得焦慮，到外頭找艾莎卻沒找著。我呼喚艾莎，也沒聽到回應。小獅也不見蹤影。我沿著河來來回回找了兩小時，終於發現艾莎躺在營地附近的一個小島，半個身體浸在水裡。艾莎一副重病垂危的模樣，呼吸很急促，虛弱到了極點。我用手接了一些水想給牠喝，可是牠吞不下去。

我陪著牠一小時。艾莎突然拚命掙扎起來，爬上陡峭的河岸到小島，倒在地上。我呼喚努魯，請他幫忙清出一條路到容易渡河的地方。我把艾莎交給努魯，回到營地，用帳篷的支架和我的營床做了一個克難擔架。做好之後我把擔架拿到小島，放在艾莎旁邊，我想艾莎一向喜歡躺在床上，應該也會滾到擔架上吧！如果牠滾到擔架上，那我會請男生跟我一起把牠抬過河，到我的帳篷去。但是艾莎沒有滾到床上。到了下午三點，艾莎突然起身，搖搖晃晃走到河邊。我攙扶著牠，帶著牠涉水過了河，到廚房下方的河岸。走這一趟弄得牠精疲力盡，在河岸上躺了很久，不過至少牠在我們這邊的河岸上，離營地很近。小獅出現在島上，一定是循著媽媽的氣味走來。牠們好像不敢過河。

艾莎往我們帳篷下方的沙洲走，途中停下來休息了兩次。

我拿了些肉晃了晃給小獅看，小獅就在對岸跟著我走，我把牠們的晚餐拖向沙洲。傑斯帕和小艾莎游了過來，戈帕卻躊躇不前，後來看到兄弟姊妹大快朵頤，才游過來，一上岸就中了傑斯帕的埋伏。

接下來的兩小時，艾莎都躺在沙洲上，傑斯帕待在牠身邊。艾莎兩度起身，走到河邊喝水，卻吞不下去。我看了好心疼。我用手接了點水，倒在牠的嘴裡，卻又從牠的嘴裡滴了出來。天黑之後，牠沿著窄路往上走，躺在我的帳篷移到斜坡之前所在的位置。

我用針筒擠了點牛奶和威士忌到艾莎的嘴裡，艾莎勉強吞了一些。我給艾莎蓋毛毯，希望牠不要動。我絕望極了，艾莎鐵定撐不過這個晚上，我也急著要通知妳，又很擔心，因為卡車已經延誤很久了還沒到。我發覺要救艾莎，唯一的希望就是趕快請獸醫，但是我又不想丟下艾莎，萬一牠跑到暗處怎麼辦？那我可就別想找到牠了。

最後我決定冒個險，離開艾莎一個半小時，那是我往返淺灘所需要的時間，我想卡車可能是困在那裡動彈不得。我離開營地走了不到三公里，就看到卡車，原來卡車在往返伊西奧洛的路上都被困住了。司機帶來了要給艾莎的藥。我寫了封信給肯恩，說艾莎急需看獸醫，請他跟妳聯絡。我請司機開著我的路虎汽車馬上再回伊西奧洛。

還好艾莎都沒動。小獅也來了，我給牠們吃了些肉。

艾莎沒辦法把藥吞下去，變得很焦躁，起身走了幾步又躺下了，我想盡辦法要牠喝水，都是徒勞無功。

到了晚上十一點左右，艾莎走進我在工作室附近的帳篷，躺了一個鐘頭。接著牠起身，慢慢走向河邊，走進河裡，在河裡站了幾分鐘，想喝水卻吞不下去。後來牠回到我的帳篷，又躺了下來。

小獅也來到帳篷，傑斯帕用鼻子磨蹭媽媽，艾莎沒有回應。

艾莎在凌晨一點四十五分左右離開帳篷，回到工作室，走進水裡。我想阻止牠，牠卻毅然決然地走著，一路走到樹下的沙洲，那是牠常和小獅玩耍的地方。艾莎躺在濕漉漉的泥灘上，顯然身體很不舒服，一會兒坐起來，一會兒躺下去，呼吸更困難了。

我想把牠移到工作室乾燥的沙地上，但是牠好像沒力氣動了。牠的模樣好恐怖好悽慘。我甚至覺得我應該解除牠的痛苦，卻又覺得還是有一線希望等到妳帶著獸醫及時趕到。

到了凌晨四點半左右，我叫醒營地所有的男生，跟他們一起把艾莎抬上擔架，好不容易把牠抬回我的帳篷。艾莎躺了下來，我已是精疲力盡，躺在牠身邊。

天方破曉，艾莎突然起身，走到帳篷前面，不支倒地。我把牠的頭枕在我的大腿上。幾分鐘之後，艾莎坐了起來，發出撕心裂肺至極的叫聲，一頭栽倒。

艾莎走了。

小獅站在一旁，顯然是一頭霧水又難過。傑斯帕走向媽媽，舔舔媽媽的臉。傑斯帕好像很害怕，又走回兄弟姊妹身邊，一起躲在幾公尺外的灌木叢裡。

艾莎逝世半小時之後，伊西奧洛的高級獸醫官約翰·麥當諾抵達營地。喬治雖然很不願意，但是為了醫學上的因素，也為了小獅著想，還是勉強同意驗屍釐清死因。

驗屍過後，他們把艾莎葬在金合歡樹下，那也是牠常常歇息的地方（那棵樹佇立在河岸上，離營地很近）。喬治安排一群偵查員在艾莎的墳墓對空鳴了三槍，槍聲的回音從艾莎的岩石傳回來，也許在浩瀚的灌木叢中，艾莎的伴侶也聽見了槍聲而停下腳步。

那天是一九六一年一月二十四日。

二十六、艾莎兒女的監護人

現在我們成了艾莎兒女的監護人。

日落之後，我走到河邊，坐在沙洲上。一年之前，艾莎就是在這裡向我介紹牠的兒女。我在那裡坐了很久。河對岸突然傳來微弱的「掀」聲，我馬上用各種方式呼喚小獅，希望牠們聽得懂，後來我在黑暗之中隱約看到傑斯帕在灌木叢中偷瞄我。但牠一瞬間出現，一剎那又不見了。

我在小獅看得到的空曠處放了一些肉，牠們沒有過來吃，也沒有回應我的呼喚。我只聽見為數眾多的鬣狗嗥叫。後來我們把獵物放在喬治的帳篷附近，但是那天晚上小獅並沒有來。我們聽著鬣狗邪惡的合唱，心情非常焦慮，小獅要是被力量強大的鬣狗襲擊，恐怕凶多吉少。

隔天早上我們繼續尋找小獅。我們循著傑斯帕昨晚留下的足跡走，往上游走到艾莎死前一天倒下的那個小島附近。我們帶了一些肉，打算一點點、一點點拿給小獅吃，引誘小獅回到營地。不過當我們看到傑斯帕躲在荊棘叢裡，用貪婪的眼神望著肉，還是決定把整塊肉丟在地上。傑斯帕一把抓去，張口大嚼。我聽見窸窣聲，看到小艾莎站在二十公尺之外。我們四目相對，牠就跑掉了。

一想到昨天晚上的群鬣亂唱，我們覺得還是讓小獅待在營地附近比較好，所以就沒有再給小獅東西吃，希望小獅餓了就會來找我們。

肯恩得回伊西奧洛去了，我們去送他一程，回來之後拿了些肉要給小艾莎和戈帕。結果我們走到之前遇到傑斯帕的地方，傑斯帕從灌木叢中衝出來，我們還沒來得及阻止，牠就把肉給搶走了。我知道小艾莎和戈帕現在一定餓壞了，總該給牠們一個交代，所以我們回到營地拿剩下的獵物來。戈帕受到獵物吸引，出現在我們眼前。我們把肉往營地拖，三隻小獅都跟上來，牠們的緊張之情溢於言表。我們把獵物放在河裡漂到這一側，小獅卻還是留在河對岸。小獅看著我們守著獵物呼喚牠們，看了兩小時都沒有要游過來的意思。我們把獵物繫在樹上，回到營地。營地的男生從大岩石那裡運來三卡車的石頭，我們用石頭在艾莎的墳上排成一個大圓錐，又把周圍的雜草除掉。

喬治和我在黃昏時分去看看小獅的情況。傑斯帕和小艾莎在肉旁邊靜靜休息，戈帕還是待在河對岸。喬治想牠應該會過來捍衛獵物，就把獵物拖向營地，傑斯帕趕緊跳到獵物上頭阻止喬治。我們回到帳篷，希望戈帕能鼓起勇氣游泳過來吃牠的份。

後來我們坐在喬治的帳篷外面，那帳篷還是紮在斜坡附近，我們聽見傑斯帕的「掀」一聲，馬上叫男生再拿一隻獵物來。傑斯帕跟在他們後面，倒是沒碰獵物。男生一把獵物放在帳篷附近，傑斯帕就不見了。我們把唯一能拿來拴獵物的鐵鍊留在那天下午遇見小獅的地方，就到那裡去拿，沒想到鐵鍊跟肉都不見了。

我們回到營地，發覺三隻小獅都在撕咬獵物，只是我們一接近牠們就迅速逃開了。顯然傑斯帕先勘查過環境，才叫兄弟姊妹過來一起吃大餐。艾莎一死，傑斯帕就成了家族的領袖兼守護神。小獅一直等到我們就寢，才回來把獵物吃完。我在黎明時分出去找牠們，發覺三個都在嗚夫岩。牠們看是看見我了，卻沒有回應我的呼喚。我跟喬治會合，我們駐足在面向嗚夫岩的山脊上，不過中間隔著一道寬裂縫，希望這樣一來能讓小獅比較安心。小獅再度出現，呆呆坐著看著我們兩小時，動也不動。我們想盡辦法要跟牠們說話，卻只得到牠們緊盯的目光，我開始覺得我好像是受審的謀殺犯。那天我們沒能帶小獅回營地。小獅直到入夜很久之後才出現，傑斯帕馬上把肉拿走，拿去給躲在附近灌木叢裡的另外兩隻小獅。

我走近牠們，輕聲呼喚：「傑斯帕，傑斯帕！」傑斯帕走向我，讓我拍拍牠。我發覺牠還是一樣信任我，覺得很開心。傑斯帕又回到小艾莎和戈帕身邊，我拿了一根木棍揮舞，希望傑斯帕會跟我玩。傑斯帕走上前來跟我拔河，最後牠得意洋洋地把戰利品拿給其他兩隻小獅看。

牠們在營地待了一整晚，我每回醒來都聽到牠們跑來跑去的聲音，也聽到一群鬣狗嘲諷的笑聲。

隔天早上喬治得到上游去視察一個保護區偵查員的崗哨。我決定留下來陪伴小獅，牠們在炎熱的白天比較不愛動，我想趁這個時候讓牠們習慣有我在身邊，希望牠們會更信任我。我看到傑斯帕在河對岸，牠在灌木下方打瞌睡，我站在離牠幾公尺的地方，牠也無所謂，不過我的一舉一動牠都緊盯著。大約一小時之後，牠起身走開了，我循著牠的足跡走，走到深深的乾涸河床岸邊的一棵分岔叢重的樹。我看見另外兩隻小獅在轉彎處一閃而過。

我突然感覺被監視了。我抬頭看見傑斯帕坐在樹的分岔處。傑斯帕從樹上跳下來，跑去找戈帕和小艾莎。我在樹下待了一小時，給小獅時間安頓下來，然後才朝牠們走去，發覺牠們在乾涸河床的轉彎處，傑斯帕充當後衛部隊。我在距離傑斯帕不到十公尺的地方坐下，接下來的一小時又是動也不動，然後才小心翼翼走到距離傑斯帕不到三公尺的地方。傑斯帕馬上閃開，我一呼喚牠，牠又回過頭來，走到我面前，直視我的眼睛，接著就離開河床了。

在高高的草叢中絕對看不到足跡，所以我就往下游走。我又覺得我被盯上了，轉過頭來看到傑斯帕在我背後蹲伏著。我坐下來，希望牠也會跟我一樣坐下來，沒想到牠靜悄悄地離開，就像牠剛才靜悄悄地出現。我待在原地兩個鐘頭，發覺二十公尺之外有點動靜，接著馬上就看到兩隻小獅在灌木之下打盹。我和小獅就待在原地，喬治在午茶時間來到這裡，小獅就不見了。我們瞄到傑斯帕用跑百米的速度衝過茂密的灌木叢。

看到小獅的這些反應，我們發覺小獅之前之所以容忍我們，完全是因為艾莎。艾莎一死，小獅不但不回應我們呼喚，就連聽見我們的聲音、聞到我們的氣味都會跑掉。我們在帳篷下方的沙洲放了些肉，免得小獅看到我們又不敢來營地，然後就去採集一些植物布置艾莎的墳墓。

隔天一大早，我們被對岸狒狒激動的吱吱叫吵醒，起床走到對岸看看是怎麼回事，很快就發現躲藏的小獅。我們帶了兩塊肉在身上，其中一塊拿給牠們，另外一塊先拿在牠們面前晃了晃，又拿到對岸放在牠們看得到的地方。我一個早上都在看守那塊肉，免得肥了兀鷲。小獅看著我，卻完全沒有要渡河的意思。

眼看到了中午，我知道牠們一定是飢腸轆轆，就不忍心再耗下去了，把肉放在水上漂過去。傑斯帕馬上把肉拖進茂密的棕櫚樹叢裡。我涉水走回去，躲在牠們看不到的地方，看著小獅大快朵頤。牠們有時還到河邊喝喝水，一到空曠的地方就會緊張兮兮地東張西望。小獅吃完飯後，我看到傑斯帕把獵物胃裡的東西埋起來，爬到樹上。牠在樹上待了很久，才到灌木叢裡找兄弟姊妹。

到了午茶時間左右，喬治和我又過去看看。我們看到小獅，只是一接近牠們就跑走了。天黑之後，對岸的鬣狗開始嗥叫，我很擔心小獅。到了午夜，我聽見小獅的爸爸在叫，就比較放心。叫聲先是從上游高處傳來，接著愈來愈近，最後就在艾莎的墳墓對岸。牠吼了三次，間隔都很短，是在呼喚艾莎嗎？

那天晚上天氣晴朗，一顆顆的星斗又大又亮，南十字星座就在艾莎墳墓的正上方。小獅的父親吼叫的時候，小獅一定在牠附近，因為我們在黎明時分發現小獅的足跡一路從營地到對岸。這天我們一整天都在循著牠們的足跡走，卻沒找到小獅。後來我們黃昏時在離營地很遠的地方看到小獅父親的足跡，旁邊還有小獅的足跡。

隔天我們忙著找小獅，又是徒勞無功，一路上我們遇見幾隻水牛和犀牛，還有一隻豪豬對著我們衝過來。我們只在下游深處看到一隻公獅的足跡，還有在上游看見一隻公獅和一隻母獅的足跡，會不會屬於那隻兇猛的母獅還有牠的伴侶？

那天晚上我們把一隻獵物拴在路虎汽車上，希望小獅會來吃，可惜這次等待又是落空。

艾莎去世到現在才過了一個禮拜。我們原本以為小獅會依靠我們，沒想到牠們非要到飢餓難耐才肯來找我們。回過頭來想想，艾莎的一生好像有個固定的模式，就連牠英年早逝也是命中注定。艾莎生前「半馴服」的臭名當然會影響小獅，或多或少剝奪了小獅過正常野獅生活的機會。小獅會被驅離家園，被迫在魯道夫湖惡劣的環境生活，全是因為艾莎。現在艾莎不在了，小獅可能由野獅收養，可以留在現在的家，不然至少也能生活在野生動物保護區或者國家公園。艾莎跟人類做朋友，不必妄想能生活在這兩個地方。小獅現在的年齡剛好適合由野獅收養，或者移居野生動物保護區和國家公園。艾莎生前遇到問題都是自己解決，不曉得這次是不是也一樣？

小獅至少還有十個月都需要我們照顧，可是現在要怎麼贏回小獅的信任呢？我那天晚上煩惱到夜不成眠。現在剛好是艾莎帶著小獅渡河、向我們介紹小獅的一周年。

我一直到隔天下午才有精神出去找小獅，努魯和我繞著岩石走，還是沒找到。我們在回家的路上循著一隻鬣狗的足跡走，走到營地附近的埃及薑果棕木，就在那裡找到小獅。傑斯帕跟著我回到帳篷，男生張羅肉給牠吃，在等待的時候牠也肯讓我摸摸牠。肉拿上來了，傑斯帕衝上前去，馬上拖著肉走向躲起來的其他兩隻小獅。傑斯帕開始吃之前，先回到我身邊，擺好「安全姿勢」，要我跟牠玩。牠歪著頭，在地上滾，我一走到牠身邊，牠又猛然朝我打過來，我馬上往後退。我以前常看到牠用利爪壓在牠媽媽的毛皮上鬧著玩，牠當然不可能知道我的皮膚跟牠媽媽的不一樣。我想安慰牠，就把一個舊輪胎滾到牠面前，又拿了根木棒給牠，牠跟這兩個沒有生命的玩具玩了沒多久就膩了，回到另外兩隻小獅身邊。

我想傑斯帕吃過飯以後應該就沒那麼好動，就等了幾個鐘頭才去找牠。牠的爪子又迅速向我打來，我就沒辦法再跟牠扯了。我輕聲跟戈帕說話，牠卻只是對著我吼，平貼著耳朵走開了。傑斯帕跟在牠後面，又站在我和戈帕中間，顯然是在保護兄弟。這時鹽漬地突然傳來哼氣聲，我和兩兄弟的交流就結束了。我去拿手電筒，傑斯帕把獵物移到荊棘叢裡。

傑斯帕小小年紀，自己都還需要別人幫忙，卻已經是可靠的獅群領袖，隨時隨地照顧兄弟姊妹。到了午茶時間，喬治從伊西奧洛回來了。

我們收到艾莎的驗屍結果，死因是一種叫做焦蟲的寄生蟲感染，這種寄生蟲由蝨子傳播，會破壞紅血球。艾莎被盾波蠅叮咬，身體已經很虛弱，所以光是驗屍人員發現的百分之四的感染就足以致命。

這也是第一起獅子遭到焦蟲感染的案例。

二十七、幼獅搬家計畫

喬治回來的那天，小獅天黑之後才來營地。傑斯帕先來，戈帕和小艾莎後到。傑斯帕又要我跟牠玩，現在喬治回來了，我想我就算被牠抓傷也無所謂。我克服心中的恐懼，伸出手來。我還搞不清楚狀況，傑斯帕就把我的一個指關節給抓傷了。我的傷勢並不嚴重，卻也足以讓我明白我和傑斯帕終究不能一起玩耍，真可惜。

喬治說格林伍德少校隔天會路過伊西奧洛，我打算到那裡跟他碰面，因為我們想跟他談談小獅的未來。如果有必要搬家，那我們希望他能幫我們在非洲東部的野生動物保護區替小獅找個家。

格林伍德少校真的是善解人意，一口答應要替我們聯絡肯亞和坦干伊喀的國家公園的官員。

我帶著一個舊籠子回到營地，那本來是要把艾莎送去荷蘭用的。現在我想誘導小獅在裡面吃飯。我們的計畫是這樣的：先把三個小獅共用的籠子放在地上，讓小獅習慣在裡頭吃東西。等到哪天三隻小獅都在裡面，我們就把門關起來，在牠們吃的骨髓裡面摻鎮定劑，在三個大盤子裡面各放一些，再從另外一道門把大盤子推進去。這道門不大，小獅沒辦法從這裡溜出來。藥效發作的時候，小獅在籠子裡會很安全。這很重要，因為我們不希望小獅在半昏迷狀態下到處亂晃，變成掠食動物下手的目標。我們打算把昏睡的小獅放在三個籠子裡，這些籠子是特別設計的，剛好可以放在五噸重的卡車後面。

我在午夜左右抵達營地，發現三隻小獅都在帳篷附近看守牠們的肉。牠們不在意車子大燈刺眼的燈光，我把大燈對準牠們照，牠們也無所謂。我們發覺牠們白天很緊張，晚上就不怎麼緊張。喬治隔天早上得回伊西奧洛，所以我又得負責營地的事情。只要喬治不在身邊，我都是睡在路虎汽車裡，把路虎汽車停在給小獅吃的肉旁邊，免得肉被掠食動物吃掉。

二月十日晚間，我看著小獅吃完晚餐，繞著帳篷互相追逐，覺得很開心。自從艾莎過世之後，小獅一直都很壓抑，吃完飯也不吵不鬧，坐在地上呆呆看，動也不動，現在總算肯玩耍了。

隔天晚上我把籠子放在地上，把肉放在籠子附近。小獅在正常時間抵達營地，傑斯帕滿懷疑心嗅了幾次，走進籠子，又走出來，跟戈帕和小艾莎一起坐在肉旁邊。我低聲和牠們說話，希望牠們慢慢習慣看到我就想起食物。現在我每天都準備三大盤食物，裡面有魚肝油、腦和骨髓，要訓練小獅各自吃各自的東西。這樣等到要給牠們吃鎮定劑的時候，牠們才不會不小心服用過量。

接下來的三天，小獅過的日子一如往常，白天會渡河走到最後一次跟媽媽相處的地方，天黑之後會到營地吃晚餐。我完全沒有干預牠們的生活，希望牠們會比較安心，會信任我。有天晚上傑斯帕很早就過河到營地，大概是晚上六點左右吧！我拿著大盤子，牠把盤裡的東西舔得一乾二淨。我覺得我的策略奏效了。我一說「艾莎」（我每次叫小艾莎都會說到這個字眼），傑斯帕都會警覺地抬頭看。牠和戈帕都很熟悉自己的名字，只是搞不清楚姊妹的名字怎麼跟媽媽一樣。我覺得牠們一定要習慣才行，萬一發生緊急事件，小艾莎一定要能聽懂我在呼喚牠。

我和小獅一起度過平靜的夜晚之後，我回到路虎汽車就寢。大約凌晨三點左右，我聽見對岸傳來小獅父親微弱的叫聲，聽起來好像在跟小獅說話。後來我又聽到牠的聲音從大岩石傳來，隔天早上努魯跟我說他發現小獅的足跡通往大岩石。

那天下午我和努魯出去看小獅的足跡，發現小獅的足跡很快就跟小獅爸爸的足跡合在一起。我不想打擾牠們，就回到營地，欣賞著兩隻鸚鵡，一直看到天黑。

傑斯帕在晚上八點左右抵達營地，另外兩隻小獅不久之後也現身。我看著牠們吃喝玩耍，一直看到凌晨。不曉得小獅的爸爸會不會給小獅張羅吃的，會不會教牠們獵食。

隔天喬治回到營地，碰巧傑斯帕也是在這天第一次在籠子裡吃飯。戈帕跟小艾莎看著牠吃，完全沒有要仿效的意思。我們就寢之後，牠們倒是鼓起勇氣走進籠子吃晚餐。我們大大鬆了一口氣。小獅已經克服了對這樣陌生物品的恐懼，我們現在應該馬上訂做小獅搬家用的三個籠子。

我們決定籠子的三個面要用鐵欄杆，這樣小獅一路上就可以看見彼此，可以互相加油打氣，又不會對彼此造成傷害。當然這樣一來小獅可能被鐵欄杆擦傷，不過我們覺得擦傷容易痊癒，因為恐慌而受傷的心靈可就很難平復。小獅關在黑漆漆的籠子裡長途旅行，很可能會恐慌。我們打算在籠子的第四面做一道活動的木頭門。

我們計畫好了之後，我前往三百五十公里之外的南由基，要訂做三個旅行用的籠子。我在回營地的路上經過伊西奧洛，收到一封製藥公司寄來的信，說是願意提供小獅抗焦慮的藥。艾莎死後我們收到許多慰問信，可見世界各地都有很多人喜歡艾莎。還有很多動物園人員願意收養小獅，只是都沒有人想到小獅眼前需要的協助，這家製藥公司是第一個。我在伊西奧洛停留了一會兒，和製藥公司的代表見面。他們送我抗生素「土黴素」藥粉，說是可以增強小獅的抵抗力，這份禮物讓我好感動。

我也很感激他們給我一些有關鎮定劑的建議。我們商量過後，發現利眠寧是唯一能給小獅服用的鎮定劑。獅子對藥物非常敏感，每隻獅子對藥物的反應也不同，所以我們無法預測藥物在小獅身上的作用。

我回到營地，喬治說我不在的時候他的日子過得很精采。第一天小獅在傍晚抵達營地，雖然外頭有隻獅子在呼叫，不過三隻小獅整晚都待在帳篷旁邊。隔天下午喬治循著小獅的足跡走到鳴夫岩，爬上去呼叫小獅。後來傑斯帕現身，坐在喬治身邊，讓喬治抓抓牠的頭。接著小艾莎也出現了，還是不敢靠近喬治。至於戈帕嘛，喬治只看到牠的耳朵尖端在岩石後面露出來。

喬治在回家的路上看到三隻水牛和一隻犀牛，覺得還好小獅不在身邊。小獅在天黑之後抵達營地，吃了些用鐵鍊拴在籠子外面的肉，後來傑斯帕把肉拖進籠子裡。小獅吃完就過河到對岸，接下來的二十四小時都在對岸玩耍。喬治看到小獅爬樹，發覺牠們可以爬得很高。那天晚上小獅沒有到營地吃東西，所以隔天早上努魯拿著肉走向工作室，想把肉掛在灌木的陰涼處。努魯正從樹上往下爬，傑斯帕看到肉就撲過去，差點就撞到努魯。不久之後喬治到場，看到傑斯帕在撕扯掛在樹上的肉，小艾莎站在對岸一棵羅望子樹的樹枝上看。後來傑斯帕喝水去了，喬治趁牠不在把繩子割斷讓肉掉下來。傑斯帕回來之後就把肉拖進河裡，漂到對岸給兄弟姊妹。

喬治在午茶時間冷不防出現在沙洲，戈帕和小艾莎一看到意外的訪客就走開，傑斯帕後來也走開了。過了一小時，喬治涉水走過去呼喚小獅，整整二十分鐘都沒回應。喬治發覺羅望子樹上有些動靜，抬頭看見一頭花豹盤踞在最上面的樹枝上，正忙著享用從小獅那裡偷來的肉。

傑斯帕出現了，開始往樹上爬，想找那隻花豹討回公道，那隻花豹對著牠又是吐口水又是吼叫。最上面的樹枝比較細，承受不住傑斯帕的重量，傑斯帕只好待在比較靠近地面的分岔樹枝上。

喬治想看得清楚一些，就開始爬上河岸，這時候那隻花豹一躍而下，一度距離傑斯帕只有幾公尺，落地之後飛也似地跑掉了，三隻小獅追在後面。喬治循著牠們的足跡往下游走，看到傑斯帕專注地搜尋著四周的樹頂。喬治連那隻花豹的影子都沒看到，就讓傑斯帕留在那裡，自己回家去了。

小獅在入夜很久之後才來到營地，喬治拿著大盤子，傑斯帕把盤子裡的魚肝油吃下肚。戈帕在籠子裡吃晚飯。那時我已回到營地，看到戈帕漸漸習慣在籠子裡吃晚餐，覺得很開心。

我和喬治都以傑斯帕為榮。花豹和獅子生來就是仇敵。花豹當然打不過成年的獅子，所以看到成年的獅子會讓步。小獅和花豹正面對決可就是另外一回事了，傑斯帕這次的表現真的是勇氣可嘉。

隔天早上我被輕柔的呻吟聲吵醒，覺得這聲音好熟悉，說真的，要不是艾莎已經不在了，我還真以為就是牠的叫聲。原來是戈帕和小艾莎一大早繞著帳篷追著彼此跑，傑斯帕呼喚牠們，要牠們別再追了，跟牠一起過河到對岸。不久之後我聽見三隻小獅涉水而過的聲音，還有兩隻獅子在上游吼叫。

傑斯帕那天深夜在營地短暫現身，顯然牠是探子，要來確定是否一切平安，因為不久之後牠就帶著戈帕和小艾莎一同現身。傑斯帕吃了魚肝油，一動也不動地站著，讓我拍拍牠的頭、口鼻和耳朵。我們熄燈之後，喬治看見小艾莎到籠子裡跟兩個兄弟會合，籠子裡有三隻小獅和獵物，感覺很擁擠。

隔天喬治得前往伊西奧洛，所以我又得掌管營地了。那天下午我看到小獅在工作室附近的沙洲上，發覺戈帕的鬃毛已經長得很齊了，比傑斯帕頸部金色的環狀毛還要長個五公分，顏色也深得多。

那天晚上我只聽見很大的濺水聲，好像水牛在河裡行走。我一直到隔天晚上才又看到小獅。三隻都飢腸轆轆，小艾莎掌摑兩個兄弟，要牠們別碰牠的魚肝油。平常小艾莎都還沒開始吃魚肝油，就被兩個兄弟舔得一乾二淨。

小獅還是很難把獵物扯開，那天營地的男生偏偏又忘了把獵物扯開，所以我等時機成熟，就去幫小獅的忙。傑斯帕看到我亂動牠們的獵物，就對著我衝過來。情況一度很棘手，因為我和獵物在籠子裡，出口卻被傑斯帕堵住。還好傑斯帕後來似乎明白我是想幫牠們，就等我弄完再過來。由此可見傑斯帕很聰明，心地又善良，跟牠媽媽很像。

我再見到小獅，已經是一天之後的事了。隔天凌晨我聽見小獅父親的叫聲，一開始感覺很近，到最後覺得是從大岩石傳來的，不久之後我聽見小獅用鋼盔喝水的聲音，那鋼盔仍然是牠們最喜歡用的水碗。我爬出車外，打開籠子，讓小獅吃晚餐，沒想到小獅理都沒理我，毅然決然走向大岩石，顯然是比較想去找爸爸，比較不想吃東西。小獅的爸爸是不是會給牠們張羅吃的？那天晚上我一再聽到大岩石傳來的嗚夫聲，隔天早上看到三隻小獅和小獅父親的足跡通往大岩石。沒想到隔天晚上小獅父親又棄小獅於不顧，我看了真難過。我聽見小獅父親到處晃蕩的聲音，而小獅卻是飢腸轆轆來到營地。小獅雖然餓到極點，還是耐心等我把籠子打開，等我走進「寢車」才衝向佳餚。牠們把我準備的肉吃得一乾二淨，在黎明時分過河到對岸。

二十八、幼獅找到獅群了嗎？

有天晚上小獅第一次在艾莎的墳墓附近休息。艾莎下葬已經一個月了，這一帶曾經是小獅最喜歡的遊樂場，只是自從艾莎過世，我們就沒看過小獅來這裡，也沒在附近看到小獅的足跡。這可能只是巧合，也有可能是因為獅子敏銳的嗅覺，不過也有證據顯示高智商的動物對死亡有一些概念。

大象尤其是如此。舉個例子，有隻大象很受同伴尊敬，這隻大象自然死亡之後，兩隻公象在屍體旁邊守了幾天，接著把屍體的象牙拔出來，埋在屍體附近。還有一個有趣的例子是喬治有一次不得不殺一隻失控的大象：他有天晚上在伊西奧洛的一座花園射殺大象，隔天屍體的氣味太濃，所以就移走了。第二天早上，喬治發現那隻大象的同伴把大象的肩胛骨拿了回來，就放在大象被射殺的地點。

我們也碰過幾個例子，發現大象在有人類死亡時好像也會關心。有次我們去遊獵，當地的土著說有個人幾天之前死於大象之手。事件發生之後，那隻大象每天下午都到事發現場站一兩個小時。我們查證之後發現確有其事。

二月二十七日，我們發現小獅在嗚夫岩的燭台大戟樹蔭下休息。我們呼喚傑斯帕，牠走過來坐在我旁邊，歪著頭，目光卻始終不離戈帕和小艾莎。過了一會兒，小艾莎朝我們走過來一些，戈帕卻依然疏離，好像存心把我們當空氣。我看到傑斯帕身上有隻超大蝨子，覺得不太妙，擔心會有焦蟲寄宿在蝨子上面。我用盡各種招數想把蝨子弄掉，傑斯帕卻一再阻止，以為我是想找牠玩遊戲。那天下午天氣宜人，一片寧靜祥和，彷彿時間靜止。我們周遭的一景一物都讓我們想起艾莎，傑斯帕慧黠的表情、友善負責的個性也像極了艾莎。我們拍了很多照片，直到一輪深紅的夕陽映入眼簾才回家。

我們一走下鳴夫岩，戈帕和小艾莎就走到傑斯帕身邊，三隻小獅的側影映照著夕陽。牠們好像在凝視著我們，也有可能只是在看原本躲在岩石下方、後來又跑出來的水牛。我們一走近，這隻水牛就從藏身處衝出來，一度距離我們只有幾公尺，還好牠跟我們一樣，一心只想避免衝突。小獅仍然站在鳴夫岩上，直到後來天色太暗，我們再也看不見牠們的身影。

接下來的兩個晚上，小獅都沒有來營地。喬治聽見對岸傳來獅子的叫聲，循著小獅的足跡走，發現小獅在河流最靠近鳴夫岩的地方喝過水，喝水之後就過河到對岸去。隔天喬治在往下游大約三公里的地方看到牠們的足跡，跟一隻公獅和一隻母獅的足跡很接近，都是通往岩石很多的山脊，去年七月艾莎失蹤十六天之後，馬卡狄循著牠的足跡走，也是通往那座山脊。

喬治繞著山脊走，發現小獅的足跡到岩石的盡頭就打住了。那對公獅和母獅的足跡則是在岩石另一端的盡頭打住。

我的腿不舒服，沒辦法走路，所以不能跟喬治一起去找小獅。我三個禮拜前被殘存的樹幹割傷小腿，一開始傷口好像漸漸癒合了，沒想到後來卻惡化，現在看來不妙，而且痛得厲害。我決定到附近山裡的教會醫院就醫，一大早就和伊布拉辛一起出發。醫生一看到我的傷口，馬上就把我帶到手術室。他和護士長無微不至照顧了我兩天。我休養了兩天，可以回營地了。伊布拉辛這兩天都到醫院看我，捎來喬治尋找小獅的消息。

三月三日。小獅昨天整個白天和晚上都沒來營地。我大約早上七點出發，在對岸往下游走。沒看到新的足跡，直到我和努魯到大瀑布下方的渡河點，才看到新的足跡。我涉水過河，看到三隻小獅。傑斯帕走上前來，坐在我們附近，另外兩隻躲在灌木叢裡。我們往回營地的路上走，那時候是正午，我想小獅應該會窩在茂密的下層灌木叢裡。我在早上十一點半左右回到營地，伊布拉辛回來了，告訴我妳動手術的消息。他說昨天下午五點左右，他才剛跨過這裡和醫院之間的那條小河，就看到一隻大獅和三隻小獅坐在路邊，三隻小獅有兩隻公的，一隻母的，年紀跟艾莎的小獅一樣大。伊布拉辛當然就以為牠們是艾莎的孩子，而那隻大獅是牠們的爸爸。伊布拉辛把車子停在小獅幾公尺外，大獅和兩隻小獅見狀就稍微離遠一些，第三隻小獅仍然坐在路邊。伊布拉辛說：「傑斯帕，傑斯帕！庫、庫、巫巫巫！」那小獅歪著頭。伊布拉辛打開車門，半個身子跨出車外，小獅還是坐著。其他幾隻也出現了，坐在車子的另一邊。這簡直是千載難逢的巧合啊！要不是我那天中午看到我們的小獅，我還真會以為伊布拉辛看到的就是艾莎的孩子，就會馬上開車到河邊。這事還真有點不尋常。艾莎的小獅在晚上七點半左右出現，肚子一點也不餓。牠們一整晚都待在營地，早上前往嗚夫岩。我們聽見上游傳來兩隻獅子的叫聲。

三月四日。我在下午五點左右爬上嗚夫岩，看到小獅在那裡。只有小艾莎走出來，坐在離我大約十公尺的地方，一直坐到太陽下山。我回到營地。到了晚上十一點，小獅還沒出現，我就上床睡覺了。我在晚上十二點半醒來，發現傑斯帕在我的帳篷裡。我起床拿了些魚肝油和腦給牠吃，另外兩隻小獅在籠子裡面吃山羊。我回去睡覺，凌晨一點半左右又被其中一隻小獅驚慌失措的「嗚夫、嗚夫」聲吵醒，想必有其他獅子在營地。我起床的時候又聽見附近的灌木叢傳來吼聲和爭吵聲，接著又聽到幾公尺外有兩隻獅子扯開嗓門吼叫。牠們在營地內外吼了很久，後來其中一隻走到工作室，低聲叫著，又循原路走回大岩石。我又聽見咆哮和爭吵聲。後來牠們走向廚房乾涸河床。後來我聽見一聲呻吟，好像是廚房附近的一隻小獅發出來的。幾分鐘之後，牠們回到營地，又是一陣吼聲，最後我聽見牠們涉水過河，吼聲逐漸消失在下游。

三月五日。我在黎明時看見營地四周還有裡面到處都是獅子的足跡。顯然那群獅子之前在艾莎死時躺著的沙洲上追逐。我在對岸循著兩隻小獅的足跡走，走上山脊，往耕地岩方向走去，結果跟丟了，看到一隻走上小峽谷的大獅子足跡。我在艾莎以前窩著的岩石堆附近發現一隻母獅和一隻小獅的足跡。

這有兩種可能，一種是小獅看到獅群出現，感到恐慌，就衝到對岸，不然就是小獅加入獅群，跟獅群一起走了。小獅一直到晚上十二點半才出現在營地，而且可能是過河到營地，表示牠們來營地之前可能是跟獅群在一起，而且後來獅群跟著牠們走。

喬治三月五日得前往伊西奧洛，我剛好就是這天從醫院回來。那天晚上沒有半隻小獅來營地，我也不知道是該高興還是該擔心。如果牠們加入了獅群，也有母獅教牠們獵食，那牠們在被驅逐之前就可以過上野獅的生活，這也許是最好的結果。但是牠們也有可能是被一群野獅趕出營地，急需我們幫忙。

我的腿傷還沒痊癒，不可能跟馬卡狄還有努魯一起去找小獅。我只能告訴自己至少我不會干預小獅，這樣很好，因為如果獅群收養了小獅，一旦受到干擾，小獅的養父母可能又會拋棄小獅。不過話又說回來，我不能**確定**小獅真的加入了獅群，這種不確定的感覺真難受。

又過了兩天兩夜，還是沒有小獅的消息。喬治一回來馬上去找小獅，還是沒找到。隔天早上他和努魯又出去找，發現小獅跟一隻年輕的獅子在一起，不曉得是公的還是母的。喬治現在確定小獅有獅群收養，就沒有追過去，免得惹惱養父母。

我們已經整整十二天沒有看到小獅了，小獅可能已經自己解決了未來的問題。

二十九、幼獅遇到麻煩

三月十六日，喬治和努魯一大早就去找小獅，這是他們每天的例行公事。我一個人待在營地，兩位野生動物保護區偵查員以及一位信差來到營地，說三月十三日、十四日晚間，三隻獅子攻擊位在塔納河的土著的圍場，弄傷四隻母牛。非洲人朝獅子丟石頭、火把和木棍，想把獅子趕走，獅子卻還是一再出現。他們認為這三隻作怪的獅子就是艾莎的孩子，拜託喬治把獅子弄走。

我馬上請他們跟喬治聯絡，他們後來對空鳴槍跟喬治聯絡上。他們全都回到營地，吃過午餐之後就前往事件現場。

這裡總共有八個圍場，彼此距離都很近。圍場裡面有一堆一堆的圓形泥造小屋，外面有兩公尺寬、高度及肩的荊棘圍籬保護。圍場周圍是茂密的灌木叢，獅子可以藏身其中，神不知鬼不覺走近小屋。圍場離塔納河很近，部落的土著都讓牲畜在塔納河喝水。

喬治看到一隻母獅的足跡，發現這隻母獅闖入了幾乎無法穿透的荊棘圍籬，又硬闖出去。喬治想研究其他的獅子足跡也沒辦法，因為大部分的足跡都被牛隻的足跡給覆蓋了。不過喬治倒是發現獅子曾經走到河岸喝水。他往下游繼續找，認為應該可以找到三隻獅子在昨天晚上喝水的地方留下的新足跡。果然不出他所料，就找到了三隻獅子最近留下的足跡。

喬治和兩位偵查員、一位嚮導循著足跡走，一小時之後他們在植被滿布的乾涸河道上到處尋找，突然看到三公尺之外有隻母獅躺著睡覺，身體有一部分被樹幹遮住了。喬治看著母獅幾分鐘，覺得牠應該成年了。站在喬治幾步之後的偵查員跟喬治打手勢，敲敲喬治的步槍。喬治看看步槍，才發現忘了裝子彈。就連喬治裝子彈時槍機的噹啷聲也沒能把母獅從睡夢中吵醒。偵查員低聲要喬治快開槍，說這是隻成年的母獅。往母獅的腦袋開一槍容易得很，但是喬治不知為何卻遲疑了。母獅突然坐了起來，與喬治四目相對，臉皺成一團吼了起來，低聲咆哮之後快閃而去。同一時間喬治也聽見另外兩隻獅子竄逃而去的聲音。他覺得這三隻獅子一定不是艾莎的孩子，卻也很慶幸自己沒有開槍。因為怎麼能百分之百確定呢？喬治呼喚艾莎三個孩子的名字，沒聽到回應。那三隻獅子攻擊村莊又硬闖銅牆鐵壁般的荊棘圍籬，手段很精明，而且不費吹灰之力就殺了兩隻成年的母牛，我們的小獅絕對沒有這種本事，一定是經驗豐富的野獅幹的。

喬治要部落的土著遇到獅子再度來襲要立刻通報，就回到營地。

隔天早上喬治跟努魯往大象乾涸河床的河口走，看到兩隻小獅在河裡的一個小島上休息，還沒來得及用望遠鏡看牠們，牠們就閃開了。在此同時喬治也聽到更多獅子跑走的聲音。他循著獅子的足跡走，找到一隻年輕水牛的屍體，一定是昨晚被殺的。五隻獅子享用過這隻水牛。喬治認為這五隻一定是艾莎的兒女還有養父母。喬治呼喚傑斯帕呼喚了很久，感覺依稀聽見對岸傳來微弱的呻吟聲，只是沒看到小獅，只好回營地去了。

隔天一場超級大雷雨肆虐，傾盆大雨下了一整晚，到了早上河水水位高漲到幾乎無法渡河。一個信差還是冒著危險渡河而來。他帶來塔納河一帶部落酋長的口信，說他們的牲畜又被獅子襲擊了。

喬治一接到消息，馬上開著路虎汽車前往事件現場。之前一場大雨弄得路況不佳，喬治只能迂迴而行。我留在營地，萬一小獅還在營地附近就能隨時應變。

兩天之後的早晨我到艾莎的墳上，發覺大岩石上有些動靜。我用望遠鏡看到兩隻獅子在岩石頂曬太陽。我拖著受傷的腿，用最快的速度走向牠們，很快就看見三隻成年的獅子，還有三隻跟艾莎的兒女體型完全一樣的小獅。牠們在岩石頂上，身影映照著天空。我看著牠們幾分鐘。牠們安安靜靜一起休息。小獅四腳朝天玩耍，一隻母獅正在舔小獅。我拍了些照片，雖然我用的是伸縮鏡頭，還是覺得距離太遠可能拍不清楚，就小心翼翼往獅群走去。我走到獅群大約四百公尺之內，牠們受到驚嚇，一隻接著一隻躲進艾莎當初開始分娩的岩石裂縫裡。只有一隻小獅留下。牠蹲伏著，頭放在前爪上，看著我。我看牠這個舉動，覺得牠應該是傑斯帕。可惜牠背後就是早晨的太陽，所以我只能看見牠的輪廓，沒辦法從其他地方確認牠到底是不是傑斯帕。我再走近一些，牠就溜走了。

自從艾莎去世我一直不開心，現在看到這一幅獅群闔家歡，感覺心情好些了。雖然我不能百分之百確定這群獅子就是艾莎的兒女和養父母，不過應該不會那麼湊巧，剛好就有三隻跟艾莎的兒女同齡的小獅跟一對獅子突然出現在營地附近吧？

我回到營地，兩位野生動物保護區偵查員還有喬治的信正等著我。信的內容如下：

我走了六十四公里崎嶇難行的道路，又在茂密的灌木叢中走了十三公里，在二十六日星期天晚上抵達塔納河的部落。打了一隻獵物，拿著獵物坐在獅群襲擊過的圍場附近。那天晚上獅群沒有光臨。隔天早上我在離村莊三公里遠的塔納河岸上紮營，往下游找獅子足跡。沒看到新足跡。後來偵查員來了，說獅子前一天晚上想闖入另一個圍場，被趕走了。偵查員循著獅群的足跡走，卻跟丟了。昨天晚上我又帶著獵物，在受到獅子攻擊的這個圍場一公里之外的空地熬夜。晚上十一點左右，小艾莎突如其來出現，朝著綁在殘留的樹幹上的獵物撲過去。接著傑斯帕馬上出現，臀部插著一支箭，還好那箭沒有毒。牠們開始吃獵物，我看見戈帕潛伏在遠處，後來牠總算過來吃肉。牠們骨瘦如柴，一副飢腸轆轆的模樣。我跟牠們說話，牠們也不怕，一小時不到就把小小的山羊吃得一乾二淨。我在車子後面附近放了一碗水，牠們常常自己跑來喝。我覺得牠們一定認得我的聲音，今天晚上一定會再來。一定就是牠們襲擊圍場。看來我們得付一大筆賠償。叫伊布拉辛馬上開妳的路虎汽車把我所有的山羊載到這裡，還要帶點東西給我吃，還有我的小帳篷、桌子、椅子跟箱子也要帶來。我得馬上動員一群當地人闢一條車道，我們就可以把整個營地、卡車和籠子運到這裡，把小獅帶離這一帶。不過當務之急是要請伊布拉辛趕快把山羊運過來。萬一河水水位太高，那他就得繞個大遠路，但是無論如何他今天**一定**要到這裡。小獅肚子很餓，除非我有東西給牠們吃，不然牠們一定會襲擊圍場。這都是那隻兇猛的母獅闖的禍，一定是牠在三月四號把小獅趕出艾莎的營地，小獅才會跑到這裡搗亂。

愛妳的喬。把我所有的彈藥都送來。

三十、危機

我接到喬治的信，一陣寒意穿透全身。一開始覺得不可思議，不久之前附近正好有獅群出現，其中三隻小獅體型跟艾莎的兒女一模一樣，我們還以為傑斯帕、戈帕和小艾莎還在營地附近。想不到天底下竟然有這麼巧的事！

我想起艾莎懷孕的時候曾經把牠的山羊送給一個獅群，還充當那獅群的阿姨。那群小獅可能就在艾莎生產前不久才出生，那隻兇猛的母獅會不會就是小獅的母親？如果是的話，那營地附近這一帶原先可能是這隻母獅的地盤，後來艾莎才野放到這裡。兇猛的母獅發現競爭對手，而且這個競爭對手怪得很，竟然跟人類作伴，可能就帶著牠的小獅退到上游去。我記得去年七月某一天我們到外面找艾莎，在上游一棵猴麵包樹附近找到艾莎一家，被牠們奇怪的行為嚇了一跳。現在我覺得我們可能是把這隻我們口中「兇猛的母獅」和牠的小獅誤認為艾莎一家了。兇猛的母獅後來到營地勘查環境，都是從上游走來。牠是獨自前來，應該是想把孩子留在安全的地方，自己出去勘查環境就好。真是這樣的話，那兇猛的母獅幾次攻擊艾莎，無非是想把老巢奪回來。牠每次進攻都發現我們也在，就撤退了。現在艾莎死了，牠當然會利用這大好機會把競爭對手的孩子趕走，奪回牠的老地盤。不管真相為何，現在幾乎可以百分之百確定，我今天早上看到的獅群不是艾莎的兒女，是兇猛的母獅的兒女。

我幾小時之前還在樂陶陶，以為小獅平安得很，一定不是襲擊塔納河圍場的壞蛋，現在卻被潑了一大盆冷水。

我無法想像小獅這幾個禮拜是怎麼活下來的。牠們年紀太小，不知道怎麼獵殺野生動物。牠們一定餓了很久，看到一群山羊，以為是人家準備好要給牠們吃的。牠們受到憤怒土著的無情攻擊，想必嚇壞了。現在唯一的希望就是拿一大筆賠償金給土著，他們就不會急著要趕走小獅，還得爭取時間趕快給三隻小獅找個安全的家。

我現在沒必要守在營地了，就馬上帶著伊布拉辛、一位負責帶路的偵查員、五隻山羊還有重要的露營設備出發。這就把我的路虎汽車給擠滿了，第二位偵查員還有我們其他的員工只能抄近路步行穿越灌木叢。

我們在非常崎嶇的路面顛簸而行，周圍的景色看起來好像有個巨人把大石頭到處亂扔當消遣。我們偶爾經過巨石之間半隱半現的非洲人的小型村落。圓形的小土屋很像小山丘，與周遭的風景完美融合。

我們趕在天黑之前抵達塔納河。

偵查員得帶著我們從這裡步行走十三公里才能到部落，因為這一帶的灌木叢太茂密，如果開車會看不見前方的路，也沒辦法閃避障礙物。

我們在灌木叢裡嘩啦嘩啦跋涉了兩個鐘頭，到了湍急河流的岸邊，這條河寬度大約五十公尺。我們把汽車水箱散熱風扇上的風扇皮帶拿下來，從陡峭的河岸跳下。在水深及膝的河水裡蹣跚了許久，總算到了對岸。

我們一上岸就看到酋長的圍場，又走了三公里才到喬治紮的營。有人告訴我們喬治在熬夜等小

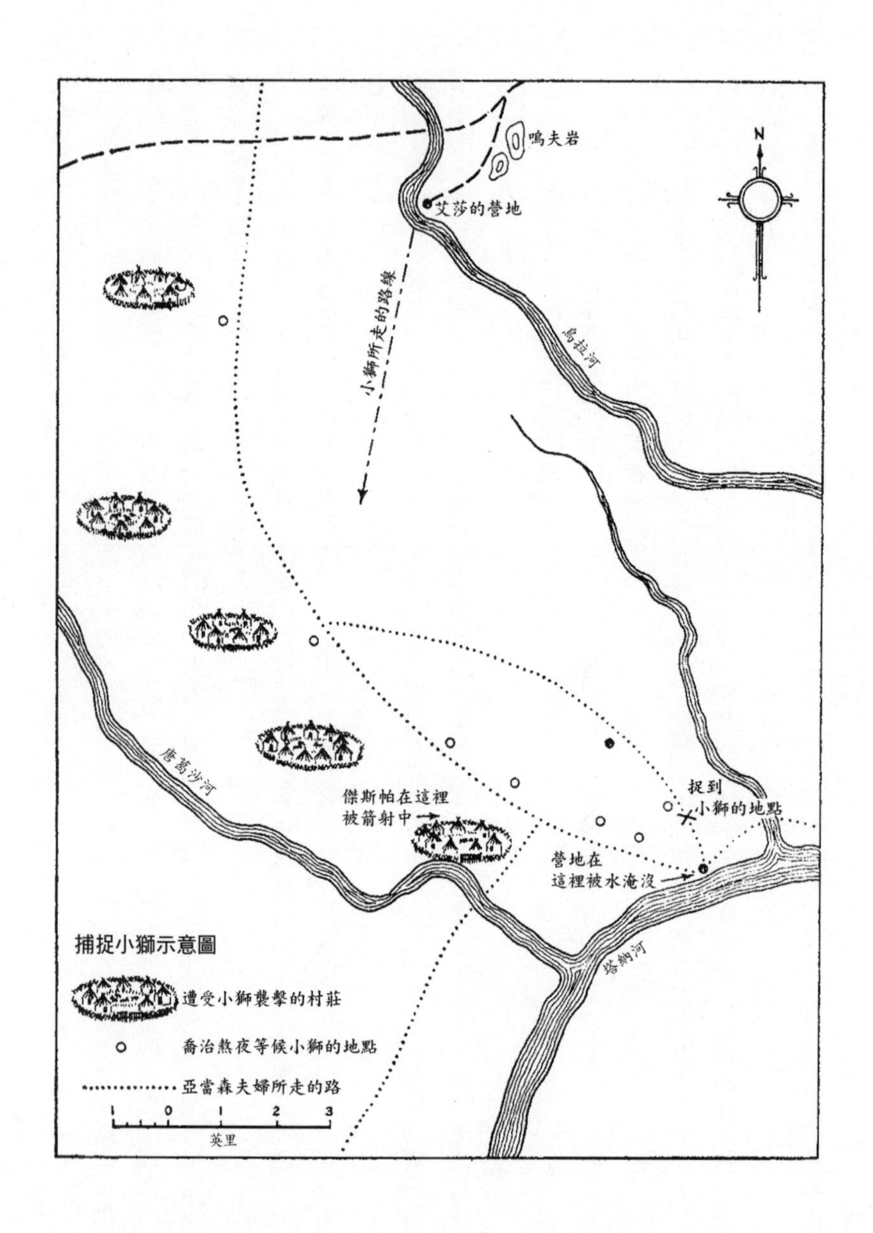
嗚夫岩
艾莎的營地
小獅所走的路線
烏拉河
唐葛沙河
傑斯帕在這裡
被箭射中
捉到
小獅的地點
營地在
這裡被水淹沒
塔納河
捕捉小獅示意圖
遭受小獅襲擊的村莊
喬治熬夜等候小獅的地點
亞當森夫婦所走的路
1 0 1 2 3
英里

獅。我放下所有工具全力趕路去跟他會合，在晚上九點左右抵達。

我們等著小獅，三不五時把強烈的聚光燈打開，給小獅指引方向，喬治告訴我傑斯帕的傷勢。二十五日晚間，一群土著出發去殺獅子。他們把一隻獅子（就是傑斯帕）困在保護一群山羊的荊棘圍場裡。傑斯帕殺了兩隻山羊，還來不及帶著戰利品逃走，就被一群怒氣沖沖，拿著弓和毒箭的土著包圍。傑斯帕躲在厚厚的荊棘圍籬裡，土著對著圍籬射了大約二十支毒箭。還好圍籬太厚了，毒箭沒射穿。只有一個小孩射出的箭射中傑斯帕。那小孩年紀太小，大人不放心讓他用致命的毒藥，所以他用的箭頭沒有毒，真是謝天謝地。

他一箭射中傑斯帕的臀部，還好箭頭刺得不深。喬治清楚看見箭的倒鈎和八公分長的箭柄刺進傑斯帕的皮膚，二點五公分長的箭柄向下垂。喬治希望箭的重量會讓箭頭掉下來。傑斯帕可以輕易舔到傷口，所以應該不會感染。中箭的傑斯帕還是可以正常活動，喬治常常看到牠身體壓著箭躺下，顯然完全不會痛。小獅非常友善，並不介意喬治在旁邊，當然傑斯帕還是不可能讓喬治把箭頭拔出來。

喬治動員了三十位土著沿著河邊闢了一條十三公里長的車道，我們可以開著卡車把整個營帳搬過來。

後來我們搬遷營帳，刻意不把營帳設在河馬常走的路上。

接下來我們擬定計畫解決眼前的問題。喬治決定整晚不睡守在他的路虎汽車裡，盯著他認為小獅去圍場最有可能走的路。他會放好準備給小獅吃的肉。我也會準備好肉在營地守著，偵查員會帶著閃光彈保護各圍場。我們一看到小獅就會開槍通知喬治，開一槍表示是偵查員看到，開兩槍表示是我看到。

天一黑喬治就出發值班去了，沒想到這天晚上小獅是走另一條路襲擊圍場，又弄傷一隻綿羊，還沒來得及大快朵頤就被偵查員的閃光彈趕走了。

那天晚上下了雨，所以隔天追蹤小獅的足跡很困難。喬治拖著一隻獵物穿越灌木叢走到路虎汽車，希望小獅聞到獵物的氣味會找來車子這裡，隔天早上卻發現只有鬣狗和胡狼前來享用大餐。結果隔天晚上小獅又到另一個圍場碰碰運氣，弄傷了兩隻山羊，這次又是還沒開始吃就被趕走了。

雨季就快開始了，我們很擔心，因為一旦下起雨來，除非我們有四輪傳動的卡車，否則是動彈不得。舊的泰晤士卡車在原始灌木叢毫無用武之地，肯恩・史密斯的貝德福卡車也不可能永遠借我們。我們還要一台卡車把我們的露營設備載過來，土著民工隊也要用卡車，最重要的是我們抓到小獅也需要卡車才能搬家。說真的，我們搬家需要兩台卡車。我們的車隊要有一台卡車載小獅、一台卡車載露營設備、兩台路虎汽車載我們的私人行李。這兩台汽車絕對不能超載，萬一遇到狀況才能拖著卡車走。

我們商量之後，我覺得我最好到伊西奧洛訂一台新的貝德福卡車，跟肯恩的那台一樣大，可以把我們已經訂好的三個旅行用籠子放上去。

隔天早上我聽說小獅又襲擊兩個圍場，還沒闖禍就被趕走了，我和最可靠的伊布拉辛就啟程出發。

我說我要訂一台新的貝德福卡車，對方跟我說大約要三周才能交貨。這下可傷腦筋，我又問如果有急用，可不可以跟遊獵公司租一台卡車？人家說可以，我處理了一些重要事情之後，開著肯恩的卡車回到艾莎的營地，去拿我們留在那裡的露營設備，那天晚上就睡在那裡。

那天晚上非常安靜，在柔和的月光下，萬物是如此寧靜和諧。我躺下，卻也沒有睡著，在深夜聽見小獅的父親繞著營地走，嗚夫嗚夫叫，之後又去大岩石，最後總算過了河。這是我在舊營地度過的最後一晚，這裡一直都像是我的家。

我們在午茶時間左右抵達塔納河，喬治告訴我他每天白天都去追蹤小獅的足跡，晚上都熬夜等待，卻始終沒見著小獅的蹤影。問題是小獅每天晚上都襲擊圍場。

喬治幾個晚上沒睡，心情又焦慮，想到伊西奧洛還有一大堆工作等著他做，又很擔心，但是只要眼前的危機沒解決，他一個晚上都不能離開塔納河，他整個人疲憊不堪。

隔天早上，有人追蹤獅子的足跡，發現一隻獅子的足跡是前往艾莎的營地，但是他一路追蹤到偵查員崗哨站對面的河邊就跟丟了。

那天晚上九點左右，喬治又帶著肉守夜，突然看見傑斯帕和小艾莎。牠們憔悴得不得了，傑斯帕的臀部還插著箭。不過牠們兩個情緒都不緊張，傑斯帕把喬治手裡大盤子上的魚肝油舔乾淨。牠們狼吞虎嚥吃著獵物，一直到早上五點才離開。牠們離開之後，我們覺得戈帕可能是拋下了兄弟姊妹，之前人家看到的通往舊營地的足跡應該就是戈帕的足跡。

那天喬治都忙著支付大筆賠償金給土著，晚上在一個他認為小獅可能窩藏地點的附近等。雨下了一整晚，小獅都沒有出現，反而是跑到牠們前一晚看到喬治的地方，沒看到喬治，就襲擊三個圍場，殺了兩隻山羊，又弄傷六隻山羊。隔天早上追蹤的人循著小獅的足跡走，看到兩隻小獅逃開。

後來有一位偵查員從艾莎的營地來找我們，說四月五日、六日晚間有一隻年輕的獅子在艾莎的營地，在喬治平常架設帳篷的地方留下許多足跡。之後又走到大岩石去了，隔天晚上又和另一隻大獅子回來。大獅子沒走進營地，過了河到對岸。年輕的獅子先是走到我們當成「灌木叢冰箱」的那棵樹，又到艾莎的墳墓，最後走進舊的籠子裡。我們更加確定牠一定就是戈帕。戈帕一定是厭倦了還沒開始吃就被趕出圍場，肚子太餓了，只能違背膽怯的個性，自己跑回家，希望家裡有我們替牠準備的佳餚。

如果戈帕能帶領兄弟姊妹回到艾莎的營地，那可以給我們省了好多麻煩。

那天晚上小獅到圍場，吃了一隻土著丟棄的死山羊，在離開圍場的路上，一度距離喬治不到一百公尺。我們無計可施了，只能加強所有圍場的荊棘圍籬，儘量派偵查員看守圍場。

隔天空氣因為下雨而顯得凝重，我就寢之後，外頭下起傾盆大雨。我很擔心喬治。他一個人坐在小帳篷裡守夜，外面是傾盆大雨，四周都是獅子。河馬的轟轟聲離我的帳篷似乎太近了一些，這我可不喜歡。縱然滿懷焦慮，我還是沉沉睡去。

我突然驚醒過來，清楚聽見很規律的唰唰聲，但是雨水打在我的帳篷帆布的咚咚聲太響，還有幾公尺之外氾濫的塔納河的呼嘯聲，我聽不出來那唰唰聲是怎麼回事，我想大概是折斷的樹枝碰到我的帳篷，就沒理會。接著我的帳篷有一根支柱垮了。我點亮手電筒，發現那唰唰聲原來是一波波的河水拍打著我的帳篷。

我們是在比正常水位高出三公尺的地方紮營。不到三小時，塔納河的水位就漲了三公尺。我四處張望，四面八方都是水。我打開手電筒，看見腹地已是一片沼澤，到處都是深深的水坑，偏偏這又是我們唯一能搬遷的地方，現在被河水捷足先登。河水再漲個三十公分，就會席捲腹地了。

我幾乎驚慌失措，大聲呼喚營地的男生，可是他們的帳篷大約在兩百公尺之外。塔納河震耳欲聾的呼嘯聲蓋過了我的叫聲，他們不可能聽見。我用最快的速度跑去找他們。他們帳篷的門簾都綁得牢牢的，他們等於是睡在牢籠裡面，還睡得很香。說真的，要不是我及時趕到，他們全都要淹死了。

他們踉蹌走出帳篷，馬上知道情況危險。他們先拆了喬治的大帳篷，裡面有我們的步槍、藥品、食物和工具，已經被淹沒一半了。我們把搶救回來的東西全都丟在腹地，把我的小帳篷也給拆了。我們當中只有我的手電筒還能用，沒想到不久之後就掉進水裡，不會亮了。我覺得還好有伊布拉辛在這裡指揮一群嚇壞的男生，在傾盆大雨中把我們大部分的工具搶救出來。

我們現在暫時是安全了，但是除非奇蹟出現，否則不出幾分鐘，我們唯一的避風港腹地也會被淹沒。

我把一根木棍插進泥濘裡，測量水位高度，滿懷焦慮盯著看。我看到水位始終不變，簡直不敢相信自己的眼睛。洪水已經到達最高水位，再高出一點點就會把我們的營地沖走。

我們馬上開始搶救喬治的路虎汽車，車子暫時拋錨，有一半淹在水裡。還好車子離樹很近，我們用臨時拼湊的克難滑輪，把車子吊到水面之上，車子就不會被捲走了。我再度覺得很慶幸有伊布拉辛幫忙。大功告成之後，我們全身濕透、精疲力盡，等待黎明降臨。

天一亮喬治就來到，全身又濕又冷又僵硬。他說大雨開始之前，傑斯帕和小艾莎來找他吃了頓大餐，吃完不久就離開了。後來一下起傾盆大雨，他的帳篷支柱通通倒塌，整個帳篷就塌在他身上。他就在濕濕的帆布下縮成一團過了一夜。他非常不安，萬一小獅回來瞧瞧倒塌的帳篷，那他可就叫天不應叫地不靈了。後來我們才知道小艾莎和傑斯帕那時在忙別的事情，明明大吃了一頓，卻又去襲擊圍場，還殺了一隻山羊，所以沒空去看喬治。

到了早餐時間，水位下降了一點八公尺。我用望遠鏡看著浩瀚的河水，看到一堆殘骸之中有個小艇，上下顛倒杵在一座小島的一棵樹上。我還看到對岸有一隻美麗的公巨鷺，拿著魚對著岩石拚命敲。牠想吃頓早餐還真辛苦啊！

三十一、設下陷阱抓幼獅

我把濕透的物品拿出來曬乾，喬治則是出去找小獅，結果沒找到。那天晚上他準備了小獅的餐點，坐在我的車裡守夜，傑斯帕和小艾莎出現了，狼吞虎嚥吃乾抹淨，待到晚上十一點。喬治在凌晨時候聽見兩隻小獅吼叫。就喬治所知，這還是兩隻小獅第一次吼叫，雖然聲音有點稚嫩，已經很不錯了。我們覺得牠們可能是在呼叫戈帕，不然就是在新地盤宣示主權。

隔天晚上兩隻小獅很早就到營地，吃了半隻喬治準備的獵物，後來下起雨來，牠們就走了，又跑去襲擊一個圍場，純粹是要搗亂，殺了三隻山羊，還弄傷四隻山羊。

隔天喬治在去找小獅的路上陷入泥濘裡，抵達之後發現傑斯帕和小艾莎正等著他。喬治在黑暗中坐了一會兒，聽著小獅心滿意足吃著他準備的獵物。後來喬治把車頭燈打開，映入眼簾的卻是三隻小獅，嚇了一跳。看戈帕一本正經跟兄弟姊妹打招呼的樣子，顯然是剛到不久。等到打招呼儀式結束，戈帕就坐下開始用餐，還不肯讓另外兩隻接近餐點。戈帕肚子一定很餓，不過看起來身體不錯。戈帕離開了一個多禮拜，喬治覺得這段時間戈帕至少吃過兩頓豐盛的大餐，不然身體不會那麼好。三隻小獅都吃了魚肝油，之後就往圍場方向前進。喬治對空鳴槍，看守圍場的偵查員就做好準備，小獅一出現就拿出閃光彈伺候，把小獅嚇跑。

雖然到目前為止我們每次想把小獅抓進籠子裡，小獅都不肯配合，我們覺得還是應該做好所有準備。現在天氣一天比一天糟，我們一定要趕快拿到籠子，不然下起雨來就不能開卡車了。

我和伊布拉辛跑了一趟伊西奧洛，張羅所需的東西。我在那裡聽到格林伍德少校說，他跟很多野生動物保護區商量，結果坦干伊喀的塞倫蓋蒂國家公園願意讓我們把小獅送過去。我真是感激不盡，又開心不已，塞倫蓋蒂是以獅子聞名，還有許多野生動物。我覺得這是最適合小獅的新家了。

我寫信給國家公園的主管，感謝他願意接收小獅，也告訴他小獅至少還有一兩個月會需要我們照顧，畢竟小獅才十六個月大，最近才掉乳牙，要到兩歲大才能獨力獵食。我當然也提到傑斯帕臀部還插著一支箭。

我在伊西奧洛這段期間，雨下個不停，我很想趕快回去，免得洪流阻斷交通。我好不容易帶著三個籠子和一台卡車回到營地，喬治說我不在的這四天當中，小獅每天晚上都來找他。小獅襲擊圍場的惡習還是沒改，還好每次還沒闖禍就被趕走了。喬治之前所做的防護措施，像是加強荊棘圍籬、派偵查員看守最容易被攻破的圍場，還有發覺小獅要搗蛋了就對空鳴槍，都一一奏效。

喬治說有一次他拿兩隻珠雞給小獅，小獅馬上打了起來，有了珠雞，就對喬治準備的獵物沒興趣了。喬治說小艾莎跛得很厲害，大概是有荊棘刺在爪墊裡。小艾莎還是跟以前一樣狂野，喬治也沒辦法幫牠拔刺。

小獅現在身體狀況極佳。傑斯帕的臀部雖然插著箭，卻好像完全不會不舒服，一舉一動也不受影響。牠們又重拾對喬治的信任，吃肉的時候看到喬治在牠們當中穿梭，往水碗倒水，又在大盤子裡裝魚肝油，牠們也無所謂。小獅也不是只有在晚上才會信任喬治。前一天喬治在大白天碰巧看到牠們在灌木下呼呼大睡。牠們倒也不驚慌，只是慢慢走遠一些，又躺下來繼續睡。

小獅對喬治的信任是更上層樓了，可是我們還是覺得如履薄冰。四周的灌木叢充滿一群群的山羊與綿羊，負責牧羊的都是小孩子。我們早一天抓到小獅，把小獅送走，對大家都好。

為了儘快抓到小獅，我們在灌木叢整理出一塊空地，距離小獅白天喜歡窩著的地方很近，把三個籠子並排放在空地上。喬治用幾條繩子穿過固定在筆直的樹幹上的滑輪，把籠子的活板門拉起，之前已經把滑輪的兩端固定在兩棵樹的分岔處，滑輪就水平地懸吊在三個籠子之上，而三個籠子就放在兩棵樹之間。之後再把三條繩子的兩端繫起來，連接成一條繩子，用一個活結繫在籠子前方約二十公尺的一棵樹上。他就在這棵樹旁邊坐在路虎汽車裡等著。三隻小獅一走進三個籠子裡，喬治只要把繩結解開，三個活板門就會同時落下。

我們要做的第一件事情就是要讓小獅習慣在籠子裡吃東西，再等待重要的一刻降臨。小獅已經連續十一個晚上，多多少少養成固定習慣找喬治要吃的。喬治也漸漸把碰面的地方移向籠子，吸引小獅離開圍場區，往我們設下的陷阱前進。小獅踏進籠子方圓四百公尺的範圍之內，喬治把兩隻獵物繫在路虎汽車上，等小獅一出現，就開著車子慢慢把獵物拖向陷阱。

小獅一點都不怕大箱子，戈帕還坐在裡頭吃肉呢！

總算有點眉目了，我們應該很快就能抓到小獅。

我們也想把傑斯帕臀部的箭頭拿掉。喬治問了幾位對部落戰爭還有印象的部落耆老，想知道如何把刺進肉裡的箭拔掉。他們說要先轉動箭柄，把倒鈎弄鬆，會比直接拔出來更不傷皮肉。我們覺得傑斯帕大概不會乖乖站著讓我們一直轉動箭柄，喬治做了一個工具，是一個比較大的倒鈎，邊緣非常鋒利。喬治想把倒鈎塞進箭頭底下，再把倒鈎和箭頭一起拉出來，傷口只會擴大一點點。但是傑斯帕得待在籠子裡面，還要用當地的一種冷卻噴霧狀的麻醉劑。喬治希望等三隻小獅都關進籠子裡再來弄這個，弄完之後再啟程前往塞倫蓋蒂。我和伊布拉辛前往伊西奧洛，去張羅噴霧麻醉劑還有四輪傳動汽車要用的鏈條。我們是開肯恩的貝德福卡車，這台五噸重的超大卡車該維修了，在濕濕的地面上打滑，弄得我們心驚肉跳。天空像罩上一匹黑紗，顯然又要下雨，我急著要在天氣變差之前趕回去。

還好我買東西只花了一天。我打電話給朱利安．麥金德，他答應隔天早上要跟我們會合，幫忙抓小獅。我也打電話給納羅莫魯的獸醫約翰．博格以及另一位在奈洛比的獸醫，我們帶著小獅前往塞倫蓋蒂的路上會經過他們兩位的家。我問他們如果時間許可，能不能在我們路過的時候給傑斯帕動手術。傑斯帕的毛皮那麼厚，我覺得冷卻噴霧可能不管用，也不想冒著風險，隨便給傑斯帕動手術。

朱利安抵達之後，我跟他說了我們抓小獅的計畫。他建議我們從伊西奧洛把三隻小獅共用的大籠子帶過去。他認為三隻小獅不太可能同時走進三個籠子裡，應該先把牠們關在大籠子裡，再分別趕到三個籠子裡，事情就簡單多了。我們當然不能冒險把小獅一隻一隻抓住，因為第一個被抓的一定會警告其他兩隻。

我們就把笨重的大籠子放上卡車，籠子裡面塞滿了山羊。朱利安開他的路虎汽車，可以跟我們分頭進行。

那天晚上雨下得跟瀑布一樣。整條路上的車子都在深深的車轍踉蹌進出，駕駛手忙腳亂，唯恐車子摔進溝壑裡，或者跟其他車子相撞。突如其來的傾盆大雨更是雪上加霜。我們離河還很遠的時候，我就已經聽到河水的奔騰聲，心裡明白我們過不了河了。將近三公尺深的急流在陡峭的河岸之間流動。我們這一晚只能在河邊露營，希望隔天水位會下降。

隔天早上我們發現水位居然不降反升。我們只能派兩位偵查員穿越田野（直線穿越灌木叢大約要走上二十四公里），告訴喬治我們受困，請他派人開他的路虎汽車走新開闢的車道來救我們，等河水下降之後再把我們的車子拖過河。我們靜待救難隊到來。

三十二、抓到幼獅了

我在伊西奧洛收到一些信件，其中一封是一些剪報，報導的標題怵目驚心。**艾莎的小獅可能將被射殺。艾莎的小獅面臨死亡威脅。艾莎的小獅被判死刑。**

我嚇壞了。報導說格林伍德少校向奈洛比的記者表示，他已經要求喬治抓住小獅，把小獅送到野生動物保護區，不然就得射殺小獅。我覺得格林伍德不可能不先通知我們就告訴記者他做出這樣的命令，這完全不像他的作風，所以記者一定是誤解他的意思，後來也證明我想得沒錯。

我當然知道小獅哪怕輕輕抓傷別人，都會被判死刑。還好小獅到現在都沒犯下死罪，不過我們還是得儘快幫小獅搬家，偏偏現在又過不了河，只能困在這裡。

雨突然停了。伊布拉辛和我焦急地看著水位慢慢下降。我擔心步行前往營地的幾位偵查員可能會耽擱，就請朱利安開車儘量靠近營地，帶上伊布拉辛，等到路虎汽車不能再往前開，剩下的路伊布拉辛可以用走的，把我的口信帶給喬治。

他們出發了，伊布拉辛看路虎汽車不能再往前開了，在及腰的泥水中蹣跚跋涉好幾公里，而且事情不出我所料，他抵達營地很久之後偵查員才抵達。喬治請伊布拉辛開他的路虎汽車回來找我們，我們隔天中午看到他站在對岸開心地向我們揮手。

我們抵達對岸，把卡車和卡車司機留在原地，擠進伊布拉辛駕駛的路虎汽車，不久之後就在新開闢的車道上顛簸而行。

喬治跟我們碰頭，馬上帶我們去看他精心設計的陷阱。我們看到他一鬆開繩子，三個活板門像斷頭台一樣同時落下，只留下一點點縫隙，以免壓到沒完全收進來的尾巴，佩服到五體投地。就連專家也設計不出這麼精巧的陷阱，我真是以喬治為榮。

喬治說小獅最近每晚都來，三隻都會各自走進籠子，吃喬治放在裡面的肉。有天傑斯帕還在籠子裡待了一整晚呢！問題是有時候兩隻小獅會走進同一個籠子。如果三隻都在不同的籠子裡，也會有某隻的頭或臀部伸出活板門外，就沒辦法關門了。牠們有沒有可能三隻同時進籠子，還擺好我們可以關門的姿勢呢？

我們原本還滿懷希望，以為困擾許久的難題就快解決了，沒想到信件卻帶來令人震驚的消息。喬治收到我們現在所在地的地區行政長官來信，是一封最後通牒，要求我們在期限內抓到小獅。行政長官說他很抱歉，但是小獅的事情已經被政治人物拿來做文章了，所以過了期限他就幫不了我們了。

我們心情跌落谷底。我們相信很快就會抓到小獅了，但是眼下又有一連串問題：我的腿受傷了；我們的員工生病；喬治最近遞出辭呈，想要全心全意料理小獅的事情，但是他的辭呈不能馬上生效，所以他可能得回到伊西奧洛；朱利安又得走了；而且現在隨時都有可能下起大雨，把我們困住。唯一稍感欣慰的就是過去九天小獅終於不再襲擊圍場了，每天晚上都來找喬治要吃的。

現在是四月二十四日，我上次看到小獅是二月二十七日，跟傑斯帕在嗚夫岩玩耍。我跟喬治一起去，想看看小獅。我把車子停在喬治的車附近，準備了幾大塊肉，裡面放了些土黴素，跟獵物一起放在籠子裡。之後我們就在各自的路虎汽車裡等著。

天黑之後不久，我感覺有東西掃過我的車子，原來是傑斯帕。牠靜靜直接走向籠子，發現附近有第二台車也無所謂。牠吃了兩塊含有土黴素的肉，走向喬治。喬治站在車外面，拿著一大盤魚肝油。傑斯帕把魚肝油舔得一乾二淨，又回過頭去吃晚餐。牠看到我一點都不驚訝，我低聲叫著「庫、庫、庫庫庫」，牠也只是豎起耳朵一會兒，又繼續吃東西。牠長大好多，也胖了很多，不過還是像艾莎一樣身材瘦長。牠臀部上的箭清晰可見，開放性傷口有點流膿，還好沒有腫起來，看起來還挺乾淨的。傑斯帕有時候會坐下來舔舔傷口，還好箭傷沒有妨礙牠的行動。

我突然聽見車子後面的灌木叢傳來沙沙聲。我打開手電筒，看見戈帕站在大約二十公尺之外。戈帕在灌木叢裡躲了十五分鐘，小艾莎也過來找牠。我對著牠們叫「庫、庫、庫庫庫」，沒想到牠們不但沒走過來，戈帕還兩度跑開。最後戈帕還是無法抗拒肉香的誘惑，小心翼翼走向籠子。牠吃了幾塊肉，又舔光兩大盤魚肝油，才開始吃獵物。小艾莎害羞得要命，午夜過了很久之後才肯接近籠子。那時候魚肝油和土黴素都已經被兩兄弟吃乾抹淨了。

三隻小獅身體狀況都很好。我看喬治在塔納河最初發現牠們時拍的照片，那時三隻都瘦骨嶙峋、可憐兮兮的，我這才發現喬治把牠們照顧得多好。小獅現在身體健康，又重拾對我們的信任，都要感謝喬治的耐心與智慧。我們看著小獅吃東西，一直看到半夜四點，小獅才帶著鼓鼓的肚子離開。

隔天早上我們請伊布拉辛帶著一封緊急信件去伊西奧洛。天空烏雲密布，我們只能祈禱伊布拉辛在濕滑的車道上走六百四十公里，不會耽擱太多時間。

那天晚上小獅沒有出現。我們只能告訴自己小獅昨晚大吃了一頓，今天晚上不用再吃了，這樣想比較放心。我一整晚都聽見獅吼。隔天早上我們沒辦法追蹤獅子的足跡，因為一場大雨把足跡都沖掉了。天黑時我看見傑斯帕，這才鬆了一口氣。沒想到傑斯帕來也匆匆去也匆匆，大約一小時之後我聽見牠的叫聲從遠方傳來。戈帕也只是短暫停留，聽見叫聲就走開了。後來三隻小獅都來了。不久之後傳來公獅的吼叫，小獅沒有理會。傑斯帕和小艾莎在兩個籠子裡埋首吃晚餐。戈帕先去找傑斯帕，又去找小艾莎，兩個都不理牠，牠就氣嘟嘟坐在第三個籠子的入口。牠會不會進去呢？我們這次能不能把活板門關上，抓住小獅呢？這真是緊張刺激又懸疑的一刻，我們擔心最近在吼叫的那隻獅子會挑這個時刻要小獅跟牠去。小獅要是跟牠去，那我們可就抵擋不了格殺令以及土著的箭了。

隔天晚上我們又開始緊張，因為那獅子一吼小獅就停止吃飯，仔細聆聽，拋下口中的肉，往吼聲的方向匆匆跑去。後來三隻都回來把晚餐吃完。我們不禁擔心，萬一牠們下次一去不回頭怎麼辦？

伊布拉辛回來了，說新的貝德福卡車還要十天才會交車。煩心的事還不只這一樁，一旦下起大雨，道路就會封閉，偏偏最近又常下大雨。

負責追蹤小獅足跡的人回來了，說小獅的足跡是通往那隻野獅的方向。要是我們等到天氣變好，等到貝德福卡車在道路重新開放之後運來，小獅恐怕早就跟野獅遊蕩去了，搞不好還會遇上大劫。

那天晚上小獅沒出現，牠們跟新朋友大概玩得很開心，但是搬家的最後期限愈來愈接近。唯一的好現象就是這一帶已經兩天沒下雨了。政府是根據當地氣候決定是否關閉道路，所以如果繼續不下雨，小獅又乖乖進籠子，那至少我們不用因為天氣而無法替小獅搬家。

我們那天都忙著改良陷阱，排練捕捉小獅的流程，把喬治要用來取出箭頭的手術刀磨利。我們忙裡忙外，卻感覺時間過得很慢，好不容易才捱到開始等待小獅的時刻。

我才剛把土黴素放進肉塊裡，傑斯帕就出現了。牠吃了兩塊，就走來坐在我們的車前，看著我我們。這時候戈帕和小艾莎走進兩個籠子，過了一會兒又出來，窩在傑斯帕身邊。在明亮的月光下，我們看見三隻俊秀典雅的小獅，我好想帶著牠們離開眼前愈演愈烈的危機。沒想到那隻公獅偏偏挑這個時候吼叫，好像在嘲笑我痴心妄想，小獅閃電般離去。我聽見喬治的車子傳來響亮的咒罵聲。所剩不多的幾個晚上又少掉一個了。我也只好認了，躺在床上，請喬治在輪到我守夜的時候把我叫醒，如果出了什麼事也可以早點把我叫醒。我沮喪到極點，終究還是累到沉沉睡去。

突然間我被籠子活板門墜落的聲音吵醒，接下來是一片死寂，彷彿所有的生命剎那間都停止了。過了一會兒，籠子裡面的掙扎開始了。喬治和我同時跑向籠子，馬上把放在活板門下方的木塊拿開（那些木塊是為了避免小獅伸在外面的尾巴受傷），把狹窄的裂縫關上，不給小獅用槓桿原理把門打開的機會，小獅現在是插翅也難飛了。

知道小獅現在安全了，我和喬治都大大鬆了一口氣，但是一想到我們得使出這種伎倆騙小獅，還是覺得很難過。我很感激喬治一手促成這麼艱鉅的工程，親了他一下，他只回我一個悲淒的微笑。

艾莎的墳墓：我們把石頭堆起來，做成一個大圓錐形石堆，再把周遭的草除掉。

我和小獅在小獅舊家的最後一天。

野放小獅。

傑斯帕在吃魚肝油。小獅變得超愛吃魚肝油，我們不得不限制牠們吃的分量，免得牠們吃太多。

上圖與下圖：籠子、抵達塞倫蓋蒂國家公園。

一隻獵豹。

一隻花豹與獵物。

傑斯帕與喬治在塞倫蓋蒂國家公園。

傑斯帕在路虎汽車上。

KGG
104

左圖：修復後的艾莎墳墓。

底圖：斑馬。

次頁右圖：我們最後一次看到小獅。

最右圖：我們在尋找小獅的路上，喬治用滑輪組把路虎汽車從乾涸的河床吊出來。沒人見識過這麼大的雨。

我們在尋找途中遇到的每一隻獅子，我都能看到艾莎、傑斯帕、戈帕和小艾莎的天性，也就是非洲大陸所有雄偉獅子的精神。

喬伊和喬治。

三十三、前往塞倫蓋蒂

現在我們要把握時間儘快行動，儘量縮短小獅困惑又不舒適地困在籠子裡的時間。喬治繼續看守，我回到營地，把男生叫醒，跟他們說小獅落網了。我們一起匆匆打包行李，因為天一亮就要把小獅吊到卡車上。

灑滿月光的天空慢慢浮現曙光，新的一天開始了，我們的生活將大有不同。

一切就緒之後，我們開著五噸重的貝德福卡車走向籠子。喬治說傑斯帕驚魂甫定之後，心情很平靜，一個晚上都靜靜坐在籠子裡。小艾莎也學習傑斯帕的榜樣，戈帕卻是抗爭了很久，現在正在撒野，對著來幫忙把籠子吊上卡車的男生怒吼。

我們告訴過土著不要靠近獅子，現場還是馬上圍了一群嘰嘰喳喳的土著。戈帕看到如此陣仗嚇壞了，在牢籠裡拚命掙扎，把上面的一塊木板弄破了，又碰破了另外兩塊木板。我們馬上用防潮布把破掉的地方蓋住，架設鐵欄杆，用粗繩捆好。我們把籠子吊起來，每個籠子重量都遠超過三百六十公斤。我們忙著把籠子吊起來，一旁圍觀的非洲人打著拍子喊叫，幫我們加油，受到刺激的小獅更是惶恐不安。沉重的籠子由滑輪組吊起，懸掛在空中，驚慌的小獅在裡頭踱步，籠子就左搖右晃，好像就要砸下來。我們先把小艾莎吊起來，牠的籠子直放在卡車上，占了一半的空間。我們把戈帕放在小艾莎旁邊，另一半的空間也沒了。兩個籠子的活板門都面向駕駛座後方。我們把傑斯帕的籠子橫放在卡車的最後面。小獅可以清楚看見彼此，只是被籠子的鐵欄杆分隔開來。這樣擺放籠子還有一個好處，那就是我們從卡車後面可以輕易接觸到傑斯帕，有機會就可以把牠臀部的箭頭拿出來。牠現在太激動了，我們沒辦法幫牠處理，希望我們或者是獸醫之後能有機會幫牠處理。

小獅現在不肯吃東西，所以也就不可能給牠們服用鎮靜劑。還好我們知道牠們已經大吃過一頓。我們也在三個籠子裡放了肉和水碗，先把水碗裝滿水，才用防潮布蓋住卡車，免得小獅沿路被低矮的樹枝割傷。

我們準備好要啟程了。我巡了最後一次，確定一切都沒問題。我看見傑斯帕那絕望的表情，心都快碎了。我們的車隊出發，留下嘰嘰喳喳的群眾。

一開始的二十三公里很難走，卡車在巨石上顛簸而行，還要沿著新開闢的蜿蜒車道穿過茂密的灌木叢。一路上雖然搖搖晃晃個不停，小獅躺在籠子裡卻還挺適應的。

我們發現河水依舊氾濫，還好勉強可以渡河。我的路虎汽車和載著小獅的卡車都安全渡河，卻把河岸弄得一團糟，結果其他的車子無法走上斜坡，還得動用載著小獅的卡車拖吊。

天空烏雲密布，我們被陰沉沉的黑牆包圍。我們在泥濘中滑行，跟狂風暴雨賽跑了將近一百公里，以些微差距勉強勝出。我們在黃昏抵達地區總部，留言給地區行政長官，告訴他我們的好消息，就繼續趕路。

我們跨越地區的邊界，我大口深呼吸，小獅終於擺脫死刑命令了。我回頭看著緊追在後的暴雨，這才發現我們差點就要被洪水困住。

我們總共得走上大約一千一百公里的路。之後的路程大都是海拔二千三百公尺的高地。我們之前

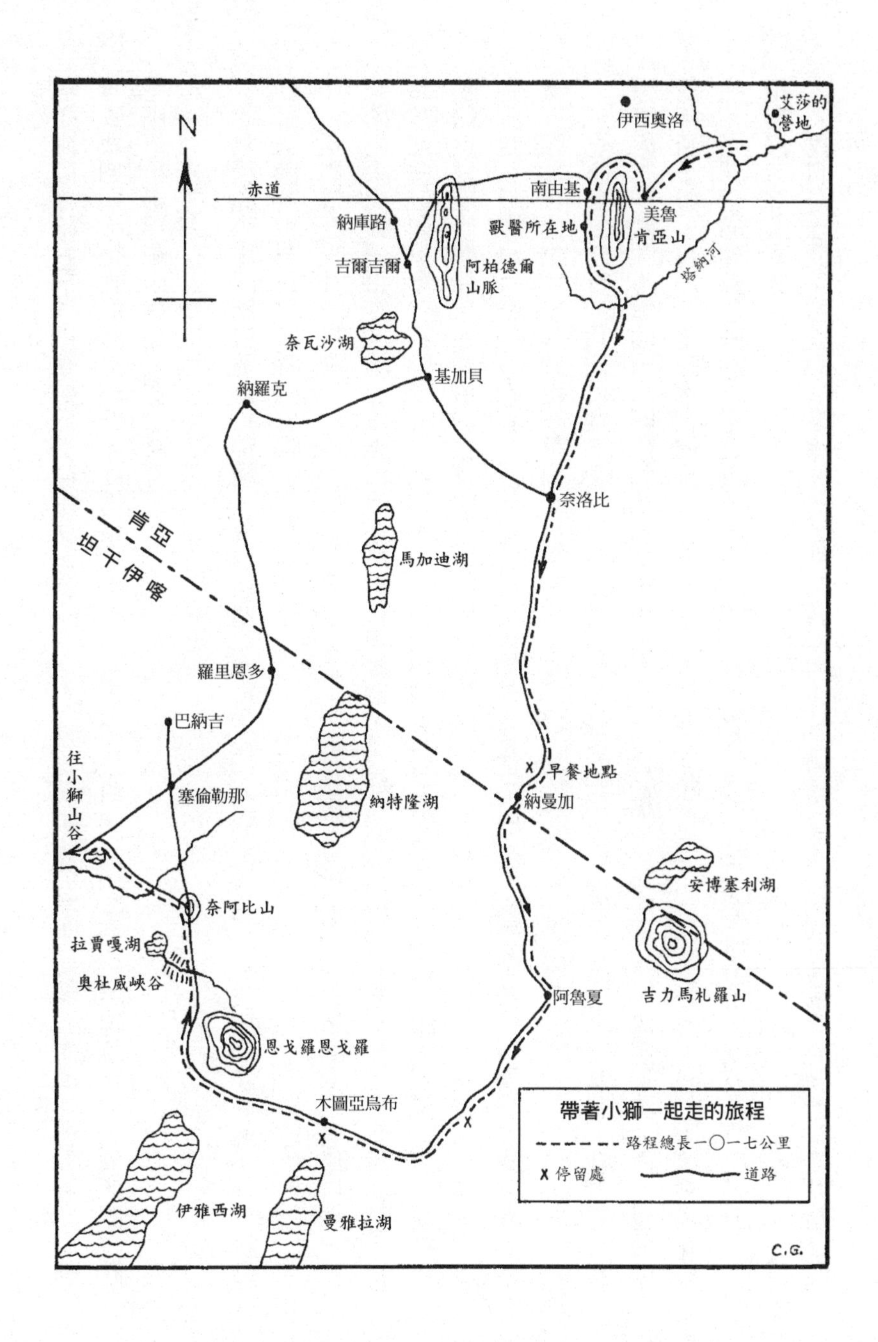

N
赤道
伊西奧洛
艾莎的
營地
南由基
美魯
肯亞山
歐醫所在地
塔納河
納庫路
吉爾吉爾
阿柏德爾
山脈
奈瓦沙湖
基加貝
納羅克
奈洛比
肯亞
坦干伊喀
馬加迪湖
羅里恩多
巴納吉
往
小
獅
山
谷
塞倫勒那
納特隆湖
早餐地點
納曼加
安博塞利湖
奈阿比山
拉貫嘎湖
奧杜威峽谷
吉力馬札羅山
阿魯夏
恩戈羅恩戈羅
木圖亞烏布
帶著小獅一起走的旅程
路程總長一〇一七公里
停留處
道路
伊雅西湖
曼雅拉湖
C.G.

是從海拔三百七十公尺開始走，現在到達海拔二千一百公尺。我們明明是跨越赤道，卻覺得寒風刺骨。我們頭上是肯亞參差不齊、冰雪覆蓋、高達五千二百公尺的高山。在烏雲繚繞之中，我們開車經過山下，綿綿細雨落在我們的身上。

我們的小車隊到目前為止都沒分散。任何一台車落後，我們都會等待。我們到達一個小鎮，找到獸醫幫傑斯帕開刀，這時已是晚上九點多了。

我們這麼晚登門打擾，約翰．博格非但不介意，還願意馬上幫傑斯帕取出箭頭。只是傑斯帕一看到陌生人就大發雷霆，約翰沒辦法給傑斯帕打麻醉劑，只好作罷。約翰說其實只要等兩三個禮拜，箭應該就會自動掉落，我聽了心情就好多了。再說傑斯帕只是破皮而已，傷口並沒有感染，也不會妨礙牠的重要身體機能。約翰借我幾支超長的取出子彈用的鑷子，又給我一些抗菌劑，說是萬一箭沒有自動脫落，只要傑斯帕願意配合，我們就可以用這些工具把箭取出。約翰請我們喝咖啡，我們感激不盡，因為我們吃完早餐到現在都沒吃沒喝。

吃飽喝足之後，我們再度出發。天氣更惡劣了，綿綿細雨變成傾盆大雨，冰冷刺骨。我們得一直停下來，把載著小獅的卡車的防水油布紮牢。我看見小獅瑟縮在最遠的角落，躲避滂沱大雨，覺得好對不起小獅。我們一整晚都在海拔一千五百公尺的地方，我很擔心小獅會得肺炎。我們兩度被正在緝捕一名罪犯的非洲警察攔下，還費了一番功夫向他們保證，我們的卡車裡只有三隻從未傷人的獅子，絕對沒有窩藏罪犯。

我們在凌晨三點抵達奈洛比，把水箱裝滿。加油站睡意正濃的員工看到我們的獅子，還以為自己在作夢。我不敢想像我們在大白天穿越城鎮的景象會是怎樣。

凌晨三點到天亮的這段時間對我們來說壓力很大。我們穿越卡賈多平原，陣陣寒風與幾場傾盆大雨襲來。我們的司機在濕滑的路上奮力駕駛，弄得精疲力盡。喬治眼睛都睜不開了，我趕快接手。這段路程對小獅來說想必是天大的折磨。

黎明降臨的時候，我們距離坦干伊喀邊境附近的納曼加還有幾公里。我們在這裡短暫休息，喝了些熱茶暖暖身子。小獅精疲力盡，躺在籠子裡，一副無動於衷的樣子。牠們的臉一直摩擦鐵欄杆，都擦傷了。籠子裡的肉很餿，上面都是蛆，我們用專為這趟旅行準備的鐵刮刀把肉拿走。籠子裡面的獵物就沒這麼好拿了，獵物牢牢繫在鐵欄杆上，動都不能動。我們只能拿新鮮的肉和水給小獅吃，牠們完全不感興趣。

我們想儘量縮短小獅受苦的時間，商量之後決定我先以最快的速度開車前往一百六十公里之外的阿魯夏，告訴國家公園的主管我們到了，再確認在塞倫蓋蒂野放小獅的確切地點（我們是在周末搬家，所以沒辦法發電報通知國家公園）。喬治會帶著小獅慢慢走，我們會在接近小鎮外的地方碰頭，就可以避開好奇圍觀的群眾。

那天早上風和日麗，我看著昨晚的烏雲散開，晨霧繚繞的吉力馬札羅山映入眼簾。山頂新降的白雪在柔和的晨光下是如此超凡飄渺，很難相信這座山其實是冰河罩頂的火山。我常常在遠處欣賞吉力馬札羅山，也曾爬到山頂，可是直到今天我才深深覺得這座山就是輝煌的化身，遠離人世的紛擾，山和動物形成一幅未受人類破壞的壯麗仙境。我滿腦子都是夢幻般的美景，幾年前這一帶的平原到處都是野生動物，現在我卻只看到三隻長頸鹿和幾隻高角羚，心裡好難過。新鋪的柏油路上交通愈來愈頻繁，把動物都趕走了。我發覺此時此刻我也是個破壞環境的駕駛人。但是我來這裡是要給小獅正常的生活，讓小獅遠離人類的威脅，算是有正當理由吧！我也在思考，像國家公園這樣的避難所要能繼續保護野生動物，需要的不只是少數熱血人士的支持與貢獻，也需要非洲各種族每一位居民的認同。想到這裡，我下定決心，要把艾莎和小獅的書籍銷售所得用來資助保育計畫。

我在阿魯夏和國家公園的主管碰面，討論野放小獅的地點。他建議把小獅野放到塞倫勒那，說那裡是國家公園的總部，員工都住在那裡，而且也是觀光重鎮。我聽了大吃一驚，拜託他再選一個比較偏遠的地方，他同意讓我們把小獅帶到更遠的一個地方，那裡有條終年不會乾涸的河流。他慨然應允要用無線電聯繫一位國家公園管理員，請他跟我們會合，帶我們到那個野放地點去。他還說如果我們需要幫忙，他都願意協助。

會面結束後，我找了五個鐘頭才找到喬治，他開著卡車，已經離開阿魯夏將近一百公里了。看來我們天黑之前是到不了塞倫蓋蒂了。我們就在曼雅拉懸崖下的木圖亞烏布露營。

小獅悽慘無比。臉上都是瘀傷撞傷，身體骨頭比較多的地方也擦傷了。籠子裡面腐爛的肉引來了綠頭蒼蠅大軍，在小獅的傷口上嗡嗡飛行。小獅用爪子遮住臉，還是抵擋不了綠頭蒼蠅的攻擊。我實在不忍心再看著小獅受苦。

男生都跟我們一樣疲倦，所以我們決定不紮營了，就露天打地鋪睡覺。喬治和我把床鋪在籠子附近。我一整晚都聽到小獅焦躁不安在籠子裡走來走去。天一亮我就把大家叫醒，大家都對我頗有微詞，可是我打定主意要儘快解除小獅的苦難。

不久之後我們開始爬上聳立在眼前的懸崖，看見曼雅拉湖，之前我們的視線被綿延幾公里的原始森林擋住，看不見這座湖。這座湖是坦干伊喀最著名的觀光勝地。湖的淺灘聚集了不少紅鶴及各種水鳥，大象、水牛與獅子也會從茂密的森林走出來喝湖水。

天空烏雲密布，幾陣小雨告訴我們大雨將至，我們沒時間欣賞美景了，專心一意趕路，爬上「巨大火山的高地」。這時候偏偏下起綿綿細雨，能見度只剩幾公尺，我們看不見火山，也看不見直徑長達十六公里的世界第三大火山口「恩戈羅恩戈羅」。我們看到道路邊緣正好與巨大的半邊蓮等高，又想到半邊蓮能長到將近三公尺高，就知道道路坡度有多陡峭。

我們爬得愈高，周圍的霧就愈濃，冰冷的霧氣開始滲透我們身上的衣服。跟我們同行的男生從來沒到過緯度這麼高的地方，他們非洲人的深色皮膚都凍成藍色了。我們看到許多糞便，發現在這裡出沒的不只有觀光客，還有水牛、大象之類的野獸。我們還一度必須暫停前進，因為有隻大象從茂密的灌木叢中竄出來。

我們終於抵達「恩戈羅恩戈羅」火山口的邊緣。我上次往下看，發現往下四百六十公尺的地方有許多野生動物在吃草，今天卻只能看見翻湧的雲朵。我們在火山口邊緣滑溜溜的道路上小心翼翼爬了幾公里，雲霧突然消失無蹤，好像窗簾猛然掀開，新的景象映入眼簾：我們下方深處就是沉浸在暖陽下的塞倫蓋蒂平原。

我們眼前是高低起伏的山坡，長滿了亮黃色的黃菀，看起來好像黃金打造的山坡。幾大群斑馬、牛羚、湯氏瞪羚還有馬賽族土著放牧的牛隻在花海中吃草。看到野獸和家畜混在一起吃草，感覺很奇怪，也要感謝馬賽族人不會偷獵有蹄類哺乳動物，我們才能看到這種奇蹟。

我們快速往下走到海拔一千五百公尺的地方，這裡的陽光很溫暖，我們也脫去幾件衣服。我們走過著名的奧杜威峽谷，知道只剩一百一十公里左右的路程了。之前的路況都不錯，到這裡卻突然變成我們走過最糟的路況。車轍的熔岩灰深度及膝，我們喀噠喀噠走著，激起一陣四處瀰漫、令人窒息的塵霧。

溫度愈來愈高，我們把卡車上面的防水布拿掉，免得小獅窒息，結果牠們裸露的傷口就沾滿了灰塵。卡車一個坑彈過一個坑，小獅就在籠子裡摔過來摔過去，豈是一個慘字了得。我們得一直停下來，把陷入深坑的車子拉出來，更換壞掉的彈簧。我不知道對小獅來說，是之前的冷風冰雨比較難受，還是後來炎熱難耐、沙塵漫天的八十公里比較難熬。我們跟國家公園管理員約好在奈阿比山碰面，遲到兩小時才抵達。可憐的管理員這兩個鐘頭就看著我們的車隊像毛毛蟲一樣爬行，所經之處塵土飛揚。

沒時間客套了，因為暴風雲逐漸堆積，而我們還要穿越一大段的黑棉土，這種路面一旦被雨淋濕可就成了天底下最難走的路。我們沿路遇到幾大群牛羚和斑馬，這些還只是年度大遷徙的先頭部隊而已，但是我們兩個都沒看過這麼大陣仗的野生動物。我們在獸群當中左閃右躲，還要閃避沼澤般的路面，在傍晚時分終於抵達野放地點。

三十四、野放

小獅的新家是個風景非常秀麗的地方，就在長約六十公里的寬廣山谷的起點。一邊是陡峭的懸崖，懸崖上面是高原，另一邊是一連串的山丘。附近有一條河，蜿蜒通往山谷中心，再從山谷向下流。河岸長滿茂密的灌木叢和美麗的樹木，為所有的動物提供完美的掩護。山谷就像個公園，有一叢叢的荊棘樹和灌木叢，愈到高處愈茂密。要不是蚊子和舌蠅來作怪，這裡還真像個天堂。也許我們應該把舌蠅看成有翅膀的守護天使，因為人類和人類的牲畜被舌蠅叮咬就小命不保，所以有舌蠅在他們就會保持距離，所以舌蠅是野生動物的最佳守護神。

我們的第一個念頭就是想想怎樣才能讓小獅更舒適。我們選了一棵結實的金合歡樹，把滑輪組拴在一根樹枝上，把籠子運到地面。小獅在籠子裡已經關了三天了，快要到達忍耐的極限。牠們的眼睛深深凹陷，無動於衷地躺在籠子裡面，顯然是累到極點，對周遭環境完全提不起興趣。還好我們帶了笨重的大籠子，現在三隻小獅都能在裡面休息，消除長途旅行的疲勞。

我們把大籠子的後面打開，把小艾莎和戈帕的籠子的活板門對著大籠子的開口，再用滑輪組把活板門拉起來。

起先一點動靜都沒有，接著戈帕突然衝進小艾莎的籠子，坐在小艾莎身上，互相舔舐，彼此擁抱，顯然是重逢之後喜出望外。我們馬上把牠們身後的門關上，把戈帕的空籠子拿出來，把裝著傑斯帕的籠子放進去。我們一把門打開，傑斯帕就像閃電般竄出，跳到兄弟姊妹身上，好像要保護牠們，不讓牠們再受傷害，又開始舔舐、擁抱牠們。

我們看著三隻小獅，更是覺得把小獅關在籠子裡搬家是正確的，因為牠們可以看見彼此。雖然小獅會比較容易擦傷，但是身體的傷容易癒合，萬一心理受傷可就沒那麼容易平復了。小獅歷經了艱辛的旅程，還是和以前一樣友愛，我們看了都很高興。

現在我們得讓小獅好好休息，大吃一頓，補充這幾天缺少的營養。我們在大籠子裡放了一隻獵物，叫男生在離大籠子遠一點的地方紮營，把幾台路虎汽車分別停在大籠子的左邊和右邊，免得晚上有人偷偷打小獅的主意。

到了晚上九點，一切安排妥當，我們也準備要好好睡一覺。沒想到不久之後戈帕就開始坐立不安，我一個晚上一直聽見牠動來動去的聲音，還有嘎吱嘎吱嚼骨頭的聲音。隔天早上我發覺昨晚給牠們準備的獵物一點都不剩，覺得很開心。小獅又回到髒兮兮的小籠子裡，大概是在陌生的環境感到不安，所以黏著籠子尋求安全感。這麼一來我們就沒辦法清理腐爛的肉了。

顯然目前我們還是得把小獅關起來，等牠們弄清楚情況再說。我們在大籠子裡放了些肉，想吸引小獅走進去。我們覺得現在千萬不要打擾小獅，所以嚴格要求員工不要靠近籠子，我和喬治也刻意到至少一兩公里外的地方露營。我們紮營之後，回來看見小獅還是不肯離開蒼蠅嗡嗡叫的髒亂籠子。我們儘量清理籠子，沒理會小獅的抗議，這可是件苦差事，小獅拚命捍衛小小地盤，又是怒吼又是亂抓。喬治和我把腐肉清出來時，難受到吐了幾次。這要命的差事總算完成了，我們回到營地，洗了個澡，吃了一頓四天以來頭一次吃到的熱食。

我們在吃飯的時候，國家公園管理員來找我們商量露營的事宜。國家公園管理處非常體貼，願意讓我們在這裡暫作停留照顧小獅，等到小獅適應新家，能照顧自己了再離開。管理員也說，我們這段時間可以在塞倫蓋蒂公園之外的地方打野生動物給小獅吃。

我們回到小獅身邊，發現三隻都躺在大籠子裡。牠們的臉上都是傷，大籠子是用焊接起來的鐵絲網做成的，比小籠子的鐵欄杆更容易擦傷小獅。小獅的身體一貼在大籠子上，傷口就會裂開，牠們又會用爪子把傷口上的蒼蠅拍掉，傷勢就更加惡化。可憐的戈帕傷勢最重，我們一靠近大籠子，牠和小艾莎就會撒野怒吼。傑斯帕倒是不介意我們在旁邊，還肯讓我們拔牠身上的箭頭，可惜我們沒拔出來。

我們躺下睡覺。大籠子的兩旁都有我們的車子保護，不久之後我們聽見第一隻獅子走近的聲音。嗚夫聲很快愈來愈近、愈來愈近。我們發現有幾隻動物繞著我們的小小避難所走，又看見牠們的眼睛映照著我們手電筒的光線。小獅仔細聽著這些動物的咕噥聲，我們則是對著動物大吼，希望能把牠們趕走。等到一切安靜下來，我低聲呼喚小獅的名字，不久之後就聽見小獅撕扯肉的聲音。我發覺其中一隻呼吸急促，非常擔心，會不會惡化成肺炎呢？天亮之後我發現雖然露氣很重，三隻小獅都沒有重病的跡象，反而是心滿意足，肚子鼓鼓的，我就放心了。

那天早上天氣涼爽，空氣清新。這裡雖然是海拔一千公尺左右，卻比艾莎的營地冷多了。我們前一天晚上用防水油布把籠子蓋住，現在太陽漸漸升起，我們就把防水油布拿掉。天氣一熱，討厭的蒼蠅就出現了，像條毯子一樣包圍三隻小獅全身。可憐的傑斯帕一直用一隻前爪拍打牠的傷處，另一隻前爪則是抱住小艾莎。

吃完早餐後，喬治開車到塞倫蓋蒂公園外面去打一隻獵物，我留下來陪小獅。只要傑斯帕給我機會，我都會想辦法把牠臀部上的箭拿掉。我用力捏牠的皮膚，使盡全力拉，傑斯帕也無所謂，只是倒鈎還是卡在裡面。這支箭插在傑斯帕身上已經五個禮拜了，我覺得傷口看起來不太妙，但是獸醫說最好再等幾個禮拜再動手術，我也只好等待。

還沒到中午，蒼蠅大軍就弄得小獅坐立不安，小獅來回踱步，用頭磨蹭鐵絲網，傷口又裂開了，到最後抱在一起，用責難的眼神看著我。小獅雖然身陷牢籠，渾身都是流血的傷口，又髒兮兮的，還是保有獅子特有的尊嚴，也只有獅子才能在這種環境保有尊嚴。

我知道塞倫蓋蒂是我們能替小獅找到最好的新家了，但是這裡的氣候和生態環境跟小獅的舊家相去甚遠，這裡大部分的動物小獅都不熟悉。就連這裡的獅子也和小獅分屬不同的亞種。小獅遇見這裡的獅子，雙方會有什麼反應呢？牠們爭地盤會不會起衝突呢？這裡野生動物那麼多，不愁找不到獵物吃，我只希望塞倫蓋蒂的獅子會比攻擊艾莎的那隻兇猛母獅心胸寬大。

喬治在三點左右帶著獵物回來，我們商量野放小獅的問題。我們本來打算再把小獅關個一兩天，給牠們時間做心理建設，但是想想牠們飽受蒼蠅折磨，我們還是決定馬上野放牠們。

現在是野放小獅的好時機，小獅在一天溫度最高的時候比較沒精神，比較不會跑掉，也比較不會恐慌，而且這個時候遇見野獅的機率也不大。我們把獵物放在籠子和河流之間，把其中一個小籠子吊起來，露出了一個開口。小獅看到我們這樣做，嚇得通通衝到大籠子最遠的角落，緊緊抱在一起。過了一會兒，戈帕滿腹狐疑地研究研究出口，小心翼翼後退了幾次，最後以最莊嚴的姿態走出來。戈帕沒理睬那獵物，反而是慢慢走向河流，走了一百公尺左右又停下來，遲疑了一會兒，又冷冷靜靜繼續向前走。

傑斯帕和小艾莎緊抱著彼此，看著戈帕走出去，一臉不解。接著傑斯帕也走向出口，走出籠子。牠也是非常緩慢地走向河流，幾度停下腳步，回頭望著姊妹。

這時小艾莎發瘋似地在籠子裡跑來跑去，不然就是靠著籠子直直站著，顯然是急著要追隨兄弟的腳步，卻又不知所措，後來牠終於找到通往自由之路，快步追在傑斯帕後面。三隻小獅都消失在蘆葦叢裡。這時突然下起傾盆大雨，我們就看不見小獅了。

三十五、遷徙

天氣一放晴，我們就用望遠鏡掃視之前看到小獅消失的地方，卻沒發現小獅的蹤跡。至少牠們直接走向河流，我很高興，因為這樣牠們就知道該到哪裡喝水。

這條河流雖然不如艾莎的營地那條賞心悅目，卻也能滿足小獅所有的需求。河床上有緩緩流動的新鮮河水，就算在乾季也還會剩下少數幾處渾濁不流動的水坑。對岸的後面還有一連串的山丘，隱藏著一片很多動物常去的廣闊鹽漬地。只要這裡的獅子願意接納小獅，小獅在這裡生活應該很愉快，我們想到這個就很開心。

為了避免小獅和這裡的獅子發生衝突，我們要做的第一件事就是幫小獅找個覓食地，可以放心進食，不用擔心這一帶的獅子或是其他掠食動物干擾。把要給小獅吃的肉放在大籠子裡很危險，因為小獅在籠子裡可能會被逼到角落。我們需要一個安全的地方放獵物，小獅萬一遇到危險可以輕易離開。我們把大籠子放在一棵大樹附近，在兩邊停了兩部車，製造了一個開放的廣場。我們用滑輪組把獵物吊在粗樹枝上，滑輪組的另一端連接一台車，萬一小獅在晚上出現，也可以輕易把肉放低，小獅不在的時候就把肉吊高，小偷就拿不到。我們覺得小獅那天晚上應該不會出現，小獅除非是肚子餓了，否則應該不會回到曾經被囚禁的籠子裡。

天黑之後不久，一群獅子（應該有三隻以上）離我們好近，近到我們手電筒的光線都映照在牠們眼裡。公獅走近很容易察覺，因為公獅總會低聲咕噥，宣告自己大駕光臨，不像母獅都是靜悄悄靠近。我是聽到母獅的呼吸聲才知道牠們來了，那時牠們已經蹲在我的車旁邊。母獅縱然詭計多端，還是沒能盜走我們保護的獵物。

隔天一早我們就用望遠鏡掃視河岸，還是沒看到小獅。直到第一道陽光照到河面，我們才看到小獅從灌木叢中走出來，距離前天晚上牠們消失的地方很近。牠們走上半山腰，一路上一直停下來，走到灌木叢才躺下。我呼喚牠們，牠們看著我，卻沒有動。接著我們看到一群狒狒駕臨，小獅好整以暇地走到山頂，狒狒緊跟在後。最後獅子狒狒聯軍終於消失在山頂之後。

我們想追蹤小獅的行動，就開車到對岸，沿著山的遠側走，卻沒看到小獅。我們在路上被一輛路虎汽車趕上，那輛車帶來無線電報，說是我們的新貝德福卡車已經到了，我們可以到奈洛比拿車。在塞倫蓋蒂，信件偶爾才會送來，電報倒是一天兩次從阿魯沙總部透過無線電傳送。

我們請伊布拉辛到奈洛比還車，肯恩和唐尼真的很好心，把車子便宜租給我們。伊布拉辛也要把貝德福卡車開回來。

隔天晚上小獅在九點左右抵達，大吃特吃。喬治一打開車頭燈，牠們就跑掉了，過了一個鐘頭才回來，坐下繼續吃晚餐。傑斯帕還吃了兩份魚肝油，就像往常一樣由喬治拿著大盤子，牠把盤子裡的魚肝油舔光。由此可見牠最近雖然吃了不少苦頭，牠還是信任我們。

我在凌晨時分聽見其中一隻小獅往河邊走的聲音。小獅發出一連串短暫的怒吼，我發覺公獅的吼聲都會以嗚夫聲結束，這隻小獅的吼聲卻沒有。

小艾莎趁兄弟不在，痛快大嚼獵物。後來三隻小獅都吃飽喝足了，在黎明時離開。牠們一走，我就聽見一隻公獅大聲吼叫，聲音離我們很近，不久之後我就看到一隻擁有華麗的深色鬃毛的公獅，血紅色的晨空清楚襯托出牠的輪廓。公獅朝獵物的方向嗅了嗅，又走到喬治的車子後面，看著車內飄動的蚊帳。我們看牠好像想看看獵物，就扯開嗓門大吼，當然我們是吼不過牠，卻也把牠嚇到往營地方向走。牠一離開，我們就把獵物吊到牠拿不到的地方，開車到營地喝些熱茶暖暖身子。

我們一到營地，就看到這隻深色鬃毛的獅子離一群緊張不安的男生不到一百公尺。男生們躲在卡車上面，要警告我們獅子來了。這隻獅子真可憐，地盤突然來了群不速之客，牠想必是一頭霧水。

我們在快要傍晚的時候回到獵物附近，戈帕在黃昏時抵達，卻先躲在高草叢裡，後來覺得天色夠暗、夠安全了，才出來吃晚餐。傑斯帕不久之後也過來了，小艾莎卻沒出現，反而是那隻深色鬃毛的公獅帶著牠的兩隻母獅出現了，在離我的車子不到八公尺的地方蹲伏著。戈帕和傑斯帕就在我車子的另一邊大嚼晚餐。我真希望我有個手電筒，就可以有光線把這個荒謬的畫面拍下來。三隻飢腸轆轆的野獅蹲伏在草叢裡，跟小獅只有一車之隔。戈帕和傑斯帕完全不擔心野獅就在身邊，說真的，牠們一定以為自己安全無虞，覺得我們一定能保護牠們，所以吃飽之後還四腳朝天躺在地上。

對岸突然傳來微弱的叫聲，大概是小艾莎在叫，因為傑斯帕兄弟倆一下就從喬治的車後面溜走，避開野獅。我們把獵物吊起來，整晚都忙著防範野獅群靠近。

到了五月七日，喬治一早就出發，到塞倫蓋蒂國家公園外面打一隻新的獵物。通往邊境的這條路很難走，我想他大概要到下午才會回來。到了午餐時間左右，營地上空烏雲密布，雨水才落下來，一輛路虎汽車就突然出現，原來是國家公園的董事長帶著一群人還有管理員來了。我們趕快走進帳篷躲雨。董事長跟我說他很感謝小獅提高了國家公園的人氣，但是我們在五月底之前一定要離開，因為觀光季在六月開始，我們在國家公園露營、給小獅吃東西，可能會招致批評。我聽了大驚失色，再三強調除非小獅能照顧自己，否則我們實在不能拋棄小獅。我建議把我們的營地搬到離遊客路線很遠的地方，又承諾給小獅吃東西會很小心謹慎，這樣董事長擔心的事情應該就不會發生，但是我也說到了五月底，小獅也才不過十七個月大，這個年紀的獅子通常還不會自行獵食。

這時喬治回來了，他也認同我的建議。董事長卻不同意，我們好灰心。小獅才野放了幾天而已，之前都是倚賴我們照顧。要我們拋下小獅，指望小獅能自食其力，也未免太狠了。

我們還在商量該怎麼辦，就又有訪客到來，正在進行生態研究的美國科學家李和馬蒂．泰柏特夫婦也來了。他們的觀點真的很有意思，原來他們和我們在很多方面都志同道合，我們一拍即合，馬上成為好朋友。

我們晚上回到吊獵物的地方，發覺小獅已經在等我們了。喬治開車長途跋涉，現在很累了，就先去睡了，我熬夜看守小獅。傑斯帕幾次跑到我的車後面，要我拍拍牠，我摸牠的時候牠動也不動。這是傑斯帕從離開艾莎的營地到現在頭一次要我拍拍牠。傑斯帕雖然吃了不少苦頭，還是信任我們，也擔任我們和牠的兄弟姊妹之間的橋樑，大概是仿效母親的榜樣。我跟喬治都知道要不是有傑斯帕，戈帕跟小艾莎絕對不會忍受我們。戈帕力量強大又個性獨立，足以擔任獅群的領袖，可是牠缺乏母親和傑斯帕的愛心與體貼。雖然之前離開塔納河，獨自在老家待了一個禮拜的是戈帕，第一個冒險走出大籠子、走向自由的也是戈帕，三隻小獅裡面每餐吃最多的還是戈帕，但是戈帕一旦受到驚嚇或是遇到煩惱，馬上就會奔向傑斯帕尋求安慰和支持，就像之前奔向母親的懷抱一樣。

傑斯帕似乎是三隻小獅的道德導師，牠沒有戈帕強壯，仍然能當上獅群領袖，大概就是因為這個。牠很小的時候就一直保護媽媽，媽媽死後就保護兄弟姊妹。每次都是傑斯帕出來勘查環境，看看附近有沒有危險。一旦危機出現，也都是傑斯帕出面迎敵。最近小艾莎每次跑掉，傑斯帕都會追過去，安慰小艾莎，把小艾莎帶回來。

小獅一整晚都在享用新的獵物，在黎明時分離去，沉甸甸的肚子左搖右晃。牠們身體很好，只是還有些擦傷還沒痊癒，當然那支箭也還是插在傑斯帕的臀部。

接下來的兩晚我們都沒看到小獅，我的腿傷還沒好，沒辦法走太遠，所以喬治出去找小獅。喬治發現小獅的足跡穿越山谷，通往懸崖，那裡的岩石堆是不錯的藏身之處。我們覺得牠們大概認為離本地的獅子遠一點比較安全，就算得走上三公里才能吃晚餐也在所不惜。

隔天晚上我們才開始守夜，小獅就出現了，緊張兮兮的，有點反常，一聽到公獅叫就跑掉了，明明那獅子還遠著呢！小獅一直到半夜三點才回來，狼吞虎嚥吃完就走了。不久之後我們聽見一群獅子吼叫，感覺離我們很近，這才明白小獅為何匆匆離去。

隔天晚上同樣的場景又上演，小艾莎神經緊繃到了極點，我們打開手電筒都能把牠嚇跑。雨下了一整天，我們提早走到獵物那裡，抵達之後發現傑斯帕顫巍巍地站在吊著獵物的那根樹枝上，原來牠想從上面拿獵物，另外兩隻小獅半個身子隱藏在草叢裡，看著傑斯帕表演。我們把獵物放低，牠們馬上衝向獵物，一整晚都在大吃特吃。到了早上，獵物只剩幾根骨頭。所以我們又開車到塞倫蓋蒂公園外面，打獵物給小獅。

我們在營地附近遇到那隻深色鬃毛的公獅和牠的兩位女友。我們一向以為獅子喜歡私底下度蜜月，現在看到這隻公獅在女友面前公然跟另一位女友親熱，都目瞪口呆。我們又看到一隻雄偉的金色鬃毛公獅，距離我們不超過兩公里，在開放的平原上曬太陽。牠沒理睬我們，也沒理睬我們相機的咔嚓聲，自顧自伸懶腰、打哈欠，就把我們當空氣。我才換完底片，就又遇到一對正在纏綿的獅子，身體幾乎是纏繞在一起，躺在地上，似乎是精疲力盡，沒理我們。

我們開著車子愈走愈遠，看到的森林和山丘愈來愈多，看到的獸群也愈來愈多。我們靠近邊境，感覺好像到了飼養牲畜的土著經常在北部邊境省舉辦的大型牛隻拍賣會。觸目所及的每棵樹下都聚集了一群又一群的牛羚和斑馬，把樹蔭的範圍都給擠滿了。找不到地方躲避豔陽的動物則是漫無目的四處遊蕩。四周充滿震耳欲聾的噪音，我閉上眼睛，還以為自己聽到牛蛙大合唱。我是聽見斑馬尖銳的叫聲，才想起我們不是置身沼澤，而是置身成千上萬準備年度大遷徙的動物之中。這些動物要遷徙到維多利亞湖以及鄰近的馬拉保護區。我們運氣很好，及時抵達塞倫蓋蒂，正好遇上這難得一見的場面。

我們帶著獵物回到小獅用餐的地方，看到傑斯帕和戈帕在金合歡樹的樹枝上表演雜耍，也看到小艾莎躲在附近。戈帕突然豎著耳朵往小艾莎的方向聽，慌忙爬下樹枝，快要到達地面時又往下跳，結結實實摔在地上。牠起身之後覺得很尷尬，小跑步去找小艾莎。傑斯帕還站在樹枝上，我拿大盤子在牠面前晃了晃，牠才連忙下來，急著要吃魚肝油，還差點摔倒。我看到牠身上的傷幾乎都痊癒了，傷疤上也漸漸長出細緻的絨毛，覺得很開心，但是牠的箭傷在流膿，看起來很不妙。

天色很暗了，小艾莎總算過來吃肉，我看牠還是緊張得要命，就叫著牠的名字，希望牠能安心一些。後來我們儘量把野獅跟鬣狗嚇走，但是小獅還是走掉，沒有回來。

吃完早餐後，我們又去看看大遷徙的景象，途中又遇到正在親熱的一對獅子。牠們躺在光天化日之下，一定也看到我們了。我們一直走到距離牠們不到二十五公尺，牠們也無所謂。牠們完全不受我們影響，那公獅還跟母獅交配，前後為時三分鐘，完事之後公獅輕咬了母獅的額頭一下，母獅則以低聲吼叫回應。十五分鐘之後，公獅又接近母獅，這次母獅卻一巴掌把牠打跑。這個戲碼上演了三次，母獅好不容易才肯再跟公獅親熱。這次公獅又咬了母獅的額頭。我們繼續觀賞，大約二十分鐘過後，公獅和母獅第三度親熱，輕咬母獅頸部一下之後才肯放開母獅，接著小倆口都睡著了。四周寂靜無聲，遼闊的平原彷彿時間暫停。我們發動車子，母獅抬起頭來，用朦朧的睡眼對我們眨了眨，那隻公獅倒是動也沒動。

我們聽說塞倫蓋蒂的母獅比公獅多出許多，這一定就是我們看到那麼多對獅子做愛的原因。公獅幾乎都會有一群妻妾，也可以輕鬆經營大家庭，因為母獅會照顧小獅兩年，而且這兩年當中都不會讓自己交配。但是這裡母獅數量遠超過公獅，我們看到的公獅很多都很瘦。我們認為這大概是因為獅子的蜜月期通常是四到五天，獅子愛侶在這段期間不會吃東西，也很少喝水，偏偏這裡公獅太少，無法滿足這麼多母獅的需求，所以公獅常常餓肚子。

接下來的三個晚上，小獅都沒有出現，飢腸轆轆的掠食動物倒是非常活躍，尤其是那隻深色鬃毛的公獅，帶著獅群在營地附近徘徊，顯然是鐵了心不要把地盤拱手讓給小獅。

我們發覺得另外找個地方給小獅吃東西，但是得先找到小獅才行。

我們聽說在大遷徙季節，很多獅子就直接跟著遷徙動物的縱隊走，因為獵殺脫隊的動物要比一般獵食方式輕鬆。我們只希望能辨別哪些區域是比較保守的獅群的地盤，把小獅移到別的地方。

我們接下來的幾天四處尋找小獅，可是在長滿高草的乾燥地面很難看到足跡。

我們從來沒看過那麼多獅子。我們經過坐在岩石上的五隻獅子，不遠處又看見七隻躺在小山丘上，牠們把我們從頭到腳打量了一番，動都沒動，我們一度距離牠們不到四公尺，牠們也無所謂。我們繼續往前走，遇到第三個獅群，由一隻母獅、兩隻幼獅、兩隻半成年的幼獅，還有兩隻雄偉的公獅組成，不遠處還有兩隻深色鬃毛的公獅，跟在一隻轉角牛羚後面爬上山。天氣愈來愈熱，兩隻獅子也不是很認真，轉角牛羚就逃過一劫。後來我們好幾次看到兩隻成年的公獅在一起，非常吃驚，不過聽說在塞倫蓋蒂，一對公獅有時候會在一起很多年。

我們到小湖去看一群站在湖邊的紅鶴，發覺有隻槌頭鶴在淺灘啄食，附近就有一隻沉睡的巨蜥。那隻蜥蜴很大，大約一點二公尺長。這時一隻胡狼從後面接近那隻蜥蜴，顯然是不懷好意。我們聽過胡狼吃掉鼓腹毒蛇，也聽過魯道夫湖附近的獅子獵殺鱷魚，但是喬治和我從未親眼見過食肉動物獵食爬蟲類。蜥蜴對步步逼近的危機似乎渾然不覺，眼看胡狼就要咬到牠了，牠猛然甩動尾巴示威，胡狼跳到半空中，倉皇逃開。蜥蜴睡起回籠覺，胡狼可不會輕言放棄，又捲土重來，這次是從正面攻擊。蜥蜴用響亮的嘶嘶聲迎敵，胡狼就閃入草叢，突然間一隻母獅就在牠眼前坐了起來，兩隻小獅一左一右探出頭來，胡狼急著逃命，差點栽跟斗。母獅見狀就走到水邊，在蜥蜴身邊喝水，蜥蜴馬上蹣跚逃走。槌頭鶴完全不受影響，還是繼續賣力啄食，獅子、胡狼和蜥蜴都不關牠的事。

小獅已經六天不見蹤影了，我們非常擔心。我們是希望小獅逐漸開始獨立生活，但這樣突然失蹤感覺不太尋常。小獅會不會跟貓一樣，有返家本能呢？如果真是如此，那小獅可能正在回舊家的路上，走直線也要走上六百四十公里，如果是循來時路往回走，那可得走上一千一百公里。小獅應該不會走車道，不過我們還是想沿著車道找找看，就開車往回走八十公里到山邊，就是我們第一次見到國家公園管理員的地方，還是沒看到小獅。我們一路上看到一大群、一大群遷徙的動物，也看到湯氏瞪羚排成五公里長的一路縱隊，好像被磁鐵吸住一樣一路往前進。小獅在這裡閉著眼睛都能獵食，不過我們覺得小獅不太可能跑到這一帶，因為開放的平原沒有藏身處，而小獅又習慣隱身在茂密的灌木叢中。說是這麼說，我們還是在山裡的岩石堆和植被仔細尋找，實在找不到才返回營地。

隔天早上我們拿出地圖，在塞倫蓋蒂和艾莎的營地之間畫了條直線。

這條直線一脫離塞倫蓋蒂的範圍，就進入馬賽族人居住的領域，這一帶以獵殺獅子聞名。在歐洲人掌管這裡之前，馬賽族每一位年輕戰士都必須用矛獵殺一隻獅子，證明自己已經成年，再把獅子的鬃毛做成在特殊節慶配戴的頭飾，作為勇氣的象徵。現在的野生動物法明文禁止用矛獵獅，馬賽族人卻還是會偷偷進行，所以我們也不必指望會在這一帶打聽到小獅的消息。我們想派馬卡狄去跟馬賽族人一起住，在閒話家常間打探小獅的消息。馬卡狄雖然是圖爾卡納人，卻也能說馬賽語。如果小獅的確有襲擊牲畜，那也許馬卡狄可以阻止馬賽族人用矛獵殺小獅。

我們在前往邊境的路上，在塞倫勒那停留，拜訪國家公園主管。他說我們遇到困難他很遺憾，但是我們還是得在月底之前離開塞倫蓋蒂。這樣一來我們只剩下十天，已經是迫在眉睫了。我們經過有許多獅子的地方，其中一個獅群有五隻母獅，正在哺育八隻年齡各異的小獅。小獅從這個媽媽跑向那個媽媽，母獅也不打算對非親生的小獅有差別待遇。

我打算隔天早上開車載馬卡狄還有他的行李到馬賽族這一帶，找個願意接待他的家庭，喬治則是繼續在營地附近的山谷尋找小獅。

我們一回到營地，我就收拾行李，準備明天一早出發。我們只剩十天就得離開，所以喬治決定馬上去山谷尋找小獅。隔天早上他帶著微笑回來：他找到小獅了——應說小獅找到他了。

喬治開了十公里的路到山谷，特意挑了個地方停車，好讓車頭燈能照到很遠的地方。他每隔一段時間就會把聚光燈打開，對著四面八方照射。

小獅在晚上九點左右現身，身體狀況很好，肚子也不餓，卻口渴得要命。傑斯帕、戈帕兩兄弟把喬治拿出來的水通通喝光，半滴都沒留給可憐的小艾莎。三隻小獅都很友善，傑斯帕還想走進喬治的車。三隻小獅待了一整晚。喬治帶的肉已經餿掉了，小獅沒吃多少，倒是追著鬣狗跑當消遣。牠們在天亮之後不久離開，走向一個小山谷。喬治匆匆回來告訴我好消息，叫我不用去邊界了。小獅之前在艾莎的營地和那隻兇猛母獅打過交道，在新家顯然是看到獅子就害怕，就選了一個比較清靜的地方，當作自己的地盤。

我們決定不要搬遷主要營地，只要每天晚上去「小獅山谷」報到，在車子裡過夜就好。小獅挑選的峽谷新家就在懸崖腳下，位在「舌蠅區」上方，長約二點五公里，峽谷兩端有狹窄的出入口。其中一個峽谷作為藏身處特別安全，大約一公里長，一點五公尺寬，垂直的岩壁有三公尺高。上面是幾乎無法穿越的植被，提供了茂密的遮蔽，在一天最炎熱的時候可以來這裡乘涼。

小獅在這裡可以聽見遠處逼近的危機，一旦有必要可以躲進峽谷，爬上截斷懸崖的峭壁。這裡上面有突出的岩石，下面有茂密的灌木叢，小獅擁有很好的視野，又可以避開天敵。站在懸崖上，森林和溫帶草木區組成的波浪起伏的遼闊腹地盡收眼底，腹地連接著一條河流，河流穿越另一個河谷，河谷後方是伸向天際的山丘以及其他河谷。河流像一條綠帶，沿著河谷蜿蜒流過，最後消失在薄霧之中。我們覺得小獅自己找的家比我們找的好太多了。

我們第一次造訪小獅山谷是在傍晚，我們選了懸崖和河流之間的一棵大樹下做基地，把肉吊起來。一隻小獅馬上從山谷走出，卻躲進草叢裡。天黑之後三隻小獅都現身，直接走向水碗。牠們口渴得很，我們裝了好幾次水才夠牠們解渴。我們發覺三隻小獅身體都很好，之前的擦傷癒合情況也不錯，可是傑斯帕臀部的箭頭始終沒有鬆脫的跡象，傑斯帕喝光了我手上大盤子裡的魚肝油，卻不肯讓我拉扯那支箭。小獅解渴完畢，消失在黑暗中，直到喬治關掉車頭燈才回來吃晚餐。我們發覺小獅晝伏夜出的生活習慣並沒有改變，通常只有在晚上才會出現，在黎明時分離開。

三十六、峽谷

我們一找到小獅，喬治就把消息送到塞倫勒那。

後來我們和國家公園主管見面，商量小獅的未來。他認為我們現在該放手了，可是我們覺得小獅還不能照顧自己，再說我們也擔心傑斯帕的箭傷，他聽了之後就同意我們繼續照顧小獅到五月底。

那天黃昏傑斯帕和戈帕從峽谷前來，小艾莎卻沒出現。戈帕飢渴地撕咬我們拿來的肉，傑斯帕則是回去找小艾莎。牠們兩個一直待在燈光範圍之外，直到喬治把燈關掉，牠們才過來找戈帕。

隔天我們又去欣賞大遷徙的盛況，真的非常壯觀。遷徙的獸群需要幾個禮拜集結，平原在這段時間飽受踐踏，幾天之內一公尺高的草就被踐踏成只剩十公分高的光禿禿的梗。實際的遷徙只需要幾天，一定要親眼目睹，才能體會獸群遷徙的魄力和速度。

我們滿懷讚嘆看著數以萬計的動物行進，有時甚至會覺得移動的不是獸群，是大地。牛羚以十到一百隻的團隊，或者排成一列走在眾獸踏遍的路上。斑馬盡可能走在靠近水的地方。遷徙的動物是以斑馬和牛羚居多，不過湯氏瞪羚也不少，還有許多一小群、一小群的葛氏瞪羚、狷羚與轉角牛羚。我們還看到一群大羚羊，數數大概有兩百隻。獸群的周邊聚集了飢腸轆轆的胡狼與鬣狗，等著襲擊脫隊的動物。平原到處都是動物，數量多到無法估計。

動物在比較涼爽的時候都精神抖擻。我們發覺皮毛蓬鬆的牛羚的舉動特別有意思。公牛羚會追趕脫隊的母牛羚，還會挑釁情敵打架。母牛羚遇到太熱情的追求者，會甩頭，用蹄子猛踢。好幾次一大群牛羚從我們身邊走過，弄得我們身上都是塵土。我很擔心我們的相機，就把相機蓋起來，結果半張照片都沒拍到。有一次好幾百隻斑馬奔馳經過我們的車子，隆隆作響的馬蹄捲起一團塵土。牠們快要從我們身邊經過的時候，我看見那團塵土當中有隻獅子往隊伍最後面的斑馬身上跳，結果沒能成功，一秒鐘之後又有一隻獅子往那斑馬身上跳，同樣獵殺失敗。

飄揚的塵土散去，我們看見兩隻獅子坐在一棵樹下，其中一隻很老很瘦。我們想牠可能得倚靠正值壯年的同伴獵食。

那天晚上我們回到峽谷，發現小獅精疲力盡，傑斯帕尤其是昏昏欲睡，在我的車子附近休息。小艾莎一走過來，傑斯帕都會舔舔小艾莎，後來小艾莎走得遠一些，傑斯帕就過去抱抱牠。戈帕已經吃起肉來，傑斯帕卻要等到小艾莎鼓起勇氣開始吃晚餐，自己才要過來吃魚肝油，吃完之後就在我的車附近過夜。

隔天早上我們決定去看看小獅峽谷所在的六十幾公里遠的山谷。我們沿著一條車道走了一會兒，後來車道沒了，我們只好在高度及肩的草以及嗖嗖晃動的荊棘中蹣跚而行。

在這種情況下，我們看到的獵物當然不多，似乎只有犀牛喜歡這種荊棘遍布的荒野。我們好羨慕犀牛有一身厚皮啊！

山谷的盡頭是個寬廣開放的平原，平原上佇立著一棵扇棕櫚。這種植物通常生長在水邊。扇棕櫚旁邊有一群轉角牛羚，我們估計大概超過三千頭。我們從未見過這麼大群的轉角牛羚，不過後來聽人家說，轉角牛羚最喜歡聚集在這個平原，還曾經出現過五千隻的群體呢！

我們傍晚回到小獅的山谷，看到小獅等著我們，覺得很開心。我們希望這表示小獅逐漸拋棄完全夜行的生活習慣，慢慢學習塞倫蓋蒂的野獅的生活習慣。塞倫蓋蒂的野獅安全無虞，所以大白天也會在外頭。小獅如果能適應不同的生態環境，不僅對牠們自己有好處，還可以創下先例，將來其他山窮水盡的獅子也能指望靠搬家重獲新生。那天晚上很冷，小獅在晚上十點離去。

我們回到營地，收到國家公園主管來信，叫我們一定要在五月三十一日離開塞倫蓋蒂，還說從現在開始我們不能再帶肉到營地給小獅吃。

我們開車走上峽谷，發現小獅等著我們。傑斯帕胃口不好，無精打采的，碰都沒碰肉。牠身上的箭傷是不是看起來沒問題，其實已經感染了呢？艾莎第一次野放是到跟塞倫蓋蒂非常類似的環境，結果被舌蠅和蝨子叮咬感染導致發燒，傑斯帕會不會是步上媽媽的後塵？牠無精打采已經一兩天了，現在身體狀況不太妙。

我們很擔心傑斯帕，隔天早上沿著小獅峽谷的邊緣走，拿起望遠鏡，在茂密的植被中尋找傑斯帕的身影。過了一會兒，我們看到小獅了，只是牠們一看到我們就害怕，朝懸崖奔去。我呼喚牠們，牠們還是跑掉了，我們只好回家。

小獅峽谷和我們的營地之間只有幾公里，卻是山谷風景最美的地方。

我們在黑色的岩石之間穿梭，我突然覺得這些平坦的石板很適合拿來當艾莎的墓碑，而且從小獅的新家取材給艾莎做墓碑，也很有意義。我拿了一塊石英刮石板，測試石板的耐久性，結果一點刮痕都沒有。後來有位石匠把艾莎的名字刻在石板上，弄壞了五支鑿子，跟我們說就算是花崗石和大理石也沒有這麼硬，他再也不要接這種石材的案子了。

隔天晚上小獅天黑之後才出現，我們很失望，顯然小獅還不打算改掉夜行的習慣。

傑斯帕舔了一口魚肝油，就跑到車子後面，另外兩隻小獅吃完飯之後走向傑斯帕，想找傑斯帕玩，傑斯帕舔了舔牠們，還是不想動。

戈帕和小艾莎在黎明時又吃了一頓，吃完去找傑斯帕，要牠跟牠們一起去峽谷。過了一會兒，傑斯帕慢慢起身，跟在牠們後面。我呼喚傑斯帕，牠回來站在我面前。我指著肉，跟牠說話，我之前要艾莎吃東西也會這樣，傑斯帕的反應跟媽媽一樣，走向獵物開始吃。這是三天來我們第一次看到牠吃東西。

戈帕和小艾莎一叫牠，牠就會抬起頭來，我得說：「來，傑斯帕，尼亞馬（肉），尼亞馬，多吃一點。」牠才會再開始吃。

後來戈帕回來了，跳上傑斯帕的臀部，要牠跟兄弟姊妹一起去峽谷。

我發覺我還有一些土黴素，打算那天晚上開始給傑斯帕吃。還好三隻小獅當中只有傑斯帕要吃我手上大盤子裡的魚肝油，不然戈帕一定會吃掉大半。

剩下的獵物已經很餿了，習慣吃新鮮肉的小獅聞了聞，一臉嫌惡。

很多人認為獅子會故意把肉放到腐爛才要吃，這並不正確，當然獅子餓到極點也是什麼都願意吃。我只能希望小獅能趕快學會張羅新鮮食物。我想著想著，小艾莎毅然決然走開，好像是要去找獵物。戈帕跟在牠後面，傑斯帕還是一動也不動躺著，只是偶爾抬起頭來。戈帕和小艾莎回來之後，傑斯帕強打起精神跟牠們玩，但是明眼人都看得出來牠生病了。

我們絕對不可能丟下病懨懨的傑斯帕不管，只好派伊布拉辛帶著一封給國家公園管理員的信到塞倫勒那，解釋現在的情形，請他允許我們在塞倫蓋蒂再留幾天。我們現在沒有食物可以給傑斯帕吃，喬治看時間緊迫，就自作主張開六十公里的車到國家公園邊境之外，打了一隻獵物。我們知道這樣做違反規定，也只能希望國家公園考量目前的情況，能通融我們。我們在邊境附近看到一架低空飛行的飛機，大概是在做動物大遷徙調查。我們回到營地，原來國家公園管理員當時在飛機上，看到喬治射殺獵物，就前來質問我們為何違反禁令。我們道了歉，跟他說明現在的情況，拜託他寬限我們幾天，讓我們在小獅身邊露營。他說他沒資格決定，建議我們到阿魯夏和主管談。他還用無線電替我從奈洛比租了一架飛機，明天早上就來接我。那天晚上我們照常和小獅過夜。隔天我搭著飛機，穿越令人讚嘆的美景，前往阿魯夏，主管邀我共進午餐。主管對於喬治不顧禁令射殺動物不太高興，我向他道歉，也說明我們的難處。他說我們如果不喜歡現在的情況，可以再把小獅抓起來，帶到坦干伊喀的兩個野生動物保護區其中之一，就不必受國家公園法令規範，小獅生病了也能陪在身邊。我不想讓小獅再度搬家，我們看了地圖之後，我發覺把小獅搬到其他地方也不可行。他提議的兩個野生動物保護區都很狹窄，小獅很容易走到保護區之外，闖入人口稠密的地方。我拒絕之後，主管同意讓我們在塞倫蓋蒂多待八天陪小獅，也允許我們在六月八日之前在國家公園外面再打三隻獵物，到了六月八日就得離開。為了避免誤會，他把內容寫下來，讓我們自己決定六月八日之後是要讓小獅搬離塞倫蓋蒂，還是要讓小獅自生自滅。他也願意安排我們和國家公園董事長會面，由我們向董事會說明情況，因為董事會能幫的忙比他更多。

我在暴風雨中回到營地，感覺心情沮喪，身體又很不舒服。我還是強打起精神立刻到峽谷找喬治，那天晚上小獅都沒出現，我們只聽見斑馬的叫聲。隔天早上我雖然發高燒，還是跟著喬治去找小獅，連影子都沒找著。

小獅天黑之後才出現，一來就直奔魚肝油而去。牠們最近好愛吃魚肝油。我們還得限量提供，免得牠們吃太多。

我把摻了土黴素的肉裝在大盤子裡，拿到傑斯帕面前，傑斯帕抬起爪子來，把盤子朝地上推，又停了下來，爪子懸在半空中，把肉吃完了。牠是不是知道我怕牠的利爪萬一碰到我的手，會把我抓傷呢？

後來小獅聽見微弱的獅子叫聲，就朝叫聲的方向走去。

小獅不在的時候，我們忙著把環繞獵物的鬣狗趕走，結果鬣狗看到小獅回來才肯走。小獅匆匆吃了些肉，就跑進峽谷裡。小獅前腳一走，鬣狗後腳就回來，我們把獵物吊高，讓牠們拿不到，牠們這才死心離開。隔天晚上那隻獅子又叫，小獅還沒開始吃飯，一聽到叫聲就又朝獅子的方向走去。第三天晚上戈帕和小艾莎都飢腸轆轆，大吃特吃，傑斯帕卻是什麼也沒吃。牠的身體狀況好轉了一些，這當然是土黴素的功勞，但是牠距離完全康復還很遠。

想到傑斯帕的狀況，我決定去拜訪董事長，說明我們的困境。我說傑斯帕的箭傷可能需要動手術，牠現在身體不好，需要我們照顧。我特別強調小獅現在還不會獵食，如果我們拋下小獅不管，這次的搬家任務就不可能圓滿達成。我的說明終究沒能打動董事長，他還是堅持我們六月八日必須離開。

也就是說我們只剩下三天了，我在回家的路上突然想到，我要是以遊客的身分在塞倫蓋蒂停留，看誰還有意見！

這樣一來我就得在國家公園指定的地點露營，每天得開上很久的車才能見到小獅。我不能拿東西給小獅吃，晚上也不能出去，不過至少我看得到小獅。我想著想著就轉換方向，開往塞倫勒那，預定一個露營地點。人家說我的申請要送到國家公園主管那裡，我聽了嚇了一跳，還是申請了，希望能有好結果。

我們想好好利用所剩不多的時間，就開車到峽谷，小獅直到晚上才出現。我們等待的時候看到一隻公黑斑羚，我們每次到峽谷都會看到牠。牠從來不會加入羚羊群，也沒管小獅，小獅也從來不會跟蹤牠。這種和平共處的情形讓我們非常驚訝，我們在塞倫蓋蒂的這段日子，雙方都沒有開戰。

傑斯帕現身之後吃了藥，戈帕往肉衝過去，小艾莎則是去追逐在遠處大叫的斑馬。小艾莎飢腸轆轆地回來，傑斯帕想分一些牠的晚餐，就被牠打了一下。傑斯帕就識趣地走開了，坐在離小艾莎遠一點的地方，等小艾莎吃完，再用爪子抱著骨頭，頭左右搖晃撕扯，勉勉強強吃了點殘餘的肉。牠的個性就像艾莎一樣慷慨無私。

喬治隔天早上出發，去打我們能替小獅打的最後一隻獵物。

我們回到峽谷，把肉拿出來，小獅馬上撲過來。我一想到小獅從現在開始得餓上一陣子，直到牠們懂得獵食才能吃飽，我就很難過。至少戈帕和小艾莎身體不錯，但是我很擔心傑斯帕。

後來下起雨來，小獅離開了，喬治把獵物吊起來，沒想到小獅沒走遠。小獅一看到喬治把獵物吊高，就衝回來掛在獵物身上，我們覺得繩索搞不好會被拉斷。喬治把獵物放低，小獅馬上叼住獵物的喉嚨，好像以為獵物是活的，想讓獵物窒息。我們看了很安心，至少小獅知道獵食的首要規則。

我在六月七日前往塞倫勒那，人家告訴我，只要我像一般的遊客一樣守規矩，就可以留下來。

我在回營地的路上又看見那隻深色鬃毛的獅子，牠身邊有牠的伴侶，還有一隻帶著兩隻小獅的母獅。小獅大概是五周大。我覺得牠們一定就是幾個禮拜前把小獅逐出野放地的獅群。

我們在開放的空地度過能在這裡待的最後一晚，在滂沱大雨中窩在車子裡發抖。外面噪音太大，把我們呼喚小獅的聲音都蓋過去了。雨停了之後小獅還是沒出現，小獅習慣晝伏夜出，所以這可能是我們看到小獅的最後機會了。我聽見鳥兒睡醒之後猶有睡意的嘰嘰喳喳，看見天亮了，心情好沉重。

一群椋鳥正在吃獵物當早餐，喬治開始把獵物放低，牠們就拿喬治出氣。我們把比較大的骨頭敲開，把小獅最愛吃的骨髓挖出來，再把所有的肉拖到峽谷，用樹枝蓋住，希望鬣狗不會捷足先登。接下來我們開始尋找小獅，沿著峽谷慢慢走，呼喚所有熟悉的名字，卻沒看見小獅的蹤影。

我們打包行李，我用望遠鏡掃視周遭環境，看到兩隻短尾鵰飛上高空。我前些日子也看過牠們在天空翱翔，翅膀一直保持著完美的曲線，顯然牠們的地盤就在小獅峽谷的上空。

喬治已經發動車子，這時我在懸崖頂端看到一個黃色的點，很快就認出那是傑斯帕的頭。我呼叫小獅，戈帕和小艾莎出現了。我們一定要跟小獅道別才能走，所以喬治把引擎關掉，我們一起爬上懸崖。

戈帕和小艾莎不習慣有人跟在牠們後面走進牠們的城堡，就躲進峽谷裡，傑斯帕卻冷靜地坐著等我們，也讓我們拍了幾張牠的照片。之後牠慢慢走向兄弟姊妹，幾度停下腳步回頭看我們。我們還能再見到小獅嗎？

三十七、我成了塞倫蓋蒂的遊客

我幾乎花了一整天打包營地的東西，午茶時間過後才到塞倫勒那，三位管理員和他們的家人就住在給遊客居住的小屋附近。遊客要是想露營，也可以在大約一點六公里之外的指定地露營。我選擇在空地露營，在帳篷裡躺在床上也可看見曙光。

喬治離開之後，我們開始紮營，突然降下的傾盆大雨把我們大部分的東西都淋濕了。那天晚上幾隻鬣狗在附近咆哮，一隻獅子離我的帳篷好近，我都能聽到牠的呼吸聲。還好男生們都睡在卡車裡，我不用擔心他們的安全。

那天我到塞倫勒那，安排露營事宜，發現我們必須繳出槍枝，因為按照規定，遊客不得攜帶槍枝。

我問管理員，萬一獅子晚上來找我，我該怎麼辦。他露齒一笑，說：「就把牠們噓走就好啦！」這倒也是，我離開塞倫蓋蒂的時候，已經是「把動物噓走」的專家了。

隔天一早我和努魯還有當地的一位司機去找小獅，開車走過四十公里容易打滑的路面才到峽谷。三隻小獅躺在一棵大樹下。那時是九點，我從來沒看過小獅這麼晚還待在外面。小獅會不會是在等我們回來呢？小獅從來不會主動找我們，倒是會等我們來找牠們。艾莎以前就會這樣，的確，艾莎野放之後總把我們當成牠地盤上的訪客。我想小獅現在的行為應該代表牠們不覺得被遺棄，在新環境非常適應，也很自在。這也代表小獅這次搬家很成功。

我呼喚小獅，小獅動都沒動，我下了車，牠們就閃開。我開著車子跟在牠們後面，後來戈帕和傑斯帕窩在樹下，小艾莎已經不見蹤影。我到峽谷去看看最後一隻獵物的情形，卻沒發現獵物的蹤跡。

我回到小獅身邊，看見兩兄弟仍然窩在樹下，我站在牠們面前呼喚牠們，牠們只是坐著看著我，動都不動。我就坐下來寫信。後來戈帕往下走到河邊，過了一會兒傑斯帕也慢慢跟上去。兩小時過後，一隻斑馬狂奔而過，後面跟著一群黑斑羚，彷彿逃命般奔馳。我想一定是小獅在追逐牠們，就開車到之前傑斯帕消失的地方，還差點撞上一隻金色鬃毛的年輕獅子。我從山谷往下走，看到一隻成年母獅，後來又看到另外兩隻母獅，倒是沒看到小獅。

我們要想在天黑之前趕回塞倫勒那，現在就得啟程了。車子出了問題，汽車修理廠隔天早上十點才修好。等我們到了峽谷，應該不可能看到小獅在外面了。

我們開車走著走著，我看見一隻雄偉的紅色鬃毛公獅，才吃完獵物填飽肚子沒多久，現在昏昏欲睡。三隻胡狼也圍繞著獵物大嚼，獅子卻連耳朵都沒動一下。牠也沒理會幾百公尺之外，坐在樹下的兩隻頸部有著金色環狀毛的年輕獅子。

我們到達峽谷，就只看到那隻公黑斑羚獨行俠。

我想小獅昨天會那麼緊張可能是因為看到陌生的司機，那司機是我聘請的，所以今天我只帶努魯來，結果運氣不好，沒碰到小獅。這天我們一無所獲，只好啟程回塞倫勒那。早上我們看到金色鬃毛的公獅和牠的獅群，現在牠們還在原地。

我們隔天早晨前往峽谷的途中，發現十二隻斑點鬣狗往同一個方向走。更遠一點我看見一大群黑壓壓的動物，好像是疊成一堆。我拿出望遠鏡，看見六隻野狗在攻擊一隻獵物。牠們移開一會兒，我看到一隻小鬣狗掙扎著站起來，一秒鐘過後又被野狗圍攻。我不忍心看著六隻野狗將小鬣狗撕成碎片，就猛踩油門衝上前去，野狗就往後退。我開著車不斷移動擋在野狗和小鬣狗之間，等小鬣狗慢慢走向鬣狗群。小鬣狗背上有些抓傷，都流血了，但是好像不痛，也不像受重傷的樣子。牠一直停下來回頭望著野狗。後來另一隻小鬣狗走向那群野狗，我不知道該把車往哪個方向開，也不知道該怎麼快速攔住牠，才能同時保護兩隻小鬣狗。後來成年鬣狗接手，把兩隻小鬣狗團團圍住。野狗又轉移目標，用後腳站立撲向彼此，表面上是在玩耍，其實是漸漸靠近幾隻湯氏瞪羚。突然間四隻鬣狗衝向野狗，沒想到野狗竟然跑掉了。當然鬣狗的齒顎是很有力，一群鬣狗是很可怕的，可是野狗都已經嘗到小鬣狗的血了，竟然會因為少數鬣狗攻擊就放棄嘴邊的肥肉，這是我始料未及的。

那天早上我們還遇到一群黑斑羚，總共有五十隻。牠們的角是里爾琴形狀，身體纖細又比例適中，還有深紅的毛色，是最美麗的羚羊。我們一接近，一隻黑斑羚用優雅的姿態大步跳躍離開，不久之後整群黑斑羚都井然有序地跳躍。牠們這次移動是有原因的，不過牠們跳來跳去常常只是好玩。在這個季節，羚羊群裡雌雄混雜，不過在某些月份，母黑斑羚會獨自成群，而公黑斑羚就成了單身漢俱樂部。我們曾經遇到四十隻老老少少的公羊組成的羊群，也遇過多達七十隻母羊的群體，母羊群有時由一隻公羊負責保護。

我在小獅山谷的入口看到兩對正在交配的獅子，我之前也看過牠們。我抵達峽谷，看到一隻最近被獵殺身亡的黑斑羚的顎骨。我焦急地四處尋找那隻落單的公羊，幸好看到牠在不遠處喝水。我呼叫小獅，卻只看到一隻鬣狗溜走。

那天我們又沒看到小獅。一路上很顛簸，我們幾次跌進隱藏在草叢裡的大食蟻獸挖的洞，還得用千斤頂把車輪托起來。

我們每天一大早就前往小獅山谷。太陽尚未升起，相連的平原彷彿閃亮的露水形成的海洋，一陣霧氣從海中升起。四面八方都是動物，毛皮或柔亮、或蓬鬆、或有斑點、或有條紋、或為單色，有些有角，體型各異，全都在蹦蹦跳跳，空氣中洋溢著渲染力十足的快樂氣氛。很多動物生性保守，我們對許多動物都很熟悉了。

有天我們看了三隻獅子一會兒，這三隻長得好像我們的小獅，像到努魯一口咬定牠們就是傑斯帕、戈帕和小艾莎。為了證明他搞錯了，我朝牠們呼喚，牠們沒有回應，最後我在車子附近放了一盤水試探牠們。兩隻小公獅其中一隻是領袖，一看到水盤就對我咆哮，還走開了。說來也真湊巧，這三隻小獅跟艾莎的孩子年齡一樣大，也一樣失去母親。這隻母獅長得像小艾莎，一舉一動也很像，只是牠坐著的時候不像小艾莎會把頭縮在肩膀中間。兩隻小公獅也沒有傑斯帕的箭傷和戈帕的大肚子。我們看了牠們幾小時，我確定之前從未見過牠們，不過我們駕車離開之後，我又有些懷疑，我們就回去再看一次，這次確定牠們真的不是我們的小獅。

我知道傑斯帕、戈帕和小艾莎沒辦法馬上適應又有舌蠅、又離一大群獅子很近的地方，就在懸崖底下還有山谷深處的各峽谷尋找，因為那裡沒有舌蠅，獅子也比較少。我看到一處侵蝕嚴重的乾涸河床，覺得小獅很有可能藏身在此，因為四周有陡坡保護，小獅應該會覺得從這裡走到河邊，會比跨越山谷來得安全。河床附近有許多黑斑羚，我們就稱之為「黑斑羚河床」。河床遠處的盡頭在河旁邊，也是一個獅群的地盤。我們第一次見到那獅群，剛好是一天最熱的時候。我們看到一隻母獅還有兩隻幾乎成熟的小母獅在睡覺。附近有個獵物，獅群雖然吃飽了，還是在看守獵物。獵物上頭有棵樹，兀鷲群聚其上。第三隻小母獅趴在一根樹枝上，過了一會兒伸展伸展肢體，打個哈欠，慢慢爬到地上，往媽媽身上撲。

那天天氣很熱，獅子都在喘氣。兩隻小獅突然跑到一棵茂密的小樹，爬上細長的樹枝，樹枝被牠們壓得搖來搖去，都快斷了，小母獅還是待在高處，想必是在享受微風。

還有一次我們又遇到同樣的四隻母獅，牠們走向河床中一處不流動的水坑。媽媽走在前面，每走一步就用一隻爪子小心翼翼碰碰看泥地。結果牠發現再往前走就要陷在泥裡了，眼看沒辦法走到水坑喝水，牠只好四下張望，找一個中意的地方，坐在涼爽的泥巴上聊表安慰。兩隻小獅也照辦。我們常常看到艾莎和這隻母獅一樣小心謹慎。獅子總會小心避免陷入泥地，我從來沒聽過獅子淹死在泥裡。

大象可就不一樣了，在乾旱時期，大象口渴難耐，常常陷入泥沼。大象掙扎得愈厲害，就陷得愈深。我們常常要救大象，免得大象承受這種痛苦又漫長的折磨而死。有時候好幾隻大象會困在同一個地方。「大象墳墓」的說法之所以流傳，可能就是因為許多大象死於泥沼。河馬、犀牛與水牛同樣是喜歡在泥巴裡打滾的大型動物，似乎就從來不會陷入泥沼，而且好像天生就知道哪些地方很安全，可以洗泥巴浴，哪些地方去不得。

幾天之後，我們在同一地點遇見那四隻母獅，還有一隻體型很大的公獅。我覺得我們應該到山谷更深處找小獅，因為小獅不可能待在這種獅群的地盤。我們開車走了六十幾公里到山谷的盡頭，看到一大群牛羚和斑馬，牠們飽受一波又一波的舌蠅大軍攻擊，我看了就覺得小獅應該不會拿這裡當家。我們唯一還沒找過的就是小獅峽谷對面那條河遠處的山丘，還有懸崖的腹地。

到山丘去找是不可能了，因為不可能開車上去，不過我倒是想繞個大遠路進腹地，到通往懸崖後方比較平緩的坡道，抵達懸崖邊緣。我們在極其難走的路面顛簸了幾天，最後我決定放棄，不去懸崖了。主要是因為萬一車子在這麼偏遠的地方拋錨，我可吃不消。

每天早上我們都滿懷希望出門，晚上都垂頭喪氣回家。

我們在回家的路上，夕陽在我們身後，正好給我們充足的亮光看動物。

傍晚的風景十分平靜，但是我知道這只是掠食動物出來獵食之前的短暫寧靜。看到許許多多偷偷摸摸走來走去的鬣狗，我更相信殺戮情節即將上演。貓科動物會直接獵食，鬣狗則是撿其他掠食動物的獵物，不然就是攻擊剛出生的小羚羊之類無力自衛的動物。

我在營地度過的夜晚通常很刺激，我常聽見獅子走來走去，牠們的聲音我差不多都能辨認。有一次我醒來聽見舔水的聲音。我在半夢半醒之間又聽了一會兒，才醒悟到原來有一隻母獅在我的帳篷裡喝著我水盆裡的水。我和原始非洲之間只隔著一張桌子，只好對牠大叫，要牠走開，牠也就乖乖走開了。我跟國家公園管理員說了這件事，他說大家都知道塞倫蓋蒂的獅子有時候會走進帳篷裡，拉扯防潮布，還會看看帳篷裡面的動靜。

這些深夜的訪客有些會讓我心跳加速，不過萬籟無聲的夜晚傳來的獅吼從來不會讓我心驚膽戰，在我聽來這是天籟之音，常常是溫和又動聽。塞倫勒那附近的獅子從小就習慣遊客，所以特別友善。很多小獅在喝奶時身旁都是汽車，對牠們來說人類和汽車都是日常生活的一部分。

除了在人類曾經獵殺動物或者從車裡射殺動物的地方，野生動物似乎都把車子當成某種動物同伴，雖然習性怪異、氣味特殊，卻也無害。只要車內乘客不要太吵鬧、不要動作太大，乖乖待在車子裡面，動物也不會害怕人類，但只要人類一下車，動物就會害怕跑走。

我們每天都遇到許多獅子，卻始終沒有我們的小獅的蹤跡。這陣子國家公園主管在塞倫勒那短暫停留，我問他我可不可以把車開到我認為小獅會在的地方，在車裡住幾晚？我說白天找牠們大概也是白找，到了晚上我的車頭燈應該可以把牠們引來。他覺得這樣不好，我只好照舊在白天找。

我們現在是儘量靠近河對岸的山丘搜尋。

乾季已經降臨，動物現在得依靠水坑，還有不會乾涸的河流。

每年的這個時候都是偷獵最猖獗的時候。偷獵者清楚知道動物解渴的必經之地，管理員必須費盡全力才能防堵偷獵者。管理員沒收的羅網、毒箭和長矛數量之多令人瞠目結舌，更何況沒收的數量其實只是冰山一角。做羅網所需的金屬線很便宜，隨便找一個印度商人都能買到。

東非的偷獵、旱災和水災，還有人類為了居住耕種要和動物爭地，合法獵殺野生動物的行為，都嚴重威脅野生動物的生存。我一想到野生動物有一天可能絕種就害怕。我和動物相處愈久，就愈想幫助牠們，也愈覺得幫助動物就是幫助人類，因為如果人類把野生動物趕盡殺絕，就會破壞自然世界的平衡，而人類也是自然世界的一份子。一家貴格會教派報社對於人類與動物的關係發表了非常正確的看法，說人類常會忽略一個事實，那就是據說在太初之時，人類統治動物並沒有罪惡，因為人類並沒有違逆上帝，每天都與上帝交流（〈往東到伊甸園〉，《朋友報》，一九六〇年八月五日）。

我每天開車出去找小獅，有得是時間思考人類為何會遠離自然生活，不過我收到許多艾莎系列書籍讀者的來信，發覺許多人其實都喜歡過可以接觸大自然與野生動物的生活。此刻正有隻母獅帶著小獅擋住我們的去路，牠們在陽光下懶洋洋地伸展肢體，完全沒有讓我們過去的意思（這條路到底是誰的啊？），如果讀者可以親眼看到這個景象，而不是只在書本上看見，會有多開心啊！

一天一天過去，始終沒有找到小獅，我愈來愈沮喪，到最後總算寫信給喬治，請他過來幫忙找小獅。

幾天之後主管帶著一位國家公園管理員到我的營地，我趁機再提起希望能待在外頭在車子裡過上幾夜，想說我的車頭燈應該會把小獅引來。我也問他們我可不可以爬上懸崖，走進山裡，如果有必要也可以請持槍的非洲管理員陪同。我再次強調傑斯帕的傷勢，還有小獅其實年紀都還小。主管說他會在下次的董事會會議轉達我的意見，也建議我寫信給董事長。我就寫了。

有天晚上我在打字，聽到有人講英語，嚇了一跳，結果看到三個男人，是來自肯亞的農民，現在放假，在距離我的營地幾百公尺的地方紮營。他們看見我的燈光，就走來邀我一起喝一杯。

雖然我的營地與他們相距不遠，我還是很驚訝他們沒拿手電筒就走過來。我說這一帶有獅子，而且獅子有很多地方可以躲藏。他們看我這麼焦慮，雖然哈哈大笑，還是接下了我的燈，照亮回程的路。

隔天晚上我跟他們共進晚餐，發覺他們沒有帳篷，就露天睡覺，而且營床離地面竟然只有十幾公分，嚇了一跳。我問他們萬一獅子在他們睡覺時大駕光臨怎麼辦，他們哈哈笑，顯然覺得這女的緊張過度。

隔天早上我們在營地下方的小河見面，我們的去路被十三隻獅子擋住，只好停下腳步，等了很久。後來獅群終於走開，我們繼續往前走。這群農民就在這天白天告別這裡，我晚上回到營地，發現一瓶酒和一封信，信的內容叫我要開心一點，別再擔心晚上會有誰光臨。我希望他們說得對，但還是覺得露天睡在這麼低的營床上簡直是自找麻煩。

我在七月一日收到喬治發來的電報，說他七月四日會到。這段日子我就繼續找小獅。

我在回家的路上遇到遊獵團，就停下腳步。他們跟我說前一天晚上一對獅子走到他們的帳篷附近幾公尺，其中一隻走路一跛一跛的。

我回到營地，發現喬治在營地。他離開將近一個月，現在有十天的假。他好急著要找小獅，一分一秒都不想浪費，開了一整晚的夜車到營地。

他整晚沒睡，還是想馬上出發找小獅，他先跟我說了之前我們請董事會允許我們睡在車上，主管給我們的答覆。主管只說董事會討論過我們寫的信，他會發公文通知我們董事會討論的結果。他還說他希望我們不會覺得他們不關心這件事情。這些話說了其實等於沒說，不過至少我們還有一線希望。

我知道國家公園管理員之前去阿魯夏，那天晚上就會回來，就前去拜訪。他帶來主管給我們的信，說如果我們答應一些條件，就可以在外面睡在車上，可以拿水和魚肝油給小獅，可以隨意到各處散步，只是風險要自行承擔，喬治也可以攜帶防身用的武器，只是我們只能停留七晚。主管也說他已經獲准把小獅搬遷到坦干伊喀的姆科馬齊野生動物保護區，那裡不是國家公園，我們在那裡可以陪伴小獅，當然要不要搬遷小獅全由我們決定。

我們要答應的條件如下：我們馬上把籠子搬到我們要尋找小獅的地方。一旦找到小獅，就要決定要讓小獅搬遷還是留在原地。如果小獅要留在原地，那我們就必須離開國家公園，不得要求他們再通融。如果要搬遷小獅，就必須立刻通知國家公園管理員。沒有管理員同意，我們不能打獵物，而且每隔一天就要告訴管理員最新狀況。

我開車回到營地的路上，遇到一個遊獵團，他們才抵達沒多久，在我們營地幾百公尺之外紮營。他們也是來自肯亞的農民。

我們打包了一個禮拜所需的東西，放在車裡。我在外露營多年，身處野生動物的地盤，所以睡眠很淺。那天晚上我醒來，聽見遠處傳來汽車引擎聲。過了一會兒，國家公園管理員來了，要我馬上躲進車裡。一隻獅子襲擊附近一處營地的遊客，現在還潛伏在附近。他問我們有沒有嗎啡，塞倫勒那沒有這個。被獅子襲擊的那位男性遊客傷勢很嚴重。還好喬治有兩安瓿的嗎啡，我們把這些還有我們所有的磺胺類藥劑拿給管理員。他說這一帶有一架包機，天一亮就能把傷者送往奈洛比。我們很想幫忙，他說真的不需要就離開了。不久之後我們聽見飛機起飛的聲音。

喬治叫努魯還有其他的員工把燈點亮，別睡著了。

我們一大早就到離我們的營地只有三百公尺的事發現場，看看傷者的朋友需不需要幫忙。我們研究地上的足跡，發現兩隻獅子曾經經過我們的營地，沿著通往下一個營地的車道走，在車道旁邊停下。那足跡是兩隻公獅的足跡，其中一個比另外一個大得多。大獅子靠近營火，咬住一個大搪瓷壺，把壺都給咬穿了，可見牠齒顎力量有多大。在這裡露營的一共有五人，其中有一對夫妻有自己的帳篷，晚上就把門簾關上，另外三個男人共用一個帳篷。昨天晚上比較熱，所以那三個人就沒有掛上蚊帳，把低低的營床排成一排。他們頭朝著帳篷的門簾睡下，而門簾是開著的。其中一位把臉盆放在頭後面的架子上，旁邊的那一位有帳篷中間支柱保護，第三位和帳篷外面則是完全沒有阻隔。那天晚上，睡在中間的農民被輕微的呻吟聲吵醒，發覺身旁的營床上沒人，而且亂糟糟的。他打開手電筒，看到十五公尺之外有隻獅子，嘴裡咬著他朋友的頭。他把營地的人全都喚醒，兩位很勇敢的非洲僕人衝向獅子，其中一位朝獅子扔了一把非洲大砍刀（一種長刀），大概是打到獅子了，因為獅子扔下口裡咬著的人，狠咬大砍刀的刀柄，稍微走遠一些。受傷的農民很快獲救。那隻獅子繼續繞著營地走，後來有人開車朝牠衝過去，牠才沒敢靠近營地。

營地的訪客當中有一位是來自歐洲的醫護人員，幫那位農民包紮傷口。幾位國家公園管理員和他們的妻子在飛機抵達之前照顧傷者，再由飛機把傷者送往奈洛比。可惜他的傷勢太重，最後在手術台上過世。

這是塞倫蓋蒂成為國家公園以來第一起死亡事故。那天早上兩位管理員把兩隻獅子開槍打死。比較大的那隻肩膀上有個腐爛的傷口，想必在獵食上有諸多不便。遇到這種情況，非洲任何地方的任何一隻獅子都會毫不考慮殺害人類。

三十八、又見幼獅

那天早上主管乘著飛機前來，我們和他談了一會兒。他說董事會同意我們在小獅山谷睡在外面七個晚上，至於萬一我們看到小獅形色憔悴而想給小獅吃東西，他建議我們不要杞人憂天，又說遇到緊急事故，國家公園管理員應該可以幫忙。喬治只剩下八天的假，董事會信上開出的條件要我們把籠子運過去，可是我們已經沒有時間拿籠子了，再說我們也不知道籠子到底會不會派上用場。我們出發之前必須先把營帳搬到塞倫勒那，因為發生死亡事故之後，這一帶要等到安全措施完備之後才能開放露營。

結果我們那天很晚才出發前往小獅峽谷。我們抵達之後，把車停在小平原的中央，喬治五月時曾經在這個小平原見過小獅。

那天晚上沒有半隻小獅出現。

隔天一大早，我們開車到小獅峽谷附近，爬上峽谷上方的懸崖，將近一個月之前，我們在這裡看過小獅。我們沿著懸崖頂走了將近三小時，不斷呼叫小獅，小獅都沒出現。我們往下走到另一個山谷，再走回車子。我們走到通往小獅峽谷的斜坡的頂端，這時喬治抓住我的肩膀。三隻小獅都到齊了，就坐在車邊等著我們。三隻都一副理所當然的樣子，好像我們從未離開牠們。傑斯帕走來迎接我們，發出像艾莎以往迎接我們都會發出的輕柔呻吟聲。傑斯帕讓我拍拍牠的頭，又坐著看我們走向其他兩隻小獅。我們一接近，那兩隻就走去坐在樹下。我們拿魚肝油和水給牠們，牠們又走過來，三兩下舔得一乾二淨。牠們很瘦，不過身體狀況還不錯，但傑斯帕和戈帕的鬃毛已經掉光了，看起來好像母獅。傑斯帕的毛皮不再閃亮，身上還插著那支箭，傷口流出稀稀的膿水，引來蒼蠅，傑斯帕自己又一直舔。他身上還有一些小傷疤，大概是跟其他動物打架弄的。傑斯帕對我們非常友善，也願意靠近我們，只是不肯讓我們把箭拔出來。

再次看到小獅真是開心極了，我們一邊看著小獅，一邊討論幾個難解的問題。傑斯帕和戈帕的鬃毛怎麼沒了？我們知道家貓壓力太大有時會掉毛。傑斯帕和戈帕是不是因為適應新環境壓力太大，鬃毛才會掉光？小獅今天又怎麼會出現？是不是晚上看見燈光，知道我們在這裡？還是我在搜尋小獅山谷的時候牠們都躲起來，看到陌生的司機就嚇到不敢出來？

小獅之前在一天比較熱的時候都會找個地方避避熱氣，現在我們吃午餐，牠們倒是躲在一棵樹的些微樹蔭下。喬治去開我們留在平原的第二台車，小獅也無所謂，這天其餘的時間就一直待在外面。感覺牠們過日子的習慣愈來愈像塞倫蓋蒂的獅子了。

這段期間那隻獨行俠公黑斑羚一直都在。將近天黑時，牠好整以暇地走下山，邊走邊吃草。小艾莎跟在牠後面，過了一會兒傑斯帕也跟過去。小獅看黑斑羚在吃草，就蹲得低低的，朝著黑斑羚蜿蜒前進，但是黑斑羚往牠們的方向看，牠們就會靜止不動。戈帕按兵不動，看著牠們獵食。到最後黑斑羚跑走了，兩隻小獅就回來了。

我們之前在車子裡的營床旁邊存放一些設備，其他的設備放在車頂。傑斯帕把這些設備一樣一樣仔細看，大概是希望能找到晚餐，就連戈帕和小艾莎都靠近我們，可是我們只帶了魚肝油給牠們吃。

我們讓牠們儘量多喝魚肝油，因為魚肝油對牠們有益。牠們喝完之後就窩在我們的車邊，一個晚上我們都聽見牠們玩耍的聲音。傑斯帕幾次過來找我們，想必是覺得奇怪，我們怎麼沒拿肉給牠吃呢？

我們焦慮了幾個禮拜，現在發現這次野放很成功，小獅身體還不錯，真是大大鬆了一口氣。我們唯一擔心的是傑斯帕流膿的傷口以及失去光澤的毛皮。小獅吃了這麼多苦，我們不可能再讓牠們搬家，傑斯帕如果在塞倫蓋蒂就能動手術，那我們也不想把牠單獨帶到別的地方。所以我們決定要利用這個禮拜調養傑斯帕的身體，再安排牠動手術。今天倒是沒時間忙這個。

隔天早上我們發現小獅在從山上往下走四百公尺左右的地方，待在灌木下面。傑斯帕馬上就過來，站在我們和牠的兄弟姊妹之間，我把牠的魚肝油拿給牠舔。那天早上牠毛皮的狀況比我們第一次看到牠時糟糕許多，全身都是豌豆大小的腫包。我們很擔心，不過還是想先確定腫包出現的原因，免得虛驚一場。艾莎在螞蟻上面翻滾之後，有時候也會出現這種腫包。只是現在我們也不能斷定螞蟻就是罪魁禍首，只能繼續觀察傑斯帕。要觀察就得替小獅張羅食物，不然小獅就得到處獵食。

喬治開車到塞倫勒那，請董事會允許我們給小獅吃東西，又發越洋電報給艾莎系列書籍的出版商，告訴他們好消息。

喬治懷著滿腔熱情寫下這段電報，又太過樂觀地發了一個類似的電報給阿魯夏的主管：「小獅找到，狀況極佳。」他的用字遣詞讓對方誤解，後來造成嚴重誤會。喬治不在的這段時間，我看著小獅在灌木下打盹。

大約一百二十隻湯氏瞪羚在午餐時間左右跟那隻公黑斑羚同時出現。牠們一看到我就停下腳步，轉向小獅，開始在距離小獅二十公尺的地方吃草。有隻魯莽的湯氏瞪羚還走向小獅的灌木，整群湯氏瞪羚都是一副附近沒獅子的樣子。小獅趴伏在地，頭放在爪子上，看著牠們。看了半小時之後，小艾莎突然全速衝向羊群，羊群逃進山谷，只有二十五隻左右被衝散，留在後面。過了一會兒，小艾莎也往那二十五隻追過去，但是顯然只是為了找樂子。小艾莎和湯氏瞪羚都沒把這場遊戲當回事，後來傑斯帕和戈帕也來助陣，情況才有所改變。湯氏瞪羚蹚蹚地踩著岩石往山上逃，只剩下一隻小幼羚跟爸爸靜靜站著，看著整個過程，直到小獅回來才離開。瞪羚父子慢慢沿著山谷走，跟羊群會合，走到半路遇到小幼羚的媽媽，媽媽舔舔寶寶，把寶寶安全帶回羊群。

喬治空著手回來，沒帶獵物。國家公園管理員不在，所以喬治就等到下午再用無線電跟主管通話。主管允許他到離國家公園將近一百公里遠的一個小村莊買兩隻山羊。喬治如果去那村莊，就沒辦法當天趕回來，所以他打算明天再去買。

小獅黃昏時過來要晚餐，我們只有魚肝油，所以牠們很早就離開了。隔天早上喬治開車去買山羊，我整理我們的設備，把鋪蓋拿出來晾。我的東西都放在地上還沒收，小獅就來了。這下牠們玩得可開心了，還好牠們個性很善良，沒有弄壞東西，也讓我把東西收好。之後牠們就跑到灌木的樹蔭下，在那裡待到晚上。

喬治在晚上六點帶著山羊現身。傑斯帕一看到肉就一把搶去，帶著肉跑走了。戈帕和小艾莎追在後面，一場混戰展開。三隻小獅坐著，鼻子對著鼻子，抓住獵物不放，場面愈來愈火爆，小獅開始互吐口水、互相咆哮。僵局維持了一小時，誰也不肯讓步。後來戈帕要把肉帶走，傑斯帕見狀馬上抓住肉，僵局再次出現。兩兄弟平貼著耳朵，互相怒吼，小艾莎則是靜靜啃肉。最後傑斯帕和戈帕不再劍拔弩張，三隻小獅和和氣氣一起吃。

我們把第二隻獵物放在車頂上，覺得放到明天應該都很安全，因為小獅從來不會爬到車上。沒想到隔天一早我被一聲響亮的「咚」吵醒，發現車子搖晃得厲害。接下來我就看到傑斯帕拿著獵物，從車頂跳到引擎蓋上，拖著牠走向峽谷，另外兩隻小獅也跟在後面。

幾小時之後，傑斯帕又出現了，跳上車頂。我們在車頂放置多餘的設備，牠發現好多好玩的東西，有裝滿瓶子的紙箱、我的壓花盒、橡皮墊，還有折疊扶手椅。牠忙著把紙箱裡的東西倒出來，瓶子哐噹哐噹摔在地上。他又想把壓花盒裡面的吸墨紙拿出來，拿不出來就把壓花盒扔下車。牠也洗劫了我們其他的設備，玩夠了就把頭枕在爪子上，對著我們眨眼睛。戈帕和小艾莎之前一直目不轉睛看著牠，只是沒敢過去與牠同樂，現在牠們到一棵倒塌的樹玩耍，傑斯帕不久之後也過去一起玩。三隻小獅頂來頂去鬧著玩了一會兒，又往峽谷走去。

我們發覺離我們最近的山頂有許多兀鷲盤旋，大概是剛離開動物死屍，可能是昨晚我聽見在附近吼叫的獅子所殺的動物。我們吃完午餐，去找小獅，發現小獅在懸崖底茂密的灌木下睡覺，旁邊有個才被獵殺沒多久的葦羚屍體。我們不知道是小獅自己獵殺的，還是小獅從花豹那邊偷來的。如果一場獵殺就在離我們不遠處上演，而我們竟然一點聲響都沒聽見，那也太奇怪了。

那天晚上我們又去找小獅，發覺牠們已經把葦羚吃得差不多了，把剩下的拖進隱蔽處。我們聽見灌木叢裡傳來的獅子呼吸聲，卻看不見牠們。想來也真神奇，這麼大的動物竟然能把自己完全隱藏起來，何況我們知道牠們其實就在幾公尺外。後來我們聽見一隻花豹的咳嗽聲，就知道葦羚是誰殺的了。

天黑之後，小獅過來喝水，在我們附近過夜，不過隔天早上我們發現牠們已經走了。牠們午餐時間過後從峽谷走來。傑斯帕跳上我的車頂，戈帕和小艾莎則是躺在大約五十公尺之外的樹蔭下。我想不通傑斯帕為何比較喜歡跳上我的車，比較不喜歡跳上喬治的車。牠是不是認為我的車是**牠的**車？還是牠覺得我的車看起來比較舒適？艾莎一向都比較喜歡喬治的車。

那隻公黑斑羚又像往常一樣來報到。牠發出哼聲和咕噥聲，小獅完全沒理會。小艾莎花了點時間跟蹤湯氏瞪羚，卻顯然沒打算獵食，很快又坐下來了。我靠近傑斯帕坐著，能抓到箭的時候就想辦法拔箭。我轉動露出來的箭柄，傑斯帕也無所謂，但是那支箭牢牢固定住，絲毫沒有鬆脫的跡象。箭尖只插進皮膚一點點，只需要割一道小小的裂縫就能抓著箭尖連同箭柄拔出來。牠身上的腫包已經消失了，大概是被螞蟻咬才會腫起來，可是牠的毛皮黯淡邋遢。不過夕陽一照，牠的毛皮呈現金色，臉龐和表情像極了牠的母親。牠每次專注看著我，就像艾莎以前那樣，我都突然覺得艾莎回來了。傑斯帕讓我拍拍牠的爪子，摸摸牠的鼻孔，牠閉上眼睛，我也閉上眼睛。我覺得艾莎一定就在我們身邊。我再次睜開眼睛，覺得自由自在，好奇妙的感覺。

夜晚降臨，我們回到車子。我的帆布車頂很快就被傑斯帕的體重壓到下陷，我在床上就能隔著帆布拍拍牠。後來喬治感覺車子搖動，就醒來了，發覺傑斯帕倚著車子的後擋板，看著喬治，好像想進去車裡。另外兩隻小獅不見蹤影，傑斯帕在黎明時分離去。

我們整個早上都在找牠們，牠們卻連個蹤影都沒有，到了午茶時間，牠們倒是從山谷走來，我們之前還到山谷找過牠們。傑斯帕坐在我車子的引擎蓋上，我再試最後一次，想把箭拔掉，還是沒成功。

我們明天就得離開小獅，要不是傑斯帕的傷，我們對牠們的狀況還真的很滿意。箭傷現在對牠的妨礙不大，但是牠很明顯變得比較虛弱，而且箭傷也是感染源，牠黯淡的毛皮就是明證。傑斯帕要是跟獵物打鬥，皮膚可能會裂開，箭頭也可能會插得更深，這兩種情況都會造成嚴重傷害，終究會削弱牠的獵食能力。考量現在的情況，牠愈快動手術愈好。我們商量之後，決定提前結束跟小獅相處的時間，隔天儘早離開，就能用無線電跟主管通話，請他允許傑斯帕動手術。要動手術的話，我們得拿個籠子把傑斯帕關起來，還需要一位獸醫給牠打麻醉、動手術。喬治說他有把握可以延長假期，爭取到把事情安排妥當還有動手術所需的時間。

天黑之後傑斯帕過來吃魚肝油，我們六天前打開三點八公升的一罐魚肝油，現在已經所剩無幾。我想平均分配給三隻小獅。傑斯帕看到我拿著罐子，就要搶奪。我說：「不可以，傑斯帕，不可以。」牠的表情既困惑又受傷，馬上就轉過頭去。我把魚肝油倒在三個盤子上，戈帕和小艾莎馬上就喝完了，但傑斯帕自尊心受創，不肯靠近我伸向牠的盤子。我也不敢把盤子放在地上，怕被戈帕和小艾莎喝光，只好拚命跟傑斯帕示好。傑斯帕冷漠地別過頭去，不肯理我。

我們一個晚上就看著小獅在我們車子後面親暱地舔來舔去，滾來滾去。牠們在晚上十一點左右離去。這是我們最後一次看到小獅，不過那時候我們以為我們馬上就會帶著獸醫回到這裡。

那天晚上我們聽見幾隻獅子低聲彼此呼喚，希望那是我們的小獅在獵食。

隔天早上我們前往塞倫勒那，希望能立刻安排傑斯帕動手術所需的設備。結果人家不准。我們經過阿魯夏，再次和主管聯繫。他建議我們向董事會爭取，董事會下次開會是在八月。我們懷著沉重的心情，離開坦干伊喀。

三十九、漫長的追尋

我們抵達奈洛比，聽到好消息，肯恩·史密斯現在可以接任北部邊境省的野生動物保護區資深管理員，喬治就有時間料理小獅的事情了。我們寫信給坦干伊喀國家公園主管，請他在八月中旬的董事會會議上替我們提出申請，徵求董事會的許可，給傑斯帕安排手術。

我先去伊西奧洛，把我們的家具搬出總督府，搬到我們向肯亞國家公園管理處承租的房子裡。之前我們住在總督府，現在新家離舊家大約十三公里。喬治則是去幫一群烏干達赤羚搬家，牠們妨礙當地人的利益，所以要搬到四百八十公里之外的野生動物保護區。這次搬遷所需的費用來自狩獵部、艾莎野生動物訴願委員會，以及艾莎系列書籍的版稅。這些烏干達赤羚外型非常美麗不說，而且這五百隻左右的羚羊是肯亞唯一一群烏干達赤羚。

比利·柯林斯在八月底再度造訪東非。他來是想再看小獅最後一眼，還要參加阿魯夏會議。這次會議是有史以來第一次邀集全球各地有志投入野生動物保育的人士，共同討論東非的野生動物保育。比利·柯林斯到奈洛比的時候，我們剛好接到主管發來的電報，說董事會不允許傑斯帕在這裡動手術。

麥克雷雷獸醫學院的哈索恩醫生是非洲最有名的外科獸醫，他答應我們如果傑斯帕需要醫療，他願意為傑斯帕開刀。現在他正好也在奈洛比，我們就找他商量，還有東非野生動物組織的創辦人兼董事長諾爾·西蒙，以及格林伍德少校，商量看看現在希望破滅該怎麼辦。

我們決定比利和我應該去塞倫蓋蒂待一個禮拜，把小獅找到，比利會在阿魯夏和董事長碰面，想辦法說服他改變心意，如果情況許可，哈索恩醫生診視後又覺得有必要，就讓哈索恩醫生給傑斯帕開刀。

我們路過阿魯夏，比利拜訪國家公園主管，跟他說我們希望能睡在外面，以便找小獅，也說一旦我們找到傑斯帕，覺得傑斯帕需要動手術，請他允許我們動手術。這次談話絲毫未能改變主管的態度，不過他們倒是同意我們找到小獅之後，比利應該去找董事長商量。

隔天一早我們到達塞倫勒那之後，就前往小獅的野放地點，發現一群調查員已經在這裡住了一個月，就問他們看到了哪些獅子。他們看到很多獅子，只是他們當然不知道當中有沒有我們的小獅。

我們往上走到小獅峽谷，我呼叫傑斯帕、戈帕和小艾莎，卻沒有回應。我們就繼續沿著山谷往上走，一看到兀鷲盤旋在樹上，我們就開車過去，希望能看到正在享用獵物的小獅，可惜每次都失望。我們看到幾個獅群，一度還很接近多達兩百隻的一群水牛，只得火速駛離。按照規定，遊客必須在天黑之前回到塞倫勒那，我們一直找到天黑才回去。

接下來的幾天我們沿著河流找，因為乾旱的關係，我頭一次看到河邊聚集這麼多動物。最後我們回到峽谷，呼喚小獅很久，還是連個影子都沒看見。我們在回家的路上，看到一隻美麗的獵豹在蟻丘上，還有一隻花豹和一隻凹嘴鸛在大水坑解渴。

到了第四天，比利很明顯身體不舒服。他被舌蠅無情叮咬，雙臂和雙腿都腫得厲害。還好有位醫師剛好住在小屋，他說比利是過敏，也開了藥，要比利別再回到舌蠅肆虐的地方。

有天晚上我們和國家公園管理員夫婦共進晚餐，也見到主管，他建議我們明天去看犀牛野放。這隻犀牛因為在原本居住的地方妨礙到利民計畫，所以搬遷到國家公園野放。這也是頭一次有動物因為這種原因獲得野放。

好多人都來觀看犀牛野放。籠子的門一打開，大家一看到犀牛就是一陣喧鬧。一頭霧水的犀牛走向一台小轎車，車主被眾人的大聲警告嚇到，趕快把車移走。犀牛又轉向，經過董事長的座車，慢慢走向河邊，消失在灌木叢裡。我看這犀牛這麼乖，鬆了一口氣，犀牛的行為很難捉摸，被惹毛的犀牛更是如此。

比利趁這個時候交給董事長一封信，請他允許我們給傑斯帕動手術。不久之後我們就離開塞倫蓋蒂。

我們在前往阿魯夏的路上經過曼雅拉懸崖，正好遇上夕陽西下，身旁寬廣的大地在夕陽映照下顯得無垠無涯。我們突然聽見哼歌聲，還有樂器奏出幾個音符，聽起來像是木琴。原來是個非洲少年走在一望無際的平原上，彈奏著自製的木琴，那木琴是用長短不一的幾片薄金屬條固定在中空的木盒上做成的。少年走向黑暗，我覺得他好像擁有整個非洲，或者他就是非洲，也許他真的就是非洲。

隔天來參加阿魯夏會議的各路人馬跟我們共進午餐，董事長也在席間。我們力勸董事長，說傑斯帕如果能在這裡動手術，又有必要動手術，就該動手術，董事長還是不為所動。諾爾．西蒙對此大為不滿，後來他以東非野生動物組織的名義寫了一封信給董事長，說應該給哈索恩醫生和喬治十天的時間找傑斯帕，如果找到了，哈索恩醫生又認為傑斯帕需要動手術，就應該給牠動手術。我同意我不會跟喬治還有哈索恩醫生一起去，如此就能證明我堅持要找到傑斯帕，並不是出於私心。之後我們開車到奈洛比，比利搭上前往歐洲的飛機。

我回到伊西奧洛，喬治也在那裡，他說艾莎的墳墓被大象和犀牛給破壞了，我們就前去看個究竟，還帶著艾莎的石板墓碑，上面已經刻好了艾莎的名字，另外也帶了一包水泥要強化石堆，要讓艾莎的墳能「防象」。

我們抵達艾莎的墳，發覺破壞程度比我們料想的輕微很多，不過犀牛顯然是把這裡當成休息區，兩棵大戟還有所有的蘆薈都被吃光，河岸還有工作室的灌木都被踏平了。到處都是大象和犀牛糞便。我之前很不想回到這裡，現在卻覺得出奇平靜，幾乎像是回到家了。

隔天早上我們開車到大岩石，拿了幾卡車的大石片，把大石片在岩石上敲斷，沿著陡坡滾下去。我們想做一個石堆，用石片覆蓋石堆，再用水泥把整堆黏起來，從外面看不出是石堆。我們打算把刻著艾莎名字和出生、死亡日期的黑色石片放在墳頭。我們弄艾莎的墳墓弄了一星期，這陣子異常的沉默實在讓人難以承受。

我們一直等到十月底才好不容易盼來董事會的決議，結果卻是拒絕。我們鐵了心要找到傑斯帕，就打算馬上回到塞倫蓋蒂，就算要跟雨季賽跑，就算只能以遊客的身分尋找傑斯帕也在所不惜。

北部邊境省的雨季已經開始，通往坦干伊喀的道路被水淹沒，我們的兩台路虎汽車和艾莎卡車就在淹水的路面蹣跚而行。

我們到達塞倫蓋蒂，看見天空烏雲密布，隨時都有可能降下洪水。

我們在之前露營的地方紮營。平原上遍布一大群、一大群的牛羚和斑馬，當中混雜著許多小馬和小牛。我們來到小獅山谷，一隻母獅擋住入口，牠瞎了一隻眼睛，我們之前見過牠。牠躺在路上不肯動，我們只好開著車子繞過去。我們在峽谷沒找到獅子的足跡，繼續開車到有溫帶草木的山谷，看到五隻獅子組成的獅群在吃一隻斑馬，獅群當中有兩隻年輕的獅子。一隻有著金色短短的鬃毛，另外一隻的鬃毛一樣短，只是毛色比較深。我們在那裡待了四小時，看著這兩隻獅子，後來確定牠們不是傑斯帕和戈帕。

我們想把空車留在峽谷旁邊一晚，小獅看到熟悉的車子應該會被吸引過來，牠們只要走過來，隔天早上我們就會看到牠們的足跡，搞不好小獅還會守著車子等我們呢！我們就把我的車子停在遠處也能看到的地方，開喬治的車子回家。

那天晚上下著傾盆大雨，我們隔天早上就比較晚出發，後來我們在小獅山谷的入口附近看到四隻母獅帶著六隻非常小的小獅在吃獵物，又讓我們耽擱了一陣子。我們停下腳步看牠們，很快就發現有第五隻母獅正躲在我們車子後面看我們。我們從來沒看過這麼多母獅聚在一起，這樣看來附近應該有公獅。

我們到了峽谷，發覺車子附近沒有獅子足跡。我們決定把路虎汽車再留在那裡一陣子，就用荊棘保護輪胎，把備用輪胎拿走，因為鬣狗並不排斥吃橡膠。

現在雨下得很大，洪水席捲這一帶。雖然天候惡劣，我們每天一早還是先到峽谷，爬上幾個山谷，進入懸崖後方的腹地，卻始終沒看到小獅的蹤影。我們一天大約要走一百六十公里。

雨勢很快就變得更凌厲，我們再也無法開車沿著河走，就連懸崖底的高地也是一團糟。有時候我們用石頭排出車轍，有時候我們利用白蟻蟻丘，把蟻丘水泥般堅硬的物質放在車輪下方。喬治常常還得把自己套上滑輪組，繩子的一端綁在樹上，另一端則是深深陷入他的肩膀，用人力把車子用力拖出泥濘。

我們怕陷入泥沼，盡可能走在路面隆起處的頂端，發現附近的少數幾隻動物也跟我們一樣。但是我們有一次還是得走過乾涸河床，車子幾乎是一走上去就困在底下的泥水裡動彈不得。我們拉車子忙了一整天，卻是徒勞無功。

就在天色完全變黑之前，喬治打算再試最後一次。他使盡全身氣力拉繩子，繩子斷了，他向後一個踉蹌跌進冰冷的水裡。

我們現在別無選擇，只能在原地過夜。

喬治窩在後座，我儘量以最舒服的姿勢擠在前座，憂心忡忡看著還在上漲的水位，都快要跟我們的座位一樣高了。還好我們手邊有個普賴默斯便攜式燃油爐。喬治點燃燃油爐，用繩子吊著他濕透的衣服放在上面烤乾。那是我們有生以來最悽慘的夜晚。諷刺的是，我們之前花了這麼多時間苦苦哀求人家讓我們在野外過夜，希望能把車頭燈打開吸引小獅，現在卻因為一場意外不得不在野外過夜，偏偏我們又是困在河床底部，任誰都看不見我們的車頭燈。

隔天早上十一點左右，我們聽見汽車引擎震動聲，希望是有人出來找我們，可惜那聲音很快就離我們遠去。我們全身濕透，繼續在滂沱大雨中奮力拉車。到了下午三點，我們覺得奮戰了二十八小時，車子連動都不動，最好還是別瞎忙了，趕快走回塞倫勒那比較妥當。我們精疲力盡，要走回去不但路途遙遠，還很危險，但是總比在地獄再住上一晚好。我們才剛出發，一輛路虎汽車就開過來，一位美國人下了車。他兩天前在塞倫勒那我們的營地附近露營。他說我們昨天沒有回去，我們的員工就通報當局，有兩部車出來找我們。雨下得太大，把我們的胎痕都沖刷掉了。我們早上聽到的引擎聲就是其中一部車。我們三個又推車又拉車，還是忙了兩個鐘頭才脫困。我們一路濺著水花開回塞倫勒那。那天晚上我們開了最後一瓶雪利酒，慶祝平安歸來。

沒人見過這麼恐怖的豪雨，估計有百分之七十五的動物都跑到恩戈羅恩戈羅火山口的高處斜坡，避開沼澤般的平原。我們知道獅子也參與了大逃亡，不知道我們的小獅是否也在隊伍當中？史無前例的大水災常把我們一困就是好幾天，露營也變成一種痛苦。

惡劣的天候持續肆虐。這一帶的野生動物少之又少，木屋附近的獅子得走個大老遠才能找到獵物。年紀太小、不能跟隨母獅一同獵食的小獅就常常被撇下，一連四十八小時都沒有媽媽照顧。國家公園管理員看見母獅和小獅飢腸轆轆，有時會打一隻羚羊給牠們吃，免得母獅拋下小獅去獵食。塞倫勒那的獅群是得救了，但是有多少離木屋很遠的新生小獅在如此惡劣的環境還能存活？

我在鬧牙疼，急著要去奈洛比看牙醫，幸好還有飛機能在這種天氣降落，也幸好還有位子給我坐。

我在奈洛比待了五天，帶著一台絞車坐飛機回來。隔天我們到小獅峽谷，絞車馬上派上用場，車子陷入泥裡，用絞車三兩下就解決，之前不敢走的地方現在都可以放心走了。

我的車子放在峽谷已經一個月了，但是地面上的足跡都被雨沖掉了，所以我們也無從得知小獅到底有沒有來看車子。我們還是把車子留在原地，希望好運降臨。

我們在山谷開了十六公里的路，除了水牛之外，什麼野生動物都沒看到。山谷裡有好幾支舌蠅大軍，我們車子的帆布上聚集了黑壓壓的一片舌蠅。我們發覺舌蠅並不是只跟著移動的物體，就算我們動也不動站著，舌蠅還是爬滿全身。不管我們等多久，舌蠅都沒有離去的意思。

兩位國家公園管理員在十二月六日前來，告訴我們菲利普親王將在十二月十一日和十二日造訪塞倫蓋蒂，所以我們從十二月八日至十三日必須離開塞倫勒那。他們建議我們這段時間可以待在十八公里之外的巴納吉。我們問親王不在國家公園的那幾天，可不可以准許我們繼續找小獅，主管沒有同意。我們只好搬到巴納吉。

在塞倫勒那建立之前，巴納吉一直都是塞倫蓋蒂的總部，總部的房子現在成為在國家公園做研究的人的暫時住所。房子附近的實驗室是為了紀念動物學家麥克．格日梅克所建，終極目標是成為科學研究重鎮。兩棟建築物都坐落在俯瞰河流的小山上，還得過河才能到。在乾季只要走水泥堤道即可輕易過河，但是碰到水災，就只能倚靠懸掛在對岸樹上的竹橋，才能到得了塞倫勒那。

我們在巴納吉就只能寫信、聽無線電，我們聽到艾莎營地附近飽受水患之苦的索馬利小村莊在求援。

我們在十二月十三日回去，到小獅峽谷，看見傷了一隻眼睛的母獅。牠平靜地看著我們十五分鐘。牠的模樣不像小艾莎，為了確定，我們還是呼喚所有熟悉的名字，把小艾莎平常用的大盤子在牠面前揮舞。牠卻只是繼續看著我們，最後走進峽谷，消失在我們眼前。說來奇怪，一隻野母獅竟然會待在這裡看我們看這麼久，不過牠大概是有小獅在峽谷裡，所以要把守大門。

現在我要承認一件事情，我上次去奈洛比，傑斯帕的傷勢讓我沮喪到極點，所以我這輩子頭一次去找一位赫赫有名的算命師。他說我的命盤在十二月二十一日會有所變動，運勢也會不同，會是意想不到的順利（我想這應該是指找小獅的事情吧！）。他還說在這段關鍵的日子裡，我應該穿戴藍色的衣飾，因為藍色是我的幸運色。我覺得很羞愧，都不敢告訴喬治我去算命，不過還是二十四小時隨身攜帶一條藍色手帕，到了十二月二十一日，我好興奮。那天我們決定要去峽谷，遇到鹽漬地上形成的大湖。喬治試試水位高度，走進湖裡，發現水位到他的大腿，接著他拿掉風扇皮帶，開著車走進湖裡。我們幾乎是一進湖裡就被困住，水位衝高到我們的座椅。我用最快的速度脫掉衣服，抓了相機，涉水走出去。我匆忙之間忘了拿我的藍色護身符。我回頭看見我的手帕漂走了，我對算命師的信心也跟著漂走了。我們今天就忙著拉車，隔天早上才能前往峽谷。我的車還在原地。我們看了看，又沿著山谷開車走了二十幾公里，卻只看到一隻長頸鹿，還有幾隻鬣狗。舌蠅大軍火力全開，路面又崎嶇難行，後車軸都壞掉了。我們晚上在泥濘中隆隆走著，抵達塞倫勒那，迎面就聽見眾人大叫「潛水艇來了」，從此喬治的車子就叫「潛水艇」。我早早上床睡覺，凌晨五點醒過來，聽見兩隻獅子在廚房附近嗚夫嗚夫叫。我馬上轉身，盯著我的帳篷門簾看，過了一會兒，有個沉重的身體掃過帆布，拉出幾條帳篷的繩索，接著一隻大公獅走進來，離我的床只有幾公尺。牠的鬃毛很多，整個看起來像個超大粉撲。還好我和牠之間還隔了一張桌子，我還有時間喊救命。我一喊那獅子就猛然往後退，走出帳篷，去找同伴去了。兩隻都經過喬治的帳篷，繼續嗚夫嗚夫叫了好久。我們拿著手電筒朝牠們照，牠們大概是對手電筒的光線感興趣。隔天晚上這對獅子又來看我們，還好我一聽見牠們的聲音就連忙大叫，牠們就沒來找我。牠們在我們的帳篷之間蹓躂了一會兒，後來就消失在昏暗的夜色中。

喬治的車子迫切需要維修，就送到保養廠去了。我們在平安夜就搭卡車前往小獅峽谷，我的車子還在那裡。到了峽谷，司機開卡車回家，我和喬治就開著我的車繼續往前走。

那天雨下個不停，小獅連個影子都沒有，眼看天快黑了，只好垂頭喪氣回家。我們到了河邊，發覺水位上升很多，現在已是二公尺深了，也就是說我們回不去塞倫勒那了，只能在外過夜。在外頭過夜當然很克難，不過我們可能迎來我們等待許久的機會，可以開車頭燈把小獅引來。我們儘量遠離河邊，在空地停車，把車頭燈打開。

我們的車頭燈引來了成千上萬的蚊子和昆蟲。我們又沒有防蟲噴霧，只能任由蚊蟲宰割。我只能拿擦車窗的布蓋在臉上，免得一張臉被蚊蟲叮花。

我們兩次聽見獅吼，希望小獅會來，卻只有一隻鬣狗出現，牠對我們的橡膠輪胎很有興趣，對我們的吼叫充耳不聞，只是一聞到我們的氣味就溜之大吉。我躺在前座，想起之前兩個聖誕節是怎麼過的。一九五九年聖誕節，艾莎生完小獅之後頭一次突然現身，牠跟我們重逢太興奮，把我們的聖誕晚餐掃落一地。一九六〇年聖誕夜，艾莎和小獅興致勃勃看著我點蠟燭，傑斯帕把我送給喬治的禮物偷走，我打開信封，收到驅逐令。

今天和之前的聖誕節截然不同，到了早上我跟喬治說聖誕快樂，他一副吃驚的模樣，問我：「今天是聖誕節啊？」儘管如此，我還是覺得很開心昨晚是在車裡過，不是在營地過。喬治還是覺得我們應該馬上回塞倫勒那，免得他們又派搜救隊出來找我們，浪費所剩無幾的汽油。

河水水位昨晚降低了一些，我們稍微吃力地過了河，不久之後就栽入一個深坑，我的頭狠狠撞了一下，搞得我滿眼金星，可惜不是算命師說的幸運星。

我們抵達營地，男生們說這附近昨天一整晚都有獅子，我們看到的足跡也證實這一點。

一個聖誕節大包裹等著我們，裡面有來自世界各地的禮物。有幾位送禮的人還考慮到我們現在的生活環境，所以我們除了有許多好東西可以帶回塞倫勒那，以後在外面露營也舒適多了。

那天晚上天氣很好，我們看到奇妙的現象，之前在北部邊境省半沙漠地帶有時也會看到這種現象。西沉的夕陽逐漸黯淡，東方卻出現一模一樣的日落景象，雖說非常模糊，卻是和西方的天空如出一轍。

我們繼續尋找小獅，從日出找到日落，發現野生動物漸漸回到山谷，其中有三隻母獅帶著五隻小獅。後來我們老是碰到牠們，次數多到牠們都很習慣我們了。有天下午，母獅留下小獅，跟蹤一隻水牛去了。小獅離我們的車子好近，我們輕輕鬆鬆就能把牠們抱起來。

天氣暫時好轉了幾天，大雨又變本加厲捲土重來。我們要想找到小獅，只能到地勢較高的地方碰碰運氣。所以只要水災不會太嚴重，我們打算仔細搜索山丘密集的地帶。要到那裡得開車經過幾處平原，我們儘量走地勢較高的地方。

地面非常潮濕，對動物還有我們來說都是種折磨。有天早上我們看到一隻母獅帶著兩隻小獅在樹上，顯然是不想弄得濕答答的。我們走上前去照相，兩隻小獅摔落地面，母獅跳了下來，馬上帶小獅爬上另一棵樹，由此可見牠們有多痛恨地面。我們這一趟也看到非常有趣的畫面，怒氣沖沖的珠雞追著三隻胡狼跑。胡狼一轉過身來，咯咯叫的珠雞就飛到牠們頭上，不然就是啄牠們。胡狼招架不住，只能夾著尾巴匆匆逃到安全的有利地點，過了一會兒展開反攻，還是敵不過驍勇善戰的珠雞，落荒而逃。

這幾個禮拜雨都沒停過，我們的潛水艇逐漸解體，中心螺栓離我們而去，U型螺栓、制動管、啟動器，最後排氣管也脫落了。車子雖然七零八落，還是繼續載運我們，直到有一天我們又被水災困在營地裡。我把車當成臥房，因為我的帳篷像篩子一樣漏水，反正睡在車裡大概也比較安全，因為帶著五隻小獅的獅群就窩在營地旁邊。

四十、自由的代價

我們跟有史以來最惡劣的天候搏鬥了幾個月，車子毀了，重要的工作也不得不放在一邊，健康也受影響，而且現在找到小獅的機率大為降低。所以我才會在國家公園主管二月二日來到塞倫勒那時寫信給他，再次懇請他允許我們睡在野外，因為這是最有可能見到小獅的一條路。他說他無權批准，但是如果我希望他轉達，他也可以在三月份的董事會會議上轉達。到了那時候，除非傑斯帕身上的箭已經脫落了，不然那支箭插在牠身上就會屆滿一周年（如果傑斯帕還活著的話）。現在我們也只能等待董事會批准，就只好繼續尋找小獅。我們拚命要找出一條能通往懸崖和懸崖腹地的路線，但是一直到雨勢緩和下來，我們才順利走到懸崖頂，開著車沿路尋找。清晨和傍晚是最有可能看到小獅的時間，但是我們很難在清晨之前趕到小獅可能出現的地方，也很難待到傍晚才離開，因為我們必須遵守國家公園的規定，在天黑時待在塞倫勒那。

有天晚上國家公園主管來訪，我說如果大家認為我在場可以把事情講清楚，那我願意出席三月份的董事會會議，也許可以化解國家公園管理處和我們之間的僵局。主管說如果我可以出席，他一定會通知我。跟主管一同來訪的營地經理說兩天以前，他走向他停放路虎汽車的車棚，一隻母獅從他開著的後車廂跳出來，同樣的戲碼今天又上演一次。顯然這隻母獅是想找個地方躲雨。營地經理說他以後打算用帆布把後車廂蓋起來。

過了一陣子之後我接到消息，董事會同意我出席董事會會議，我就在那天前往阿魯夏，喬治則是繼續尋找小獅。我開車走過平原，看到一大群、一大群的牛羚和斑馬從高地回到平原。平原上沒有野生動物的時候，我們並沒有到這裡找小獅。我覺得等我回來，我們一定要看看小獅是不是混在獸群之中。

董事會執行委員會成員包括董事長、三位董事以及主管，一位作客的獸醫也列席。我請董事會允許我們睡在野外，如果我們找到小獅，也請董事會允許我們之後再決定傑斯帕的事情該如何處理。與會的那位獸醫從未見過傑斯帕，董事會卻因為他的意見，還有喬治在七月發出的電報「找到小獅了，小獅狀況很好」，就拒絕我的要求。我說我們在仔細觀察小獅的情況之後，就馬上收回「狀況很好」這句話，因為傑斯帕的狀況不好。我也強調很多有資格診斷受箭傷的獅子的人士也跟我們一樣，認為一定要安排手術。我說這些人除非百分之百確定，否則不可能拿自己的聲譽開玩笑。說這些都沒有用，我們又回到過去九個月的原點。我們如果想在六月以一般遊客的身分回到這裡，董事會也沒有意見。我離開之前，發覺塞倫蓋蒂國家公園在下次雨季（四月和五月）會關閉。

我告訴喬治開會的結果，他決定要向坦干伊喀土地、森林及野生動物部部長請願，就寫信給泰華部長，請他允許我們睡在野外，還有允許我們在雨季繼續在塞倫蓋蒂尋找小獅，部長的回應是不准。

在剩下的這段時間裡，我們決定集中搜索沒有舌蠅的地方，如果有必要，我們打算在六月回來，繼續找傑斯帕。國家公園管理員遊獵歸來，跟我們說他這次遊獵看到一隻跛行的年輕公獅，有位白人獵人最近也看到這隻獅子。這隻獅子自己不能獵食，跟另外一隻獅子在一起，顯然是倚靠對方替牠張羅食物。管理員打了兩隻湯氏瞪羚給牠吃，只是覺得牠康復的希望不大，打算繼續關注牠的情況，如果有必要會幫牠解脫。雖然管理員說這隻獅子身上沒有傷口也沒有疤，絕對不會是傑斯帕，我們聽到消息還是馬上去找那隻受傷的獅子。我們在路上遇到一個遊獵團，他們說看到兩隻很瘦的獅子，其中一隻跛著走路。這兩隻獅子所在的位置距離管理員看到的位置有十六公里遠，跛行的那隻獅子不可能走那麼遠，所以應該不是管理員看到的那兩隻。

奈阿比山方圓幾百公尺之內有岩石，還有幾棵能乘涼的樹，是獅子理想的休息地。獅子從這裡可以看見四周的平原，現在平原上到處都是獵物。

我們看到兩隻年輕的公獅在岩石上。喬治以前看過牠們，那時其中一隻生病了，現在兩隻身體都很好。牠們親暱地磨蹭彼此的頭，我們的小獅也常這樣。附近有隻成年母獅，我們停車給牠拍照，牠卻四腳朝天躺在地上，懶洋洋打哈欠。

有天早上我們看見一隻金色鬃毛的年輕公獅和三隻母獅在小山上，我們靠近牠們也無所謂。那隻公獅年紀好像比傑斯帕大，卻出奇地神似傑斯帕。我只希望傑斯帕有朝一日也能妻妾滿堂，跟這隻公獅一樣幸福。我們在傍晚與這群獅子再度相逢，牠們在平原漫步，大約四百公尺之外，三隻斑馬和一隻小斑馬正在吃草，渾然不覺大難將至，這群獅子正打算挑牠們其中一隻當晚餐。

其中一隻母獅靠近獵物，肚子緊貼著地面，牠走了三十公尺左右停下腳步，等同伴跟上，那隻公獅殿後。接著另外一隻母獅帶領獅群又走了三十公尺。牠們距離獵物不到七十公尺，後來一隻斑馬看到牠們。獅群發現斑馬看到牠們，就按兵不動。斑馬冷靜地看著獅群，繼續吃草。小斑馬一邊吃草一邊靠近獅群。四周一片寂靜無聲，我們看見小斑馬呆呆靠近獅群，都快急死了。獅群似乎不慌不忙，只是排成一排坐著，看著獵物。唔，獅子也得吃東西，為了生存不得不獵殺，我又有什麼資格批評？

說真的，我有一陣子還覺得開槍射殺毫無自衛能力的鹿是很好的娛樂。那是很久以前的事了，我在自然環境跟動物比鄰而居一段時間之後，簡直無法想像我以前怎麼會只因為虛榮心作祟，就殺害對人類無害的動物。

天色暗了，我們得開車回去，這樣也好，就不用觀看殺戮慘劇了。隔天我們到同一地點，以為會看到正在享用獵物的獅群，沒想到沒看到動物屍體，也沒看到獅子，所以小斑馬也許逃過一劫。我們在幾公里之外發現三隻母獅正在享用剛獵殺的牛羚。其中一隻母獅仔仔細細把牛羚的鬚毛咬掉吐掉，這隻母獅讓我想起艾莎，艾莎一向討厭會弄得牠很癢的獸毛和羽毛。艾莎愛吃珠雞，但是一定要我們先把毛拔光才肯吃。那天下午我們碰巧看見野狗回巢固定會舉行的儀式。我們看到洞穴裡有八隻野狗，第九隻朝牠們衝過來，喘著大氣跟每一隻磨蹭磨蹭打招呼。打完一輪招呼後，牠走到一邊大便，再回去跟狗群一起窩著。後來又有四隻野狗回來，每隻都重演同樣的戲碼。我們這下發現野狗回到老巢會跟狗群所有成員打招呼，也會用糞便標示老巢，這是牠們的習慣。

我們在回程的路上繞著奈阿比山走，看到八隻獅子組成的獅群就停車。一隻年輕公獅馬上衝上前來，坐在附近看著我們。牠長得超像傑斯帕，我們還懷疑牠會不會就是傑斯帕，不過牠身上沒有疤，表情也不像傑斯帕，所以應該不是。我們還是想試探看看，可惜沒有時間，因為我們天黑前得趕回塞倫勒那。

我們隔天一大早又出發去找牠。獅群才走進平原沒多遠，現在在打盹，吃太飽了，懶得理我們，只有那隻年輕公獅走上前來，繞著我們的車子走，對我們非常友善，讓我們的心中又充滿疑慮。牠會不會是傑斯帕？要知道也不難，只要拿出大盤子就行了。我們伸出大盤子，那小獅看了看，一點反應都沒有。後來牠的兄弟姊妹也鼓起勇氣，過來車子附近玩耍。我們只能接受現實，雖然體型最大的那隻小公獅很多地方和傑斯帕相似，也跟傑斯帕一樣，會在成年的獅子休息、補充前晚獵食流失的體力時，負責看守獅群，但是牠們不是艾莎的孩子。這隻年輕公獅確定我們不會傷害牠們之後，就走到爸爸身邊，依偎著爸爸，但還是把頭枕在爪子上，眼睛半閉著盯著我們，獅群其他成員都睡著很久了，牠還是緊盯著我們。

現在我們幾乎覺得不可能找到那隻受傷的公獅了，不過我們還是急著想找到，想百分之百確定牠不是傑斯帕。有天我們在雨水坑旁邊看到牠，牠的同伴也跟牠一起，附近還有兩隻鬃毛很短的年輕公獅。這四隻好像是組成一個單身團，我們希望牠們是想幫助受傷的公獅才聚在一起。我們一靠近，牠就掙扎著站起來，又小心翼翼坐下，想必是受傷的腿站著會痛。牠的臀部很小，體型很瘦，從眼神看得出牠身體不舒服。我們第一眼就看出牠不是傑斯帕，我一想到傑斯帕可能也跟牠一樣受苦，就心如刀割。

我們再過幾天就得離開塞倫蓋蒂，整整兩個月都不能回來。奈阿比山附近的獅群我們都仔仔細細看過了，決定要在最後幾天搜索小獅山谷。

有天我們在回家的路上，看到幾隻盤旋飛行的兀鷲，就往牠們的方向開過去，碰到兩隻獅子在吃一隻水牛。這兩隻都是成年公獅，要不是年齡對不上，我們還真以為牠們就是傑斯帕和戈帕，因為金色的那隻公獅有著傑斯帕狹長的吻部和金色的眼睛，也跟傑斯帕一樣表情和善又莊重，毛色較深的那隻則是跟戈帕一樣會斜視。但是這兩隻至少也有四歲大，鬃毛都長齊了，所以不可能是我們的小獅。

我們在國家公園的最後幾天，每天開著車子從日出找到日落，希望在離開之前還能再見到小獅一面。我們在塞倫蓋蒂待了五個月，大部分的時間都在和惡劣天候搏鬥。我們開著車不停尋找，不但耗費大把精力，車子也被我們操到吃不消。小獅有可能出現的地方，只要車子到得了，我們都找遍了。結果是徒勞無功。唯一的好處是我們得以認識這一帶的野生動物，也有機會研究牠們在雨季的行為。還有就是我們留下了密密麻麻的車道，管理員將來想到國家公園難以到達的地方應該派得上用場。

我們在國家公園的最後一天，又被兀鷲引到一隻死掉的水牛，距離我們五天前看到成年版傑斯帕和戈帕的地點很近。

很像戈帕的那隻深色獅子飽到肚子都快撐破了，正在看守一隻剛剛獵殺的水牛，不讓三隻厚顏無恥的胡狼靠近。胡狼一逮到機會就偷咬一口，聽到一聲獅吼才趕快跑走，免得挨巴掌。金色的獅子沒有一起看守獵物，而是躺在樹蔭下，鬃毛被晨風吹亂了。

這些獅子多麼雄偉啊！雖然冷漠，卻也友善、莊嚴、泰然自若。我看著獅子，很快就明白人類為何一直對獅子著迷，獅子又為何成為人類崇敬的象徵。獅子是人類口中的萬獸之王，是一個寬容的君主。獅子是掠食動物沒錯，但是要維繫野生動物的平衡不能沒有掠食動物。獅子也從來沒有害人之心，除非人類為了獅子的毛皮迫害獅子，或除非獅子病弱到極點，無力獵殺比人類會跑的獵物，否則獅子絕對不會攻擊人類。獅子只會為了填飽肚子而獵殺，所以獸群知道獅群吃飽了，就敢放膽在獅群附近吃草。

我好喜歡看著我們眼前的景象。我想起艾莎的兒女。牠們現在在哪兒呢？不管牠們身在何處，我的心都與牠們同在。我的心也與我們面前這兩隻獅子同在。我看著這兩隻美麗的獅子，發覺我們的小獅擁有的特質牠們都有。真的，我們在尋找途中遇到的每一隻獅子，我都能看到艾莎、傑斯帕、戈帕和小艾莎的天性，也就是非洲大陸所有雄偉的獅子的精神。但願上帝保佑牠們不受弓箭傷害，賜福給所有的獅子和獅子的王國。

塞倫蓋蒂，一九六二年六月

全書完

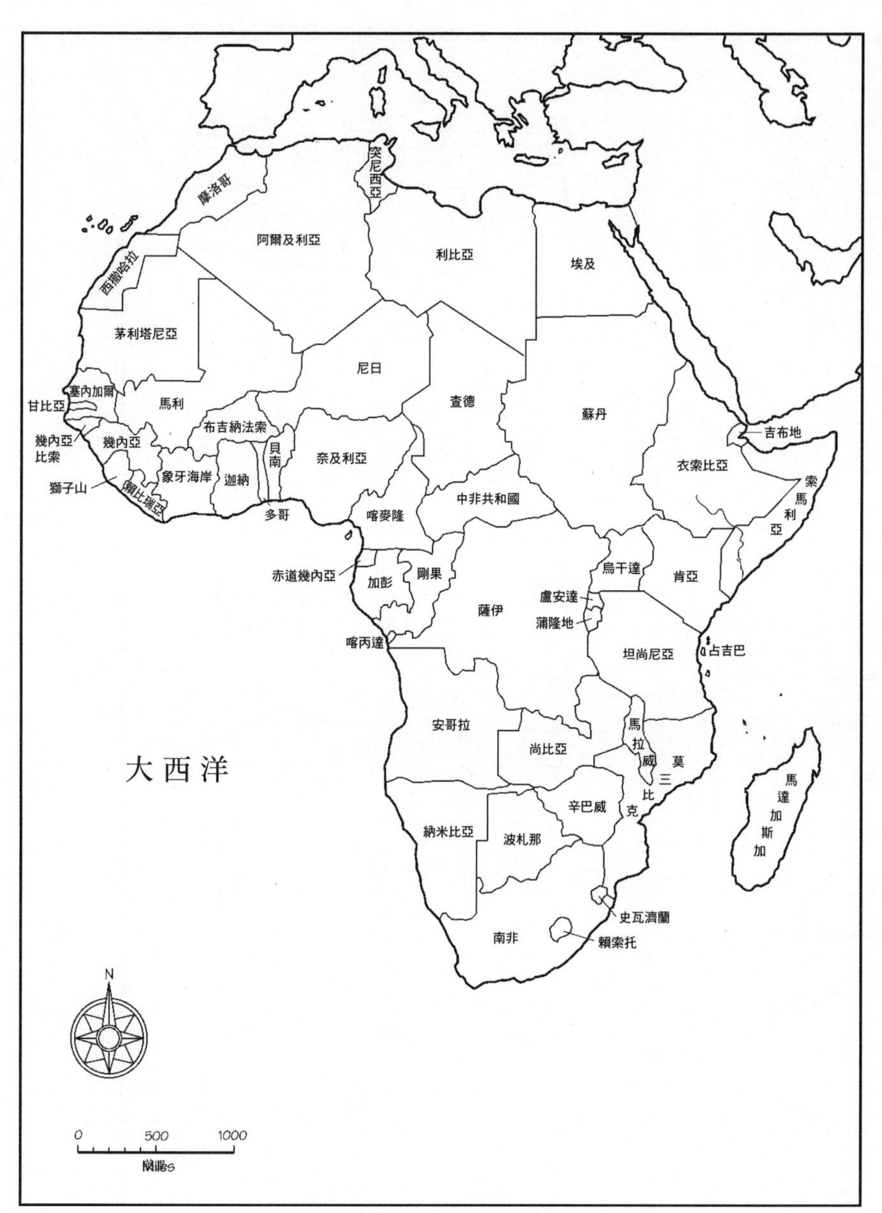
突尼西亞
摩洛哥
阿爾及利亞
利比亞
埃及
西撒哈拉
茅利塔尼亞
尼日
查德
蘇丹
塞內加爾
甘比亞
馬利
布吉納法索
幾內亞比索
幾內亞
貝南
奈及利亞
吉布地
衣索比亞
獅子山
象牙海岸
迦納
賴比瑞亞
多哥
喀麥隆
中非共和國
索馬利亞
赤道幾內亞
加彭
剛果
烏干達
肯亞
盧安達
薩伊
蒲隆地
喀丙達
占吉巴
坦尚尼亞
安哥拉
馬拉威
尚比亞
莫三比克
大西洋
辛巴威
馬達加斯加
納米比亞
波札那
史瓦濟蘭
南非
賴索托
N
0
500
1000

當時非洲政治區劃地圖

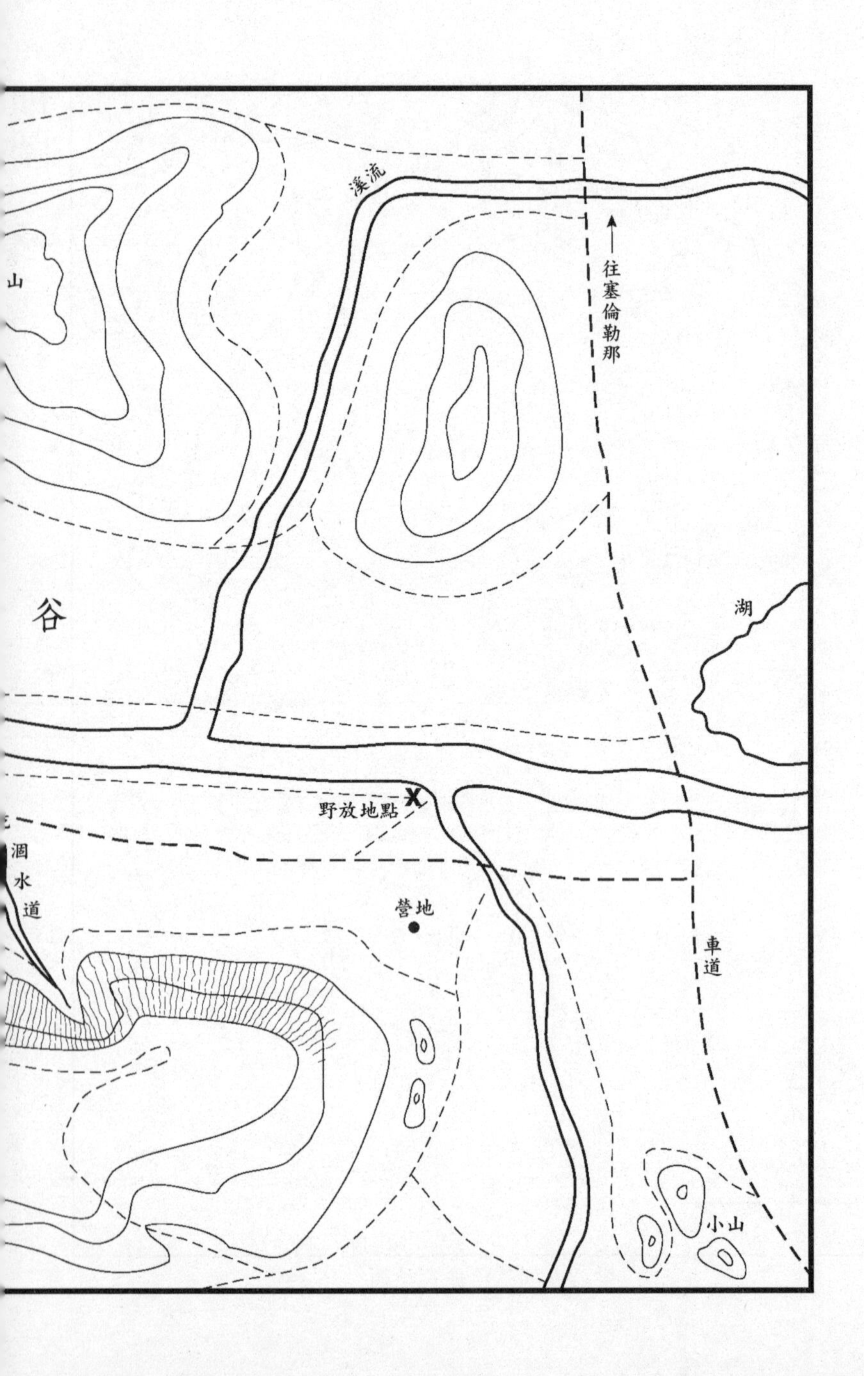
山
溪流
往塞倫勒那
谷
湖
野放地點
涸水道
營地
車道
小山

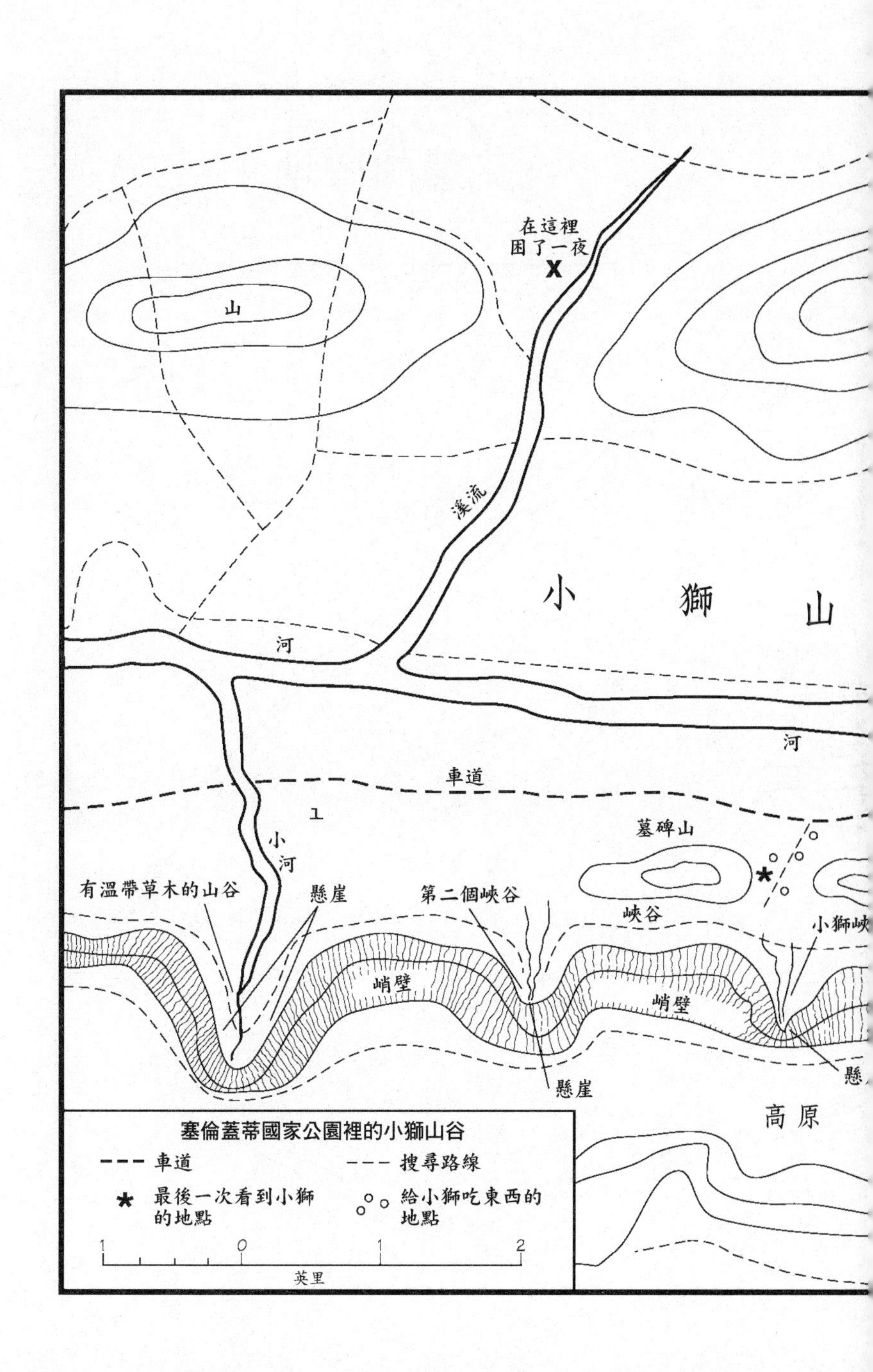
在這裡
困了一夜
X
山
溪流
小　　獅　　山
河
河
車道
小河
墓碑山
有溫帶草木的山谷
懸崖
第二個峽谷
峽谷
小獅峽
峭壁
峭壁
懸崖
高原
塞倫蓋蒂國家公園裡的小獅山谷
車道
搜尋路線
最後一次看到小獅的地點
給小獅吃東西的地點
1
0
1
2
英里

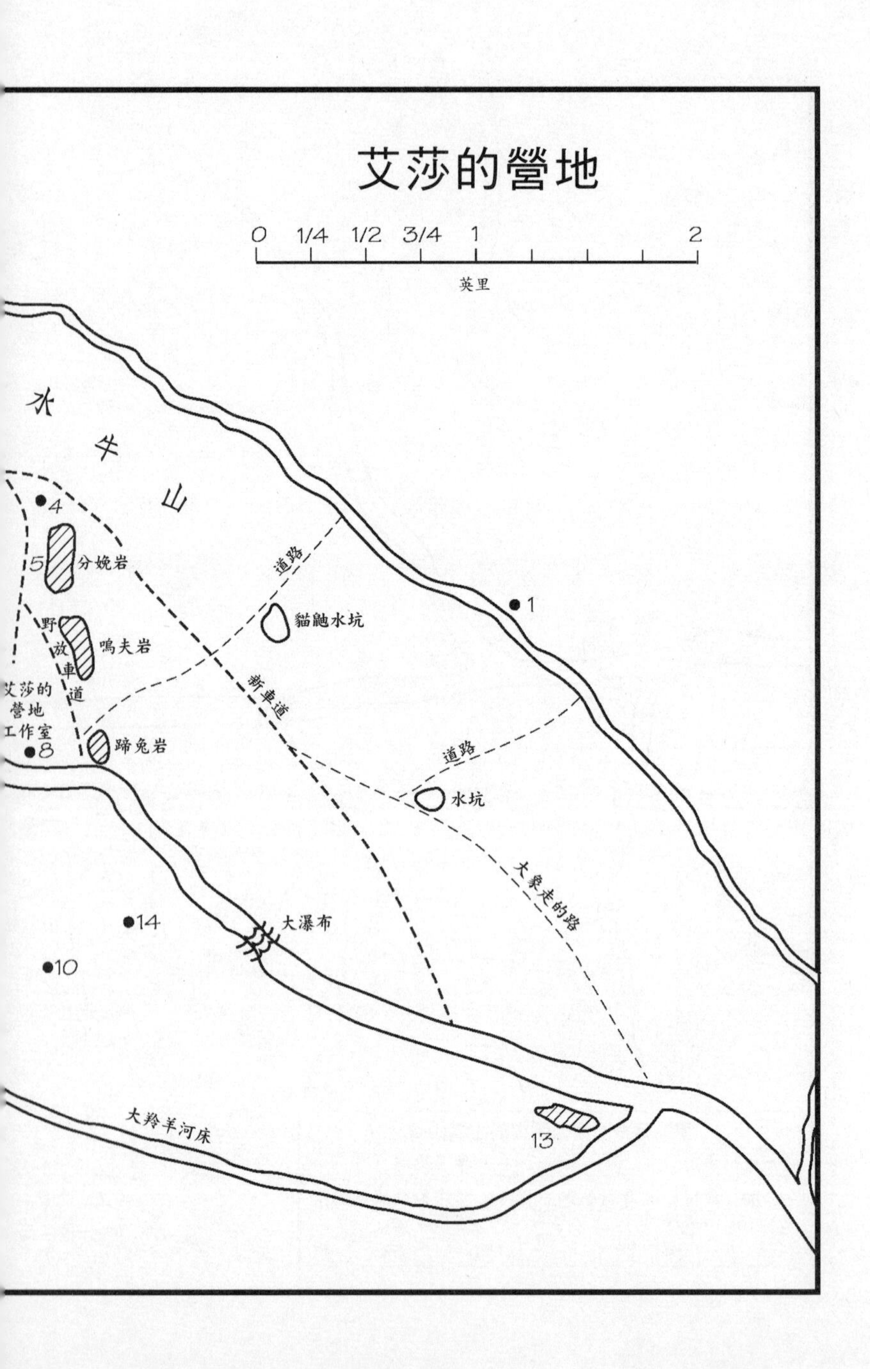
艾莎的營地
0 1/4 1/2 3/4 1 2
英里
水牛山
4
5
分娩岩
野放車道
嗚夫岩
艾莎的營地工作室
8
蹄兔岩
道路
貓鼬水坑
1
新車道
道路
水坑
大象走的路
大瀑布
14
10
大羚羊河床
13

往營地的車道
大象河床
水牛山
9
廢棄道路
3
6
6
大象走的路徑
野生動物保護區
偵查員崗哨
11
2
廚房河床
乾涸河床
洞穴岩
12
邊境岩
1. 艾莎第一次野放地點（Born Free）
2. 艾莎把水牛淹死的地點（Born Free）
3. 艾莎遇見蜜獾的地點
4. 巨蜥從岩石鑽出的地點
5. 小獅出生的地點
6. 遇見艾莎的伴侶的地點
7. 喬伊第一次看到小獅的地點
8. 犀鳥的巢的所在地
9. 艾莎和小獅殺掉非洲大羚羊的地點
10. 艾莎和小獅在七月失蹤，後來在這裡的灌木下方被發現
11. 作者等人在七月尋找艾莎和小獅，艾莎和小獅就在這裡快閃過河
12. 作者等人在七月一路追蹤艾莎、小獅還有一隻陌生的獅子的足跡到這裡
13. 作者等人也在七月追蹤艾莎和小獅的足跡到這裡
14. 喬伊遇到犀牛的地點

中英對照表

人名、動物名

三到六畫

大衛・亞騰柏 David Attenborough
戈伊特 Goite
戈帕 Gopa
比利・柯林斯 Billy Collins
伊布拉辛 Ibrahim
伊恩・格林伍德 Ian Grimwood
托托 Toto
朱利安・麥金德 Julian McKeand
朱利安・赫胥黎爵士 Sir Julian Huxley
老大Big One
艾莎 Elsa

七到九畫

努魯 Nuru
彼得・索爾 Peter Saw
拉斯蒂卡 Lustica
肯恩・史密斯 Ken Smith
阿斯曼 Asman
哈索恩醫生 Doctor T. Harthoorn
威廉・派西爵士 Lord William Percy
約翰・麥當諾 John MacDonald
約翰・博格 John Berger
耶弗他 Japhtah

十到十九畫

唐尼 Downey
唐恩 Don
唐諾・懷斯 Donald Wise
泰華部長 Minister Tewa
馬卡狄 Makedde
麥克・格日梅克 Michael Grzimek
傑夫・穆利根 Jeff Mulligan
傑斯帕 Jespah
菲利普親王 Prince Philip
開心果 Jolly One
葛弗雷・韋恩 Godfrey Winn
赫伯特 Herbert
羅巴 Roba

生物名相關

三到四畫

下層灌木叢 undergrowth
兀鷲 vulture
土撥鼠 marmot
大耳狐 bat-eared fox
大食蟻獸 ant-bear
大羚羊 Eland
大戟屬植物 euphorbia
小旋角羚 lesser kudu
天竺鼠 guinea pig

太陽鳥　sunbird
牛羚　wildebeest

五到六畫

凹嘴鸛　saddlebill stork
半邊蓮　lobelia
尼羅河鱸魚　Nile perch
巨蜥　monitor lizard
巨鷺　Goliath heron
玉蜀黍　maize
立克次氏體屬微生物　Rickettsia
地克小羚羊　dik-dik
百合科植物　sansevieria
舌蠅　tsetse

七到八畫

吳郭魚　Tilapia
扭角林羚　greater kudu
沙雞　sand grouse
禿鸛　marabou
東非長頸羚羊　gerenuk
虎尾蘭　sansevieria
金合歡樹　acacia
長尾黑顎猴　vervet monkey
非洲大羚羊　waterbuck
非洲羚羊　bushbuck

九到十畫

厚皮動物　pachyderm
疣豬　warthog
盾波蠅　mango fly
紅射毒眼鏡蛇　red spitting cobra
紅鶴　flamingo
埃及薑果棕　doum-palms
扇棕櫚　borassus palm
狷羚　kongoni
珠雞　guinea fowl
草原斑馬　Burchell's zebra
馬羚　roan antelope
高角羚　impala antelope

十一到十二畫

梔子　gardenia
球芽甘藍　brussels sprout
野生動物　game animal
雪松木　cedar-log
麥帕克林　mepacrine
湯氏瞪羚　Thomson's gazelle
焦蟲　babesia
無花果樹　fig tree
犀鳥　hornbill
猴麵包樹　baobab
短尾鵰　bateleur eagle
蛔蟲　roundworm
黃菀　senecio
黃鼠狼　weasel
黃鸝　oriole
椋鳥　starling

十三到十四畫

絛蟲　tapeworm

葦羚 reedbuck
葛氏瞪羚 Grant's gazelle
鉤蟲 hookworm
鼓腹毒蛇 puff adder
綠頭蒼蠅 blow-flies
綠頭蒼蠅 bluebottle
網紋長頸鹿 reticulated giraffes
綬帶鳥 paradise flycatcher
翠鳥 kingfisher
蜜獾 ratel
豪豬 porcupine

十五到十七畫

蔓生植物 creeper
樹蹄兔 tree hyrax
貓鼬 mongoose
蹄兔 rock hyrax
瞪羚 gazelle
錘頭鸛 hammer-headed stork

十八到二十五畫

叢猴 bushbaby
獵豹 cheetah
轉角牛羚 topi
羅望子 tamarind
藤本植物 liana
鬣狗 hyena
鬣蜥 agama

地名

四到五畫

巴林哥湖 Lake Baringo
巴納吉 Banagi
巴瓊 Barjun
北部邊境省 Northern Frontier
北霍爾 North Horr Province
卡賈多平原 Kajiado Plain
尼洛山 Mount Nyiro

六到八畫

伊西奧洛 Isiolo
伊爾西嘎塔 Il Sigata
吉力馬札羅山 Mount Kilimanjaro
貝川納蘭 Bechuanaland
坦干伊喀 Tanganyika
呼里山 Hurri hills
阿利亞灣 Alia Bay
阿魯夏 Arusha
肯亞山 Mount Kenya
奈阿比山 Naabi Hill
奈洛比 Nairobi
姆科馬齊野生動物保護區 Mkomazi Game Reserve

九到十畫

洞穴岩 Cave Rock
南由基 Nanyuki
洛雷恩 Lorain

查爾比沙漠 Chalbi desert
恩戈羅恩戈羅 Ngorongoro
耕地岩 Shamba Rock
馬拉保護區 Mara reserve
馬薩比特山 Marsabit mountain
納曼加 Namanga
納羅莫魯 Naro Moru
庫勒爾山 Mount Kulal

十一到十三畫

莫伊特 Moite
莫伊提 Moiti
曼雅拉 Manyara
隆貢多提山脈 Longondoti range
凱薩特沙漠 Kaisut desert
嗚夫岩 Whuffing Rock
奧杜威峽谷 Olduvai Gorge
塔納河 Tana River
塞倫勒那 Seronera
塞倫蓋蒂國家公園 Serengeti National Parks

十四到二十畫

維多利亞湖 Lake Victoria
魯道夫湖 Lake Rudolf
薩姆岩 Zom rocks
羅洋嘎連 Loyongalane
羅馬動物園 Rome Zoo
羅德西亞 the Rhodesias
邊境岩 Border Rocks
蘇古塔谷 Suguta valley

其他

一到六畫

U型螺栓 U-bolts
土地、森林及野生動物部部長 Minister of Lands, Forests and Wild Life
土黴素 terramycin
中心螺栓 centre bolt
毛毛黨 Mau-Mau
布倫 Boran
艾迪兒煉乳 Ideal
艾莎野生動物訴願委員會 Elsa Appeal

七到八畫

冷鏨 cold chisel
利眠寧 Librium
貝德福卡車 Bedford lorry
里爾琴 lyre
乳漿 latex
制動管 brake pipe
「朋友報」 The Friend
東非野生動物組織 East African Wild Life Society
泡鹼 natron
肯亞國家公園管理處 National Parks of Kenya
金黴素 aureomycin

阿拉伯三角帆船 Dhow
阿魯夏會議 Arusha Conference
非洲大砍刀 panga
非洲地區議會 African District Council

九到十畫

威利照明彈 Very lights
狩獵法 Game Laws
狩獵部 Game Department
倫敦新聞畫報 Illustrated London News
倫戴爾部落 Rendile tribe
埃爾莫洛部落 El Molo tribe
梳毛爪 grooming claw
桑布魯 Samburu
氣阱 airpocket
閃光彈 thunderflash

十一到十二畫

彗星型客機 Comet
敗血症 sepsis
梅魯 Meru
野生動物保護區偵查員 Game Scout
野生動物保護區資深管理員 Senior Game Warden
野獸愛舔食的鹽漬地 salt lick
鹿特丹比利多普動物園 Rotterdam-Blydorp Zoo
麥克雷雷獸醫學院 Makerere Veterinary College
割灌刀 bush knives
圍場 boma
普賴默斯便攜式燃油爐 Primus stove
萊卡相機 Leica
貴格會 Quaker
黑棉土 black cotton soil

十三到十七畫

蒂利煤油燈 Tilley pressure lamp
落矛捕獸陷阱 drop-spear trap
路虎汽車 Land Rover
遊獵 safari
嘎布拉 Gabbra
嘎魯巴 Galubba
圖爾卡納 Turkana
管理站 Administrative Post
磺胺 sulphanilamide
磺胺類藥劑 sulphonamide
總督府 Government house

獅子與我

作　　者　喬伊．亞當森（Joy Adamson）
譯　　者　龐元媛
企畫選書　謝宜英、陳穎青
責任編輯　舒雅心
協力編輯　聞若婷
行銷業務　張芝瑜、李宥紳
校　　對　李鳳珠
美術編輯　謝宜欣
封面設計　洪伊奇

總 編 輯　謝宜英
社　　長　陳穎青
出 版 者　貓頭鷹出版／貓頭鷹知識網 http://www.owls.tw
發 行 人　涂玉雲
發　　行　英屬蓋曼群島商家庭傳媒股份有限公司城邦分公司
104 台北市民生東路二段 141 號 2 樓
劃撥帳號　19863813／戶名　書虫股份有限公司
城邦讀書花園
www.cite.com.tw
香港發行所　城邦（香港）出版集團／電話：852-25086231／傳真：852-25789337
馬新發行所　城邦（馬新）出版集團／電話：603-90563833／傳真：603-90562833
印 製 廠　成陽印刷股份有限公司
初　　版　2012年2月
定　　價　新台幣399元／港幣133元
ISBN　978-986-262-065-6

Original Title：Born Free

國家圖書館出版品預行編目（CIP）資料

獅子與我／喬伊.亞當森（Joy Adamson）著；
龐元媛譯. -- 初版.-- 臺北市：貓頭鷹出版：
家庭傳媒城邦分公司發行, 2012.02
面；　公分
譯自：Born free : a lioness of two worlds
ISBN 978-986-262-065-6（平裝）

1. 獅 2. 動物行為

389.818　　100027587